U0174425

职业教育机械类专业"互联网+"新形态教材

机械制图与中望CAD

（富媒体+微课资源版）

主　编　孙　琪　胡　胜
副主编　刘春贤　庄福明　杨淑艳　张悦平
参　编　吴志慧　凌　燕　张萌露　宋晓鹏　谢英文
主　审　吕兆荣

机械工业出版社

本书是依据中等职业学校"机械制图教学大纲"，参照制图员国家职业标准对制图基础理论的要求，将知识传授与技术技能培养并重，强化学生职业素养养成和专业技术积累，按照立体化教材建设思路，采用现行机械制图国家标准编写而成的"互联网+"新形态教材。

本书采用任务驱动编写模式，共17个项目，细分为95个任务，每个任务都通过一个独立的实操案例进行详细讲述；配套富媒体电子课件、微课视频（254个）、技能考核电子试题（含评分标准）等教学资源，提高教学质量；在重要知识点嵌入二维码，方便学生理解相关知识，降低理论难度，提高看图能力，注重培养学生的综合实践能力和动手能力，加强零部件测绘和计算机绘图能力的训练，增强学生就业的竞争力。

本书可以作为职业院校机械类专业及技师学院、高级技工学校相关专业教材，也可作为"1+X"等级证书培训教材。

凡使用本书作为授课教材的教师，均可登录机械工业出版社教育服务网 http://www.cmpedu.com 注册后免费下载本书的配套资源，也可以联系责任编辑（QQ：33098710），或加入QQ群：731619292 索取。

群名称：机械制图与中望CAD群
群号：731619292

微信扫一扫获取文件
提取码：见本书 135 页

图书在版编目（CIP）数据

机械制图与中望CAD：富媒体+微课资源版/孙琪，胡胜主编. —北京：机械工业出版社，2020.12（2024.10 重印）

职业教育机械类专业"互联网+"新形态教材

ISBN 978-7-111-66776-6

Ⅰ.①机… Ⅱ.①孙… ②胡… Ⅲ.①机械制图-AutoCAD 软件-中等专业学校-教材 Ⅳ.①TH126

中国版本图书馆 CIP 数据核字（2020）第 197647 号

机械工业出版社（北京市百万庄大街22号　邮政编码100037）
策划编辑：黎　艳　责任编辑：黎　艳
责任校对：刘雅娜　封面设计：鞠　杨
责任印制：李　昂
河北宝昌佳彩印刷有限公司印刷
2024 年 10 月第 1 版第 6 次印刷
184mm×260mm·18.75 印张·2 插页·522 千字
标准书号：ISBN 978-7-111-66776-6
定价：59.80 元

电话服务　　　　　　　　　　网络服务
客服电话：010-88361066　　　机　工　官　网：www.cmpbook.com
　　　　　010-88379833　　　机　工　官　博：weibo.com/cmp1952
　　　　　010-68326294　　　金　书　网：www.golden-book.com
封底无防伪标均为盗版　　机工教育服务网：www.cmpedu.com

前　言

根据国务院 2014 年颁发的《关于加快发展现代职业教育的决定》及教育部 2010 年制定的《中等职业学校机械制图教学大纲》的要求，本书参照制图员国家职业标准对制图基础理论的要求，将知识传授与技术技能培养并重，强化学生职业素养养成和专业技术积累，按照立体化教材建设思路，采用现行机械制图国家标准编写而成。

党的二十大报告中指出"实施科教兴国战略，强化现代化建设人才支撑"，将"大国工匠"和"高技能人才"纳入国家战略人才行列，本书以技能培养为主线来设计内容，内容特色及创新点：

1. 可作为职业技能大赛培训教材

全国职业院校技能大赛中职组"零部件测绘与 CAD 成图技术"赛项借鉴了世界技能大赛同类竞赛项目的竞赛规程与评分标准，要求选手在 4h 内完成给定某机械部件或装置的装配实物的测绘，使用中望 CAD 软件绘制该部件或装置的装配图和各零件的机械加工图等比赛任务。

全国职业院校技能大赛中职组"数控综合应用技术"赛项理论知识竞赛在计算机房进行，要求选手应用中望 CAD 软件绘制符合机械制图国家标准的零件图并打印。

机械工业教育发展中心和全国机械职业教育教学指导委员会联合举办的"中望杯"机械识图与 CAD 创新设计技能大赛，分为高职组和中职组两个组别，要求选手使用中望 CAD 制图平台完成机械图样的绘制。

参赛者可在学习本书的基础上，夯实基础技能参赛。

2. 任务驱动编写模式

为提高比赛技能，以赛促学，促进课堂学习，将知识变得更加直观，便于理解与学习，本书采用任务驱动编写模式，共 17 个项目，又细分为 95 个任务，每个任务都通过一个独立的实操案例详细讲述，突出实际操作技能的培养。

3. 配套富媒体、微课资源、习题集

本书配套富媒体电子课件、微课视频（254 个）、技能考核电子试题（含评分标准）等教学资源，提高教学质量；习题集与主教材内容同步、配套互补，有答案并附有立体图、题型多、角度新，有巩固知识的基本题，开发智能的趣题，还有问答、填空、改错和"一补二、二补三"的补图、补线题，可使学生得到有效的训练；在重要知识点嵌入二维码，方便学生理解相关知识，降低理论难度，提高看图能力，注重培养学生的综合实践能力和动手能力，加强零部件测绘和计算机绘图能力的训练，增强学生就业的竞争力。

由于编者水平有限，书中难免有疏漏和不妥之处，敬请读者批评指正。

编　者

二维码清单

序号	微课名称	二维码	页码	序号	微课名称	二维码	页码
1	1.1 绘图工具及使用方法		1	9	1.3.2.4 锥度的画法与标注		14
2	1.2.1 图纸幅面和图框格式		4	10	1.3.3(1) 两条直线之间的圆弧连接		15
3	1.2.2 机械图样的字体和比例		6	11	1.3.3(2) 外切圆弧之间的圆弧连接		15
4	1.2.3 机械图样中的图线		7	12	1.3.3(3) 内切圆弧之间的圆弧连接		16
5	1.2.4 机械图样的尺寸标注		8	13	1.3.3(4) 内外切圆弧之间的圆弧连接		16
6	1.3.1.1 线段的等分		11	14	1.4 平面图形的分析及作图方法		17
7	1.3.1.2 圆的等分		11	15	2.1.1 投影法与正投影法的基本性质		21
8	1.3.2.2 斜度的画法与标注		13	16	2.1.3 三视图的形成及投影规律		23

（续）

（续）

序号	微课名称	二维码	页码	序号	微课名称	二维码	页码
83	图 2-6		23	94	图 2-35		37
84	图 2-8		24	95	图 2-36		37
85	图 2-11		26	96	图 2-37		38
86	图 2-12a		26	97	图 2-38		38
87	图 2-12b		26	98	图 2-39		39
88	图 2-12c		27	99	图 2-40		39
89	图 2-30		34	100	图 2-41c		40
90	图 2-31		35	101	图 2-41d		40
91	图 2-32		35	102	图 2-43		41
92	图 2-33		36	103	图 2-44		41
93	图 2-34		36	104	图 2-47		43

序号	微课名称	二维码	页码	序号	微课名称	二维码	页码
105	图 2-48		44	116	图 3-6		55
106	图 2-49		44	117	图 3-7		56
107	图 2-50		46	118	图 3-9		57
108	图 2-51		47	119	图 3-10		58
109	图 2-52		48	120	图 4-5		61
110	图 2-55		50	121	图 4-7		62
111	图 2-56		50	122	图 4-8		63
112	图 2-59		51	123	图 4-9		63
113	图 3-4a		54	124	图 4-10		64
114	图 3-4b		54	125	图 4-15		68
115	图 3-5		54	126	图 4-17		70

（续）

序号	微课名称	二维码	页码	序号	微课名称	二维码	页码
127	图 4-18		71	138	图 6-15		95
128	图 5-1		72	139	图 8-1		137
129	图 5-7		75	140	图 8-7		140
130	图 5-15		79	141	图 8-11		142
131	图 5-16		79	142	表 2-1-1		45
132	图 5-17		79	143	表 2-1-2		45
133	图 5-20		81	144	表 2-1-3		45
134	图 5-24a		82	145	表 2-2-1		47
135	图 5-24b		82	146	表 2-2-2		47
136	图 6-11		93	147	表 2-2-3		47
137	图 6-13		94	148	表 2-2-4		47

（续）

序号	微课名称	二维码	页码	序号	微课名称	二维码	页码
171	10.14 绘制样条曲线		175	182	11.3.10 合并		190
172	11.1 选择对象		178	183	11.3.11 倒角		190
173	11.2.1 夹点编辑		181	184	11.3.12 圆角		191
174	11.3.2 移动		183	185	11.3.13 修剪		192
175	11.3.3 旋转		184	186	11.3.14 延伸		193
176	11.3.4 复制		185	187	11.3.15 拉长		194
177	11.3.5 镜像		186	188	11.3.16 分解		194
178	11.3.6 阵列		186	189	11.3.17 拉伸		195
179	11.3.7 偏移		188	190	11.4.1 使用"属性"窗口		197
180	11.3.8 缩放		188	191	11.4.2 属性修改		197
181	11.3.9 打断		189	192	12.1 设置栅格		199

还有22个微课视频在教学资源之中,订购教材的老师可免费申请领取。

目 录

项目1

制图的基本知识与技能

机械图样用于准确表达机件的形状和尺寸，以及制造和检验该机件时所需要的技术要求，是机械设计者、制造者及使用者所需的重要技术文件，也是机械工程界的技术语言。从事机械专业的技术人员必须具备绘制和识读机械图样的能力，否则无法从事技术工作。本项目首先介绍机械制图国家标准中的有关规定和基本绘图规则的相关知识。

任务 1.1　绘图工具及使用方法

熟练运用绘图工具进行几何作图是学好机械制图的基本要求。为了提高绘图质量，加快绘图速度，必须掌握好各种绘图工具的正确使用方法，养成良好的绘图习惯。下面介绍几种常用绘图工具的使用方法。手工绘图是学习计算机绘图的前提和基础。

1.1.1　绘图工具的种类

手工绘图工具有铅笔、三角板、圆规（分规）、铅笔刀、橡皮、丁字尺和图板等，如图 1-1 所示。

> **课堂讨论：**
> 在计算机绘图大量普及的今天，学习手工绘图还有必要吗？

a) 铅笔

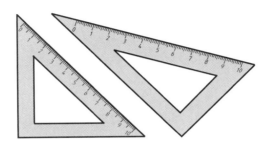

b) 三角板

图 1-1　绘图工具

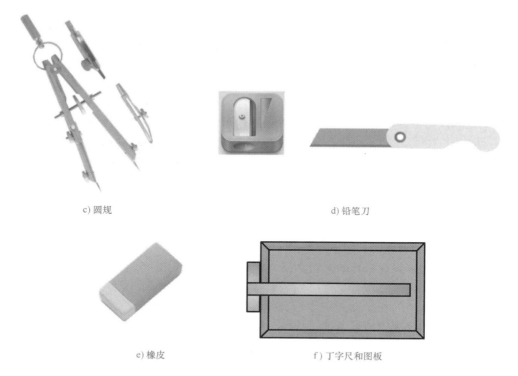

c) 圆规　　　　　　　　　　　　　　d) 铅笔刀

e) 橡皮　　　　　　　　f) 丁字尺和图板

图 1-1　绘图工具（续）

1.1.2　绘图工具的使用方法

1. 铅笔

绘图铅笔用"B"和"H"标志铅芯的软硬，如图 1-2 所示。"B"表示软性铅笔，B 前面的数字越大，表示铅芯越软（颜色黑）；"H"表示硬性铅笔，H 前面的数字越大，表示铅芯越硬（颜色淡）。"HB"表示铅芯软硬适中。写字常用 HB 铅笔，画底稿和细线用 2H 铅笔，画粗线用 2B 铅笔。

2. 三角板

一副三角板由 45°和 30°（60°）两块直角三角板组成。两块三角板配合使用可画出已知直线的垂直线和平行线；三角板和丁字尺配合使用可画垂直线和 30°、60°、45°、75°、15°及 $n×45°$（n 为整数）的各种角度斜线，如图 1-3 所示。

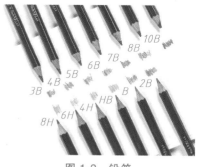

图 1-2　铅笔

3. 圆规（分规）

圆规用来画圆和圆弧，分规用来量取尺寸、等分线段或圆周，如图 1-4 所示。

4. 丁字尺和图板

画图时，先将图纸用胶带纸固定在图板上，丁字尺头部紧靠图板左边。通过上下移动丁字尺，可作水平线和已知直线的平行线；丁字尺和三角板配合使用，还可画出已知直线的垂直线，如图 1-5 所示。

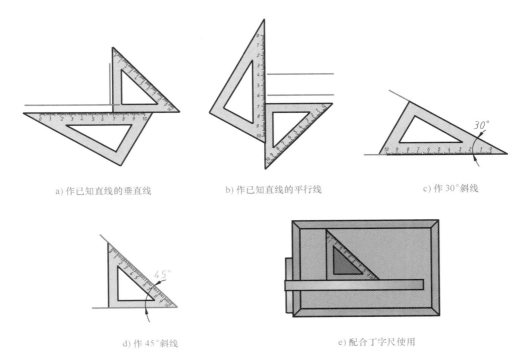

a) 作已知直线的垂直线　　　　b) 作已知直线的平行线　　　　c) 作30°斜线

d) 作45°斜线　　　　e) 配合丁字尺使用

图 1-3　三角板的使用

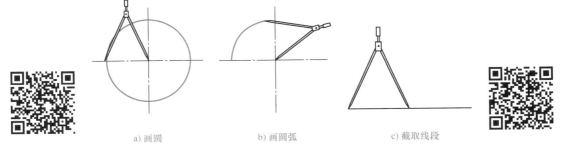

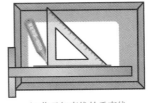

a) 画圆　　　　b) 画圆弧　　　　c) 截取线段

图 1-4　圆规的使用

a) 作水平线和平行线　　　　b) 作已知直线的垂直线

图 1-5　丁字尺和图板

注意:

用铅笔刀削铅笔时，要防止伤到人，同时保护好环境的清洁卫生。

4

任务1.2　制图的国家标准和一般规定

《技术制图》是一项基础技术标准，具有通用性和一般性，而《机械制图》是针对机械专业的标准。我国国家标准（简称国标）的代号是"GB"（"GB/T"表示推荐性标准，无"T"字时表示强制性标准），它是由"国标"两个字的汉语拼音的第一个字母"G"和"B"组成的。例如GB/T 14689—2008的含义：GB/T表示推荐性国家标准，14689表示发布顺序号，2008表示年份。为了正确绘制和识读机械图样，必须熟悉《机械制图》国家标准中的有关规定。

1.2.1　图纸幅面和图框格式

1. 图纸幅面（GB/T 14689—2008）

图纸幅面是指由图纸宽度与长度组成的图面。基本图纸幅面共有五种，见表1-1，在绘图时应优先采用。

表1-1　基本图纸幅面　　　　　　　　　　　　　　　　　　　　（单位：mm）

幅面代号	短边 B×长边 L	不留装订边的留边宽度 e	留装订边的留边宽度 c	装订边的宽度 a
A0	841×1189	20	10	25
A1	594×841	20	10	25
A2	420×594	10	10	25
A3	297×420	10	5	25
A4	210×297	10	5	25

五种基本图纸幅面之间的尺寸关系如图1-6所示。

注意：

必要时允许选用加长幅面，其尺寸是由基本幅面的短边以整数倍增加后得出的。

2. 图框格式（GB/T 14689—2008）

图框格式分为留装订边和不留装订边两种，如图1-7所示。

图纸可以横装或竖装，如图1-7所示。一般A0、A1、A2、A3图纸采用横装，A4及A4以下的图纸采用竖装。

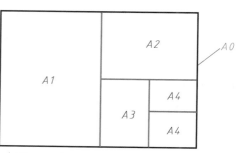

图1-6　基本图纸幅面之间的尺寸关系

图框右下角必须画出标题栏，标题栏中的文字方向为看图方向。为了使复制图样时定位方便，在各边长的中点处分别画出对中符号（粗实线）。如果使用预先印制的图纸，需要改变标题栏的方位时，必须将其旋转至图纸的右上角。此时，为了明确绘图与看图的方向，应在图纸的下边对中符号处画出方向符号，如图1-8所示。

注意：

同一产品的图样应采用统一图框格式。

3. 标题栏（GB/T 10609.1—2008）

国家标准对标题栏的内容、格式及尺寸做了统一规定，标题栏位于图框的右下角。在学校的制图作业中，为了简化作图，学生练习用标题栏建议采用图1-9所示的格式。

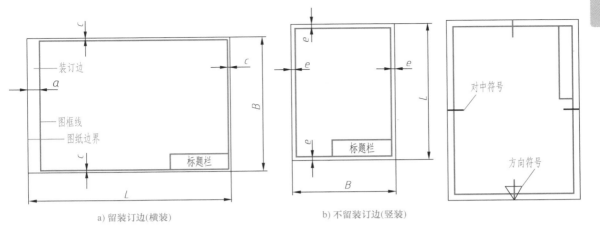

a) 留装订边(横装)　　　　　　　　b) 不留装订边(竖装)

图 1-7 图框格式　　　　　　　图 1-8 对中符号和方向符号

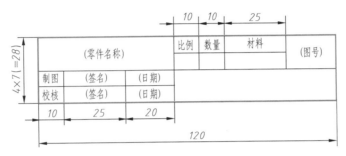

a) 零件图标题栏

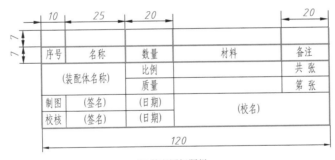

b) 装配图标题栏

图 1-9 学生练习用标题栏

课堂讨论：

1）一张 A0 图纸面积是多少？

2）一张 A0 图纸可裁几张 A4 图纸？

1.2.2 机械图样的字体和比例

1. 字体（GB/T 14691—1993）

字体的号数（即字体的高度，用 h 表示）分为八种：20mm、14mm、10mm、7mm、5mm、

6

3.5mm、2.5mm、1.8mm。如需书写更大的字，其字体高度按$\sqrt{2}$的比率递增。图样上的汉字应写成长仿宋体，并采用国家正式公布的简化字。汉字的高度不应小于3.5mm，宽度为$h/\sqrt{2}$。数字和字母可写成直体或斜体，斜体字字头向右倾斜，与水平基准线成75°。图样中书写的汉字、数字和字母，必须做到：字体工整、笔画清楚、间隔均匀、排列整齐，如图1-10所示。

图名制图校核签名日期比例数量材料 *1234567890*

ABCDEFGHI JKLMNOPQRSTUVWXYZ

abcdefghi jklmnopqrstuvwxyz

图1-10 图样中汉字、数字和字母的书写

注意：

在同一图样上，只允许选用一种形式的字体。

2. 比例（GB/T 14690—1993）

比例是指图样中图形与其实物相应要素的线性尺寸之比。绘图时，应从表1-2规定的系列中选取比例。

表1-2 常用比例

种类	比例				
原值比例	1:1				
放大比例	2:1	2.5:1	4:1	5:1	10:1
缩小比例	1:1.5	1:2	1:2.5	1:3	1:4	1:5

为了在图样上直接反映实物的大小，绘图时应优先采用原值比例。若实物太大或太小，可采用缩小比例或放大比例绘制。选用比例的原则是有利于图形的清晰表达和保证图纸幅面的有效利用。

注意：

不论采用何种比例绘图，标注尺寸时，均按实物的实际尺寸大小注出，如图1-11所示。

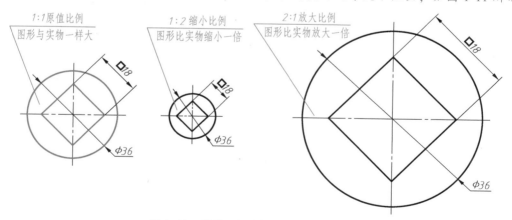

图1-11 采用不同比例绘制的同一图形

课堂讨论：

计算机字体库里面并无长仿宋体，那如何实现用长仿宋体标注？

1.2.3　机械图样中的图线

1. 图线线型及应用（GB/T 4457.4—2002）

国家标准《机械制图　图样画法　图线》规定了绘制各种技术图样的十五种基本线型，根据基本线型及其变形，在机械图样中使用九种图线，其名称、线型、宽度与一般应用见表 1-3，图线应用示例如图 1-12 所示。绘图时应采用国家标准规定的图线线型和画法。

表 1-3　图线名称、线型、宽度与一般应用

图线名称	基本线型	图线宽度	一般应用举例
粗实线	——————	d	1）可见轮廓线 2）可见边棱线
细实线	——————	$d/2$	1）尺寸线及尺寸界线 2）剖面线 3）重合断面的轮廓线 4）过渡线
波浪线	～～～	$d/2$	1）断裂处的边界线 2）视图与剖视图的分界线
细虚线	– – – –	$d/2$	1）不可见轮廓线 2）不可见边棱线
细点画线	—·—·—	$d/2$	1）轴线 2）对称中心线 3）剖切线
粗点画线	—·—·—	d	限定范围的表示线
细双点画线	—··—··—	$d/2$	1）相邻辅助零件的轮廓线 2）可动零件的极限位置的轮廓线 3）成形前的轮廓线 4）轨迹线
双折线	—⌇—⌇—	$d/2$	1）断裂处的边界线 2）视图与剖视图的分界线
粗虚线	▬ ▬ ▬ ▬	d	允许表面处理的表示线

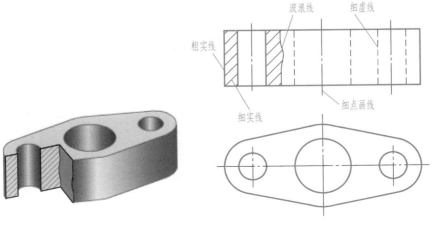

图 1-12　图线应用示例

2. 图线宽度

机械图样中采用粗、细两种图线宽度，线宽的比例关系为2：1。图线的宽度（d）应按照图样的类型和大小，在下列宽度中选取：0.13mm、0.18mm、0.25mm、0.35mm、0.5mm、0.7mm、1.0mm、1.4mm、2mm。为了保证图样清晰，便于复制，图样上尽量避免出现线宽小于0.18mm的图线。

注意：

机械图样中粗线宽度 d 一般采用 0.5mm 或 0.7mm。

3. 图线画法的注意事项（图1-13）

1）在同一图样中，同类图线的宽度应一致，虚线、点画线、双点画线的线段长度和间隔应大致相同。

2）虚线、点画线的相交处应是线段，而不应是点或间隔处。

3）虚线在粗实线的延长线上时，应留间隙。

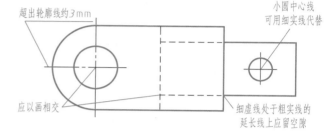

图1-13　图线画法的注意事项

4）细点画线伸出图形轮廓的长度一般约为3mm。当细点画线较短时，允许用细实线代替。

5）图线重叠时，应根据粗实线、细实线、细点画线的顺序进行绘制。

课堂讨论：

粗实线和其他图线重合，如何绘制？

1.2.4　机械图样的尺寸标注

1. 尺寸标注的依据（GB/T 16675.2—2012、GB/T 4458.4—2003）

尺寸是制造零件的直接依据，标注尺寸时，必须严格遵守国家标准的有关规定，做到尺寸标注正确、完整、清晰和合理。

2. 尺寸的要素

尺寸由尺寸界线、尺寸线和尺寸数字三个要素组成，如图1-14所示。尺寸界线和尺寸线画成细实线，尺寸线的终端有箭头和斜线两种形式，如图1-15a、b所示。通常机械图样的尺寸线终端画箭头，当没有足够的地方画箭头时，可用小圆点代替，如图1-15c所示。

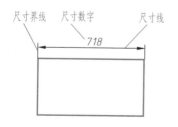

图1-14　尺寸的要素

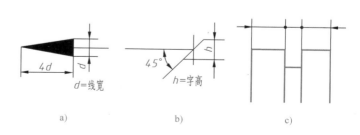

图1-15　箭头画法及尺寸线的终端形式

注意：

1）尺寸界线一般应与尺寸线垂直，必要时才允许倾斜。

2）尺寸界线一般情况下超出尺寸线约2mm。

3.尺寸标注的基本规则

1）机件的真实大小应以图样上所注的尺寸数值为依据，与图形的比例及绘图的准确度无关。

2）图样中的尺寸以mm为单位时，不必标注计量单位的符号（或名称）。表面粗糙度数值以μm为单位，在识图中应注意。

3）图样中所注的尺寸为该图样所表达机件的最后完工尺寸，否则应另加说明。

4）标注水平或垂直线性尺寸时，较小的尺寸标在靠近图形的里面，较大的尺寸在外面，尺寸线尽量不要相交。机件的每一尺寸只标注一次，并应标注在表示该结构最清晰的图形上。

5）尺寸数字中间不允许任何图线穿过。

6）圆或大于半圆圆弧的直径尺寸在尺寸数字前加一字母 ϕ，半圆或小于半圆的圆弧要标注半径，在尺寸数字前加一字母 R。标注球的直径或半径用 $S\phi$、SR，以与圆区别开来。

4.尺寸标注常用的符号和缩写词

标注尺寸时，应尽可能使用符号和缩写词，常用的符号或缩写词见表1-4。

表1-4　尺寸标注常用的符号或缩写词

名称	符号或缩写词	名称	符号或缩写词
直径	ϕ	厚度	t
半径	R	正方形	□
球直径	$S\phi$	45°倒角	C
球半径	SR	深度	↓
弧长	⌒	沉孔或锪平	⊔
均布	EQS	埋头孔	∨

5.尺寸标注示例

尺寸标注示例见表1-5。

表1-5　尺寸标注示例

项目	图例	说明
线性尺寸的标注	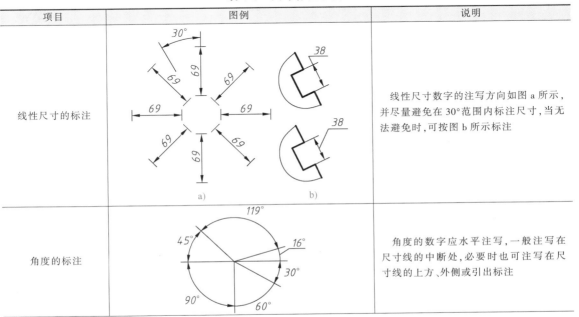	线性尺寸数字的注写方向如图a所示，并尽量避免在30°范围内标注尺寸,当无法避免时,可按图b所示标注
角度的标注		角度的数字应水平注写,一般注写在尺寸线的中断处,必要时也可注写在尺寸线的上方、外侧或引出标注

（续）

项目	图例	说明
大圆弧半径的标注	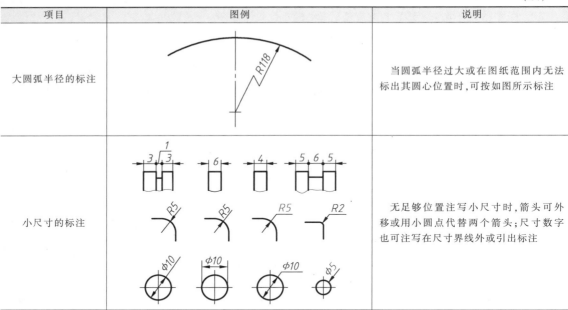	当圆弧半径过大或在图纸范围内无法标出其圆心位置时，可按如图所示标注
小尺寸的标注	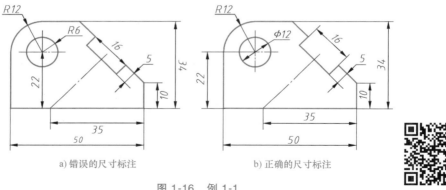	无足够位置注写小尺寸时，箭头可外移或用小圆点代替两个箭头；尺寸数字也可注写在尺寸界线外或引出标注

例 1-1　分析图 1-16a 所示尺寸标注的错误之处，并改正过来，如图 1-16b 所示。

错误的尺寸标注　　b) 正确的尺寸标注

图 1-16　例 1-1

解：图 1-16a 所示尺寸标注的错误之处如下：

1）尺寸 35mm 应注在尺寸线的上方。

2）尺寸 10mm 应注在尺寸线的左侧。

3）尺寸 34mm 应注在尺寸线的左侧，书写方向不对。

4）尺寸 $R6$mm 为整圆，应标注直径尺寸 $\phi12$mm。

5）尺寸 16mm 的尺寸线不能在轮廓线的延长线上。

6）尺寸 22mm 的尺寸线不能和中心线重合。

正确的尺寸标注如图 1-16b 所示。

任务1.3　尺规作图

学会常用的几何作图方法是工程技术人员必备的基本技能。

1.3.1 线段和圆的等分

1. 线段的等分

线段二、四等分的作图方法如图 1-17 所示。

若要将线段三、五等分，又将如何作图？下面介绍线段的任意等分法。

将已知线段 AB 五等分，作图步骤如图 1-18 所示：

1）过点 A 以任意锐角作一条直线 AC，如图 1-18a 所示。

2）由点 A 向点 C 方向作相等的五等分，注意第 5 等分点不能超过点 C，如图 1-18b 所示。

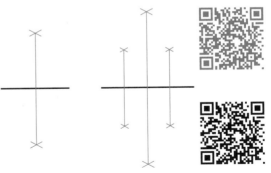

图 1-17 线段二、四等分

3）连接第 5 等分点和点 B，如图 1-18c 所示。

4）分别过 4、3、2 和 1 等分点作 $5B$ 线段的平行线，交点即为所求，如图 1-18d 所示。

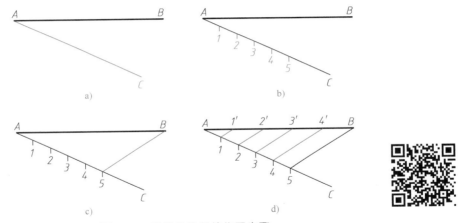

图 1-18 五等分线段的作图步骤

课堂讨论：

线段的等分还有其他方法吗？哪一种等分方法要更准确些？

2. 圆的等分

圆的二、三、四、六等分见表 1-6。

表 1-6 圆的二、三、四、六等分

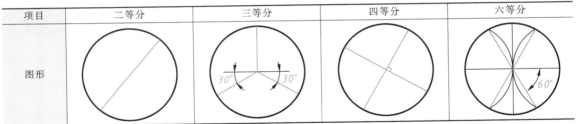

项目	二等分	三等分	四等分	六等分
图形				

下面介绍一种圆的任意等分方法，将已知圆作五等分，如图 1-19 所示，作图步骤如下：

1）先五等分直径 MN，如图 1-19a 所示。

2）以点 N 为圆心，以直径 MN 长度为半径画弧，交水平直径的延长线于点 E 和点 F，如图 1-19b 所示。

3）自点 E 和点 F 与直径 MN 上的偶数等分点（或奇数等分点）连线，并延长至圆周，即得五等分点，如图 1-19c 所示。

4）连接各等分点，可作出圆的内接正五边形，如图 1-19d 所示。

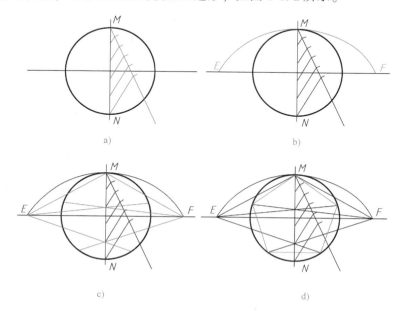

图 1-19　五等分圆的作图步骤

1.3.2　斜度和锥度图形的画法与标注

1. 斜度的应用

实际生活中斜度的一些应用实例有：房屋顶部采用了有一定斜度的平面，如图 1-20a 所示；汽车最大爬坡度是指汽车可爬越的最陡坡度，一般用角度 θ 表示，如图 1-20b 所示；钩头楔键固定是利用具有一定斜度的表面把零件安装在轴上的，如图 1-20c 所示。

a）房屋

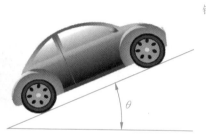

b）汽车最大爬坡度

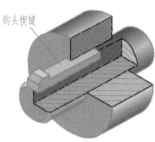

c）钩头楔键固定结构

图 1-20　斜度的应用

课堂讨论：
　　斜度还有哪些应用实例？

　　2. 斜度的画法与标注
　　（1）斜度（GB/T 4096—2001）　斜度是指一直线（或一平面）对另一直线（或一平面）的倾斜程度。其大小用它们之间夹角的正切值来表示，习惯上把比例的前项化为 1，而写成 1 : n 的形式。
　　（2）斜度的画法　如图 1-21a 所示的斜度，其作图步骤如下：
　　1）作斜度 1 : 6 的辅助线，如图 1-21b 所示。
　　2）结果如图 1-21c 所示，完成作图。

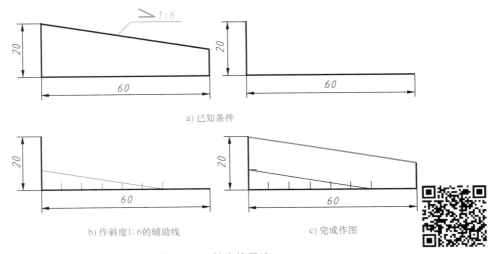

图 1-21　斜度的画法

　　（3）斜度的标注　标注斜度时，符号方向应与斜度的方向一致，如图 1-22 所示。

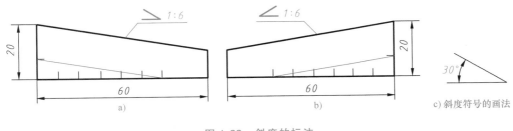

图 1-22　斜度的标注

　　3. 锥度的应用
　　锥度的一些应用实例，如图 1-23 所示，有锥形的屋顶、锥度环塞规，圆锥滚子轴承的滚动体也是圆锥。

课堂讨论：
　　锥度还有哪些应用实例？

a) 锥形的屋顶

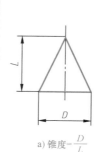

b) 锥度环塞规

c) 圆锥滚子轴承

图 1-23　锥度的应用实例

4. 锥度的画法与标注

（1）锥度（GB/T 157—2001）　锥度是指正圆锥体的底面直径与锥体高度之比。如果是圆锥台，其锥度为上、下两底圆的直径差与圆锥台高度之比值，如图 1-24 所示。锥度在图样上以 $1:n$ 的简化形式表示。

（2）锥度的画法　如图 1-25a 所示锥度，其作图步骤如下：

1）作锥度 1:3 的辅助线，如图 1-25b 所示。

2）结果如图 1-25c 所示，完成作图。

a) 锥度 $=\dfrac{D}{L}$　　　　b) 锥度 $=\dfrac{D-d}{L}$

图 1-24　锥度

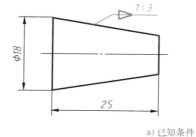

a) 已知条件

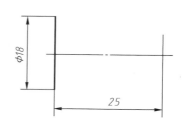

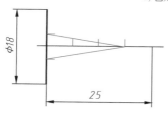

b) 作锥度1:3的辅助线

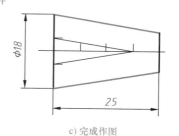

c) 完成作图

图 1-25　锥度的画法

（3）锥度的标注　标注锥度时，锥度符号的尖端应与圆锥的锥顶方向一致，如图 1-26 所示。

课堂讨论：

　　锥度的画法与斜度的画法有什么不同？

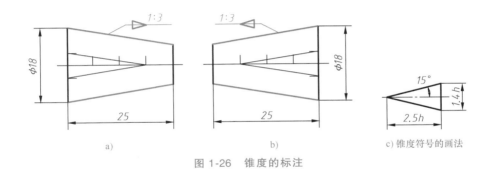

图 1-26　锥度的标注

1.3.3　圆弧连接

1. 两条直线之间的圆弧连接

两条已知直线之间的圆弧连接的作图步骤如图 1-27 所示。

（1）求圆心　分别作与两条已知直线距离为 R 的平行线，交点 O 即为连接弧的圆心，如图 1-27b 所示。

（2）求切点　由点 O 分别作两条直线的垂线，垂足即为切点，如图 1-27c 所示。

（3）连接　以点 O 为圆心、R 为半径画弧，即可完成圆弧连接。

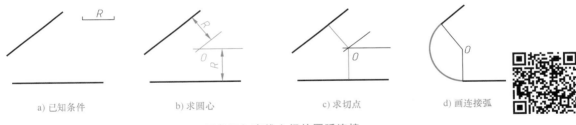

图 1-27　两条已知直线之间的圆弧连接

课堂讨论：

　　下面图形如何用已知圆弧连接？

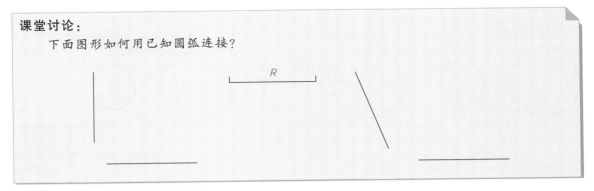

2. 两圆弧之间的圆弧连接

（1）外切连接　用圆弧连接两圆弧，作图步骤如图 1-28 所示。

1）求圆心。分别以 O_1 和 O_2 为圆心，以 $R+R_1$ 和 $R+R_2$ 为半径画弧，两弧的交点 O 即为连接弧的圆心，如图 1-28c 所示。

2）求切点。连接 OO_1 和 OO_2，分别与已知圆交于 M 和 N 两点，M 和 N 两点即为切点，如图 1-28d 所示。

3）连接。以点 O 为圆心、R 为半径画弧，即可完成圆弧外切连接，如图 1-28e 所示。

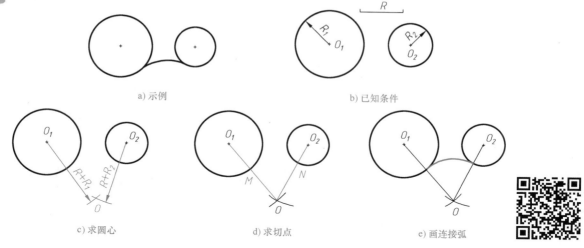

图 1-28　圆弧外切连接

（2）内切连接　用圆弧连接两圆弧，作图步骤如图 1-29 所示。

1）求圆心。分别以 O_1 和 O_2 为圆心，以 $R-R_1$ 和 $R-R_2$ 为半径画弧，两弧的交点 O 即为连接弧的圆心，如图 1-29c 所示。

2）求切点。连接 OO_1 和 OO_2，并延长与已知圆交于 E 和 F 两点，E 和 F 两点即为切点，如图 1-29d 所示。

3）连接。以点 O 为圆心、R 为半径画弧，即可完成圆弧内切连接，如图 1-29e 所示。

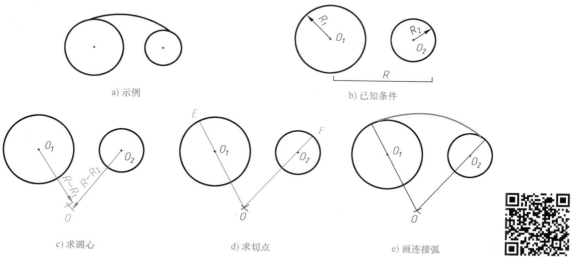

图 1-29　圆弧内切连接

（3）内外切连接　用圆弧连接两圆弧，作图步骤如图 1-30 所示。

1）求圆心。分别以 O_1 和 O_2 为圆心，以 $R+R_1$ 和 $R-R_2$ 为半径画弧，两弧的交点 O 即为连接弧的圆心，如图 1-30c 所示。

2）求切点。连接 OO_1 与已知圆交于 A 点，连接 OO_2 并延长与已知圆交于 B

点，A、B 两点即为切点，如图 1-30d 所示。

　　3）连接。以点 O 为圆心、R 为半径画弧，即可完成圆弧内外切连接，如图 1-30e 所示。

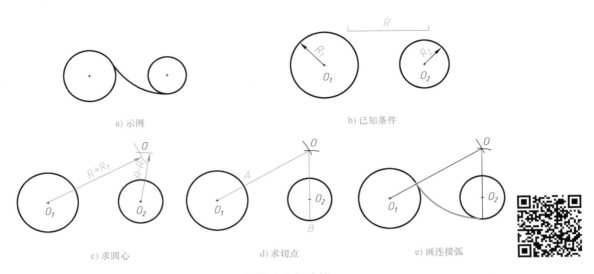

a) 示例　　　　　　　　　　　　　　　　b) 已知条件

c) 求圆心　　　　　　　　d) 求切点　　　　　　　e) 画连接弧

图 1-30　圆弧内外切连接

课堂讨论：

　　如何用已知圆弧连接一直线和一圆弧？

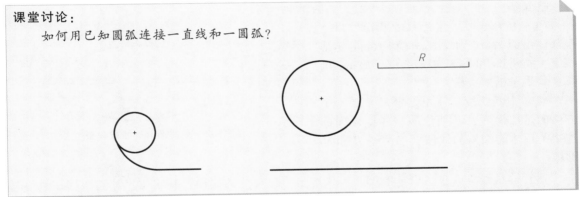

任务 1.4　平面图形分析及作图方法

　　平面图形是想象立体图形的基础，本节介绍平面图形的分析方法和作图步骤。

1.4.1　平面图形的分析

　　平面图形是由若干条直线和曲线封闭连接组合而成的，这些线段之间的相对位置和连接关系根据给定的尺寸来确定。在平面图形中，有些线段的尺寸已完全给定，可以直接画出，而有些线段要按照连接关系画出。因此，绘图前应对所绘图形进行分析，从而确定正确的作图方法和步骤。

1.4.2　平面图形的分析步骤

1. 尺寸分析

（1）基准　基准是标注尺寸的起点。平面图形的尺寸基准有水平和垂直两个方向。

平面图形中所标注尺寸按其作用可分为两大类：定形尺寸和定位尺寸，如图 1-31 所示。

（2）定形尺寸　确定图形中各线段形状和大小的尺寸，如 $\phi16$mm、$\phi26$mm、$R58$mm、$R8$mm、$R30$mm、16mm 和 8mm。一般情况下确定几何图形所需定形尺寸的个数是一定的，如矩形的定形尺寸是长和宽，圆和圆弧的定形尺寸是直径或半径。

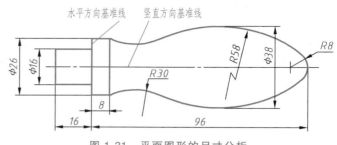

图 1-31　平面图形的尺寸分析

（3）定位尺寸　确定图形中各线段间相对位置的尺寸，如尺寸 96mm 和 $\phi38$mm 是以图 1-31 所示"水平方向基准线"和"竖直方向基准线"为基准确定手柄上、下对称面，即 $R8$mm 圆心位置的定位尺寸。必须注意，有时一个尺寸既是定形尺寸，又是定位尺寸。如尺寸 8mm 既是矩形的长，又是 $R30$mm 圆弧水平方向的定位尺寸。

2. 线段分析

平面图形中有些线段具有完整的定形尺寸和定位尺寸，可根据标注的尺寸直接画出；有些线段的定形尺寸和定位尺寸并未全部注出，要根据已注出的尺寸和该线段与相邻线段的连接关系，通过几何作图才能画出。因此，通常按照线段的尺寸是否标注完整，将线段分为三种：已知线段、中间线段和连接线段，如图 1-32 所示。

（1）已知线段　定形尺寸和定位尺寸全部注出的线段，如 $\phi16$mm 和 16mm 矩形线框，$\phi26$mm 和 8mm 矩形线框，$R8$mm 圆弧，均属于已知线段。

（2）中间线段　注出定形尺寸和一个方向的定位尺寸，必须依靠相邻线段间的连接关系才能画出的线段，如两个 $R58$mm 圆弧。

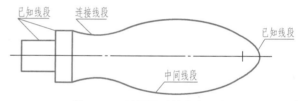

图 1-32　平面图形的线段分析

（3）连接线段　只注出定形尺寸，未注出定位尺寸的线段，其定位尺寸需根据该线段与相邻两线段的连接关系，通过几何作图方法求出，如两个 $R30$mm 圆弧。

图 1-33 所示手柄平面图形的作图步骤如下：

1）画基准线和定位线，如图 1-33a 所示。

2）画已知线段，如图 1-33b 所示。

3）画中间线段，如图 1-33c 所示。

4）画连接线段，如图 1-33d 所示。

5）检查并描深图线，标注尺寸，如图 1-33e 所示。

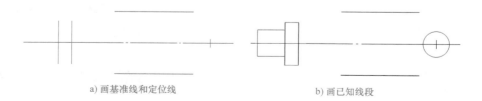

a）画基准线和定位线　　　　　　　　b）画已知线段

图 1-33　手柄平面图形的作图步骤

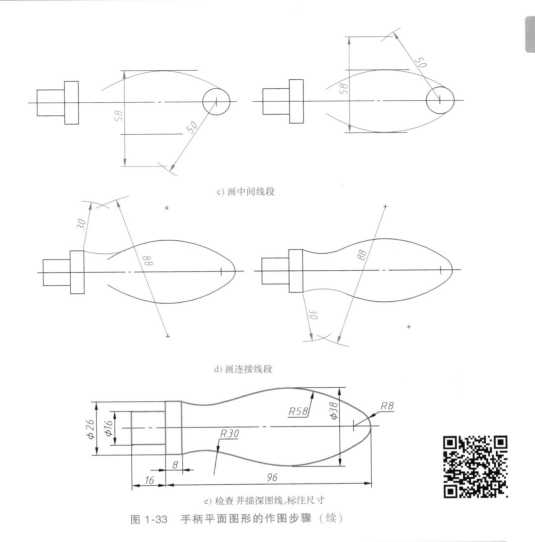

c) 画中间线段

d) 画连接线段

e) 检查并描深图线,标注尺寸

图 1-33　手柄平面图形的作图步骤（续）

课堂讨论：
　　平面图形的作图误差是如何变化的？

1.4.3　尺规作图的操作步骤

　　1. 画图前的准备工作
　　准备好必须的绘图工具和仪器，将图纸固定在图板的适当位置，使绘图时丁字尺、三角板移动自如。
　　2. 布置图形
　　根据所画图形的大小和选定的比例，合理布图。图形分布尽量匀称、居中，并要考虑标注尺寸的位置，确定图形的基准线。
　　3. 画底稿
　　底稿宜用 2H 铅笔轻淡地画出。画底稿的一般步骤：先画轴线或对称中心线，再画图形主要轮廓，然后画图形细节之处。

4. 铅笔描深

描深图线前，要仔细检查底稿，纠正错误，擦去多余的作图线和图面上的污迹，按标准线型描深图线。描深图线的顺序为：

1）描深全部细线（用 HB 铅笔）。

2）描深全部粗实线（用 2B 铅笔）：先描深圆和圆弧，后描深直线；先描深水平线（先上后下），再描深垂直线、斜线（先左后右）。

5. 标注尺寸和填写标题栏

按国家标准有关规定，在图样中标注尺寸和填写标题栏。

项目2

正投影作图基础

机械图样主要用正投影法绘制，因正投影图能准确表达物体的形状，度量性好，作图方便，所以在工程图中得到了广泛应用。掌握正投影法的基本原理是识读和绘制机械图样的理论基础，也是本课程的核心内容。

任务 2.1 投影法

物体在光线照射下就会在地面或墙面上产生影子，对这种自然现象进行科学的抽象并加以归纳和总结，形成了投影法。投影法就是一组射线照射物体在预定平面上得到图形的方法。

2.1.1 投影法的分类

投影法可分为中心投影法和平行投影法。

1. 中心投影法

投射线汇交于投射中心的投射方法称为中心投影法，如图 2-1 所示 $\triangle abc > \triangle ABC$，但用中心投影法绘制的图形立体感强。日常生活中的投影仪、照相都是中心投影法的实例。用中心投影法所得投影大于空间实形。

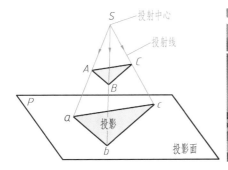

图 2-1　中心投影法

课堂讨论：

    在日常生活中，还有哪些中心投影法的应用实例？

2. 平行投影法

投射线互相平行的投影方法称为平行投影法。按投射线与投影面倾斜或垂直，平行投影法又分为斜投影法和正投影法，如图 2-2 所示。

（1）斜投影法 投射线与投影面相倾斜的平行投影法。

（2）正投影法 投射线与投影面相垂直的平行投影法。

由于正投影法所得到的正投影能准确反映物体的形状和大小，度量性好，作图简便，故机械图样采用正投影法绘制。

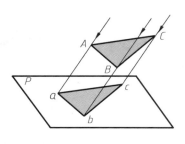

a) 斜投影法

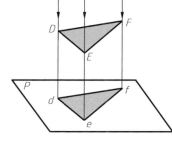

b) 正投影法

图 2-2 平行投影法

2.1.2 正投影法的基本性质

1. 真实性

当直线或平面平行于投影面时，直线的投影反映实长，平面的投影反映实形，这种投影特性称为真实性，如图 2-3a 所示，直线 $ab=AB$，平面 $cdef \cong CDEF$。

2. 积聚性

当直线或平面垂直于投影面时，直线的投影积聚成点，平面的投影积聚成一条直线，这种投影特性称为积聚性，如图 2-3b 所示，$g(h)$ 为一点，$i(l)j(k)$ 为一直线。

3. 类似性

当直线或平面倾斜于投影面时，直线的投影仍为直线，但小于实长；平面的投影是与原图形的类似形，这种投影特性称为类似性，如图 2-3c 所示，直线 $mn<MN$，平面 $opqr<OPQR$。

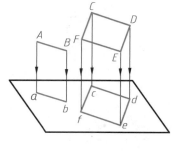

a) 真实性

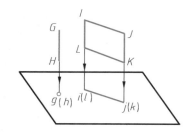

b) 积聚性

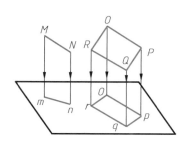

c) 类似性

图 2-3 正投影法基本性质

2.1.3　三视图的形成及投影规律

1. 三视图的由来

只有一个视图是不能完整地表达物体形状的，如图 2-4 所示。所以，要反映物体的完整形状，必须增加由不同投射方向得到的投影图，互相补充，才能将物体表达清楚。工程上常用三投影面体系来表达简单物体的形状，如图 2-5 所示。三投影面体系中的三个投影面两两互相垂直相交，交线 OX、OY 和 OZ 称为投影轴，三根投影轴交于一点 O，称为原点。正立投影面 V 简称正面，水平投影面 H 简称水平面，侧立投影面 W 简称侧面。

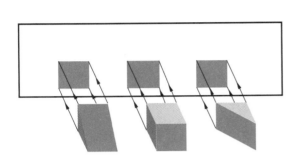

图 2-4　一个视图不能确定物体形状

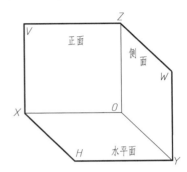

图 2-5　三投影面体系

2. 三视图的形成

三投影面体系中的方位关系，如图 2-6a 所示。

由前向后投射，物体在正面上的投影称为主视图。

由上向下投射，物体在水平面上的投影称为俯视图。

由左向右投射，物体在侧面上的投影称为左视图。

为了画图和看图方便，必须使处于空间位置的三视图在同一个平面上表示出来。为此做出如下变动：V 面保持不动，H 投影面绕 OX 轴向下旋转 90°与 V 面在同一平面内，W 投影面绕 OZ 轴向外旋转 90°与 V 面在同一平面内，如图 2-6b 所示。空间的点、线和面所用字母一律大写，如 A、B、C 等，在 H 面上的投影用相应的小写字母表示，如 a、b、c 等，V 面上的投影小写字母加一撇表示，如 a'、b'、c' 等，W 面上的投影用小写字母加二撇表示，如 a''、b''、c''等。从图 2-6b 中可以看出：主视图反映物体的左右、上下方位，俯视图反映物体的左

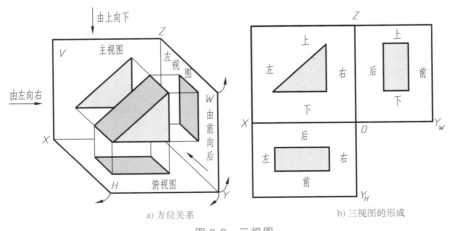

a) 方位关系　　　　　　　　　　b) 三视图的形成

图 2-6　三视图

右、前后方位，左视图反映物体的上下、前后方位。机械制图规定：左右方向表示物体的"长"，前后方向表示物体的"宽"，上下方向表示物体的"高"。

3. 三视图的投影规律

三视图之间的相对位置是固定的，即主视图确定后，俯视图在主视图的正下方，左视图在主视图的正右方，各视图的名称不需标注。主视图和俯视图都反映物体的长度，主视图和左视图都反映物体的高度，俯视图和左视图都反映物体的宽度。因为一个物体只有一个长、宽和高，由此得出三视图具有"长对正、高平齐、宽相等"（三等）的投影规律。

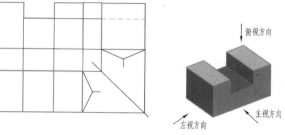

作图时，为了实现"俯视图和左视图宽相等"，可利用由原点 O（或其他点）作45°辅助线的方法，求其对应关系，如图2-7所示。应当指出，无论是整个物体或物体的局部，在三视图中其投影都必须符合"长对正、高平齐、宽相等"的关系。

图2-7 "宽相等"作法

注意：

正投影法的"三等"投影特性是绘图与识图的依据。

2.1.4 物体三视图的画法及作图步骤

画物体三视图时，首先要分析其形状特征，选择主视图的投射方向，并使物体的主要表面与相应的投影面平行，主视图的选择原则后面章节有详细介绍。如图2-8所示的物体，以图示方向作为主视图的投射方向。画三视图时，应先画反映物体突出形状特征的主视图，再按投影关系画出俯、左视图。

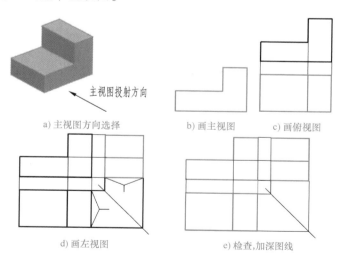

图2-8 三视图的作图步骤

课堂讨论：

还有其他方法保证"宽相等"吗？

任务2.2　点、直线和平面的投影

　　任何物体的表面都包含点、线和面等几何元素，如图2-9所示长方体，就是由8个点、12条直线和6个平面组成。绘制长方体的三视图，实际上就是画出构成长方体表面的这些点、直线和平面的投影。因此，要正确、迅速地表达物体，必须掌握这些几何元素的投影特性和作图方法，对今后的绘图和识图具有重要意义。

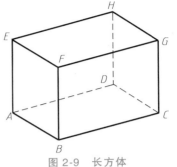

图2-9　长方体

2.2.1　点的投影

1. 一般位置点的投影

　　空间点的位置可由该点的坐标 (x, y, z) 确定，x 表示点到 W 面的距离，y 表示点到 V 面的距离，z 表示点到 H 面的距离。点的三个坐标中没有任何一个坐标值为零，这样的空间点称为一般位置点，如图2-10a所示。x 坐标确定空间点在投影面体系中的左右位置，y 坐标确定空间点在投影面体系中的前后位置，z 坐标确定空间点在投影面体系中的高低位置。x 坐标值越大，点越靠左。y 坐标值越大，点越靠前。z 坐标值越大，点越高。

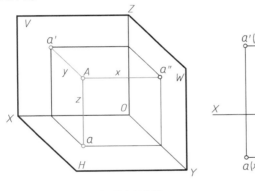

a) 点A的空间位置

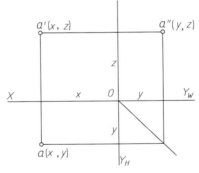

b) 点A的三面投影

图2-10　一般位置点的投影

　　点 A 三面投影的坐标分别为 $a(x,y)$，$a'(x,z)$，$a''(y,z)$，点的投影永远是点，如图2-10b所示。知道点的空间坐标，即可作出点的三面投影。

　　例2-1：已知点 B (28, 36, 25)，求作它的三面投影。

　　分析

　　根据点的空间直角坐标值的含义可知：$x = 28\text{mm}$，$y = 36\text{mm}$，$z = 25\text{mm}$。

　　作图

　　1）由点 O 沿 OX 轴方向量取尺寸28mm，得到一个交点 m，如图2-11a所示。

　　2）通过点 m 沿 OY_H 轴方向作 OY_H 轴平行线，量取尺寸36mm，即得空间点 B 的水平投影 b，如图2-11b所示。

　　3）通过点 m 沿 OZ 轴方向作 OZ 轴平行线，量取尺寸25mm，即得空间点 B 的正面投影 b'，如图2-11b所示。

　　4）由"高平齐""宽相等"的投影规律，即可作出空间点 B 的侧面投影 b''，如图2-11c所示。

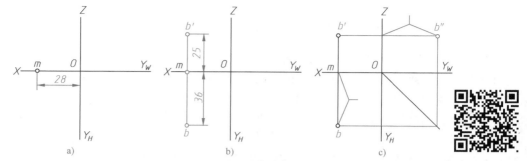

图 2-11　由点的坐标作点的三面投影

例 2-2：已知点的两面投影，求作其第三面投影。

分析

根据点的两面投影，可确定点的空间三个坐标，因而点的第三面投影能唯一作出来。

作图

1）由"高平齐""宽相等"的投影规律，即可作出空间点 C 的侧面投影 c''，如图 2-12a 所示。

2）由"长对正""宽相等"的投影规律，即可作出空间点 C 的水平投影 c，如图 2-12b 所示。

3）由"长对正""高平齐"的投影规律，即可作出空间点 C 的正面投影 c'，如图 2-12c 所示。

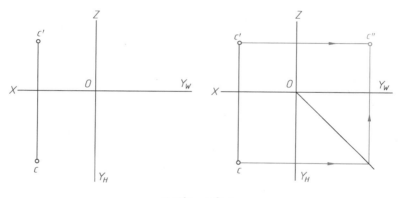

a) 已知 c、c'，求 c''

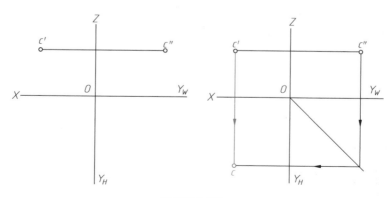

b) 已知 c'、c''，求 c

图 2-12　由两面投影作第三面投影

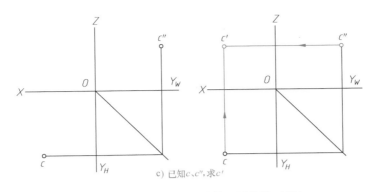

c) 已知c、c″，求c′

图 2-12　由两面投影作第三面投影（续）

2. 特殊位置点的投影

（1）点在投影面上　空间点的三个坐标值中只有一个为零，该点即在某一投影面上，如图 2-13 所示。

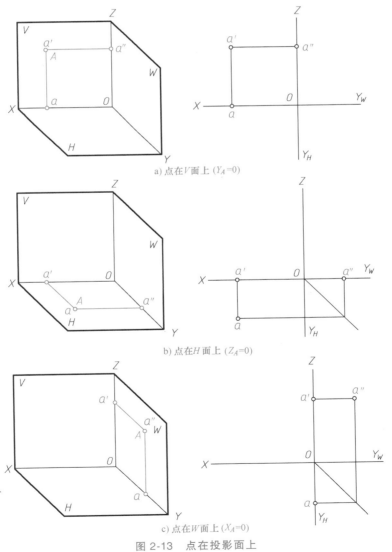

a) 点在V面上（Y_A=0）

b) 点在H面上（Z_A=0）

c) 点在W面上（X_A=0）

图 2-13　点在投影面上

点在投影面上，其三面投影中有一个投影在投影面上，另外两个投影在投影轴上。

（2）点在投影轴上　空间点的三个坐标值中有两个为零，该点即在投影轴上，如图 2-14 所示。

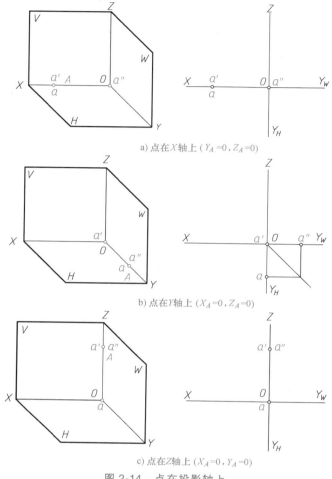

a) 点在 X 轴上（$Y_A=0$，$Z_A=0$）

b) 点在 Y 轴上（$X_A=0$，$Z_A=0$）

c) 点在 Z 轴上（$X_A=0$，$Y_A=0$）

图 2-14　点在投影轴上

点在投影轴上，其三面投影中有一个投影在坐标原点，另外两个投影在同一根投影轴上且重合。

课堂讨论：

　　空间点的三个坐标值均为零，其三面投影是怎样的？

3. 重影点的投影

当空间两点的某两个坐标值相同时，该两点处于某一投影面的同一投影线上，则这两点在该投影面的投影重合于一点。空间两点的同面投影重合于一点的性质，称为重影性，该两点称为重影点。

重影点有可见性问题。在投影图上，如果两个点的投影重合，则与重合投影所在投影面的距离较大的那个点是可见的，而另一点是不可见的，应将不可见的字母用括号括起来，如 (a)、(c')、(b'') 等。

如图 2-15 所示，A、B 两点的正面投影 a' 和 b' 重影成一点，但点 A 在点 B 的正前方。所以对 V 面来说，点 A 是可见的，用 a' 表示，点 B 是不可见的，用（b'）表示。

2.2.2　直线的投影

1. 一般位置直线的投影

本书所提直线的投影是指直线线段的投影，不包括无限长直线的投影。根据"两点确定一条直线"的几何定理，在绘制直线的投影时，只要作出直线上任意两点的投影，再将两点的同面投影连接起来，即得到直线的三面投影。在三投影面体系中，若一条直线对三个投影面均处于倾斜位置，这样的直线称为一般位置直线，如图 2-16 所示。

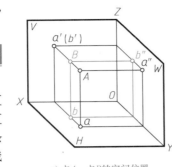

a) 点A、点B的空间位置

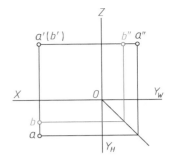

b) 点A、点B的三面投影

图 2-15　重影点的投影

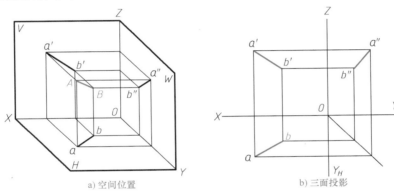

a) 空间位置　　　　　　　　　　b) 三面投影

图 2-16　一般位置直线的投影

一般位置直线的投影特性：

1）在三个投影面上的投影均是倾斜直线。

2）投影长度均小于实长。

2. 特殊位置直线的投影

（1）投影面平行线　在三投影面体系中，若一条直线只平行于一个投影面，而倾斜于其他两个投影面，这样的直线称为投影面平行线。

1）正平线。正平线是平行于 V 面，而倾斜于 H、W 面的直线，如图 2-17 所示。

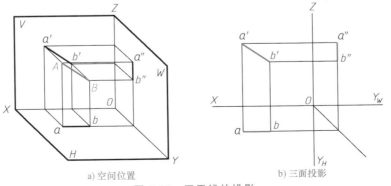

a) 空间位置　　　　　　　　　　b) 三面投影

图 2-17　正平线的投影

2）水平线。水平线是平行于 H 面，而倾斜于 V、W 面的直线，如图 2-18 所示。

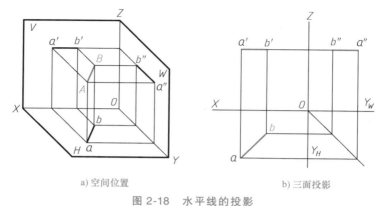

a) 空间位置　　　　　　　　　　　　b) 三面投影

图 2-18　水平线的投影

3）侧平线。侧平线是平行于 W 面，而倾斜于 H、V 面的直线，如图 2-19 所示。

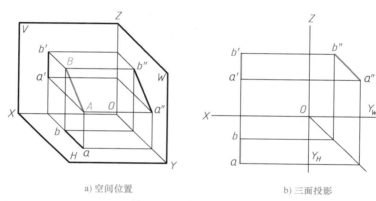

a) 空间位置　　　　　　　　　　　　b) 三面投影

图 2-19　侧平线的投影

投影面平行线的投影特性：

1）在所平行的投影面上的投影为一段反映实长的斜线。

2）在其他两个投影面上的投影分别平行于相应的投影轴，其长度小于实长。

（2）投影面垂直线　在三投影面体系中，若一条直线垂直于一个投影面，而与另外两个投影面平行，这样的直线称为投影面垂直线。

1）正垂线。正垂线是垂直于 V 面的直线，如图 2-20 所示。

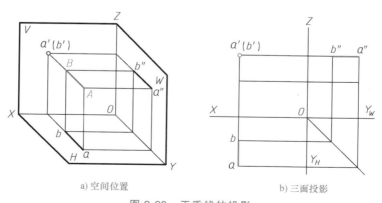

a) 空间位置　　　　　　　　　　　　b) 三面投影

图 2-20　正垂线的投影

2）铅垂线。铅垂线是垂直于 H 面的直线，如图 2-21 所示。

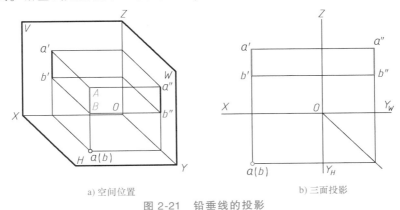

a) 空间位置　　　　　b) 三面投影

图 2-21　铅垂线的投影

3）侧垂线。侧垂线是垂直于 W 面的直线，如图 2-22 所示。

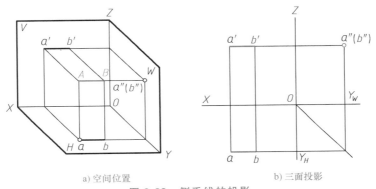

a) 空间位置　　　　　b) 三面投影

图 2-22　侧垂线的投影

投影面垂直线的投影特性：

1）在所垂直的投影面上的投影积聚为一点。

2）在其他两个投影面上的投影分别平行于相应的投影轴，且反映实长。

课堂讨论：

直线与投影面还有其他位置关系吗？

2.2.3　平面的投影

1. 一般位置平面的投影

在三投影面体系中，与三个投影面都处于倾斜位置的平面称为一般位置平面，如图 2-23 所示。作平面的投影时，先找出能够决定平面的形状、大小和位置的一系列点，然后作出这些点的三面投影并连接这些点的同面（也称同名）投影，即得到平面的三面投影。

一般位置平面的投影特性是在三个投影面上的投影均为原平面的类似形，而且形状缩小，不反映真实形状。

2. 特殊位置平面的投影

（1）投影面平行面　平行于一个投影面，而垂直于其他两个投影面的平面称为投影面平行面。

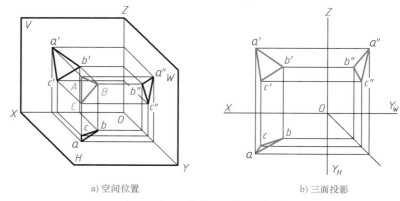

a) 空间位置　　　　　　b) 三面投影

图 2-23　一般位置平面的投影

1）正平面。正平面是平行于 V 面的平面，如图 2-24 所示。

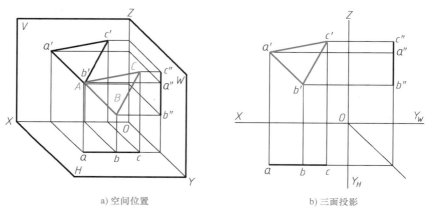

a) 空间位置　　　　　　b) 三面投影

图 2-24　正平面的投影

2）水平面。水平面是平行于 H 面的平面，如图 2-25 所示。

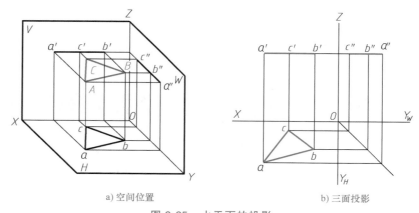

a) 空间位置　　　　　　b) 三面投影

图 2-25　水平面的投影

3）侧平面。侧平面是平行于 W 面的平面，如图 2-26 所示。

投影面平行面的投影特性：

1）在所平行的投影面上的投影反映实形。

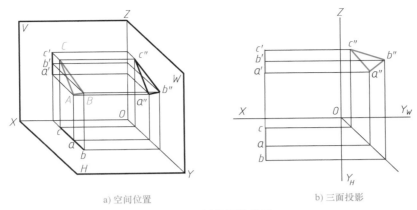

a) 空间位置　　　　　　　b) 三面投影

图 2-26　侧平面的投影

2）在其他两个投影面上的投影分别积聚成直线，且平行于相应的投影轴。

（2）投影面垂直面　垂直于一个投影面，而倾斜于其他两个投影面的平面称为投影面垂直面。

1）正垂面。正垂面是垂直于 V 面的平面，如图 2-27 所示。

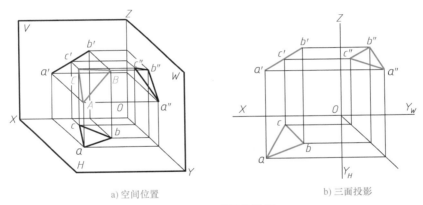

a) 空间位置　　　　　　　b) 三面投影

图 2-27　正垂面的投影

2）铅垂面。铅垂面是垂直于 H 面的平面，如图 2-28 所示。

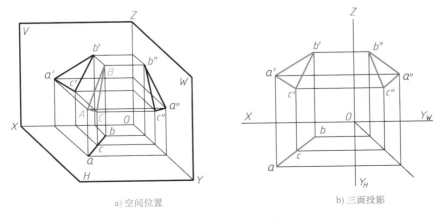

a) 空间位置　　　　　　　b) 三面投影

图 2-28　铅垂面的投影

3）侧垂面。侧垂面是垂直于 W 面的平面，如图 2-29 所示。

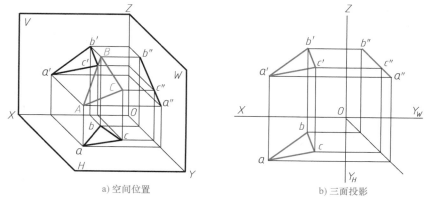

a）空间位置　　　　　　　　　　b）三面投影

图 2-29　侧垂面的投影

投影面垂直面的投影特性：

1）在所垂直的投影面上的投影积聚为一段斜线。

2）在其他两个投影面上的投影均为缩小的类似形。

课堂讨论：

平面与投影面还有其他位置关系吗？

任务 2.3　基本体的投影

任何物体都可以看成由基本体组合而成的，基本体有棱柱、棱锥、圆柱、圆锥和圆球。基本体有平面立体和曲面立体两类。棱柱和棱锥的表面都是平面，属于平面立体。圆柱、圆锥和圆球的表面至少有一个表面是曲面，属于曲面立体。掌握基本体的投影作图，可为切割体及组合体的投影作图打下良好的基础。

2.3.1　棱柱

1. 棱柱的应用

棱柱在生活中的一些应用实例，如图 2-30 所示。

a）塔　　　　　　　　　b）螺栓和螺母　　　　　　　c）蓄电池外壳

图 2-30　棱柱的应用实例

课堂讨论：
棱柱在日常生活中还有哪些应用实例？

2. 棱柱的投影分析及其三视图

（1）棱柱的投影分析　棱柱属于平面立体，其表面均是平面。图 2-31a 所示为一个正六棱柱，它由六个侧面和上、下两面共八个面构成。六个侧面为全等的长方形且与上、下两个面均垂直，上、下两个面为全等且相互平行的正六边形。投影作图时（以垂直侧面 2 的方向作为主视图方向），俯视图是一个正六边形线框，六个侧面均具有积聚性，顶面 1 和底面反映实形。主视图是三个矩形线框，其中侧面 2 具有真实性且遮住后面与之对应的侧面，侧面 3、4 相对于 V 面倾斜，具有相似性且各自遮住后面与之对应的侧面，顶面 1 和底面都具有积聚性。左视图是两个矩形线框，前、后两个侧面和上、下两个平面共四个面具有积聚性，其余四个侧面具有相似性。

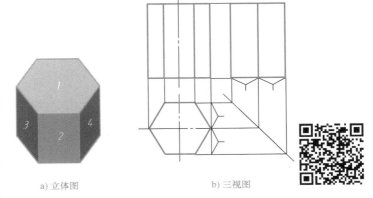

a) 立体图　　　　　　　　b) 三视图

图 2-31　正六棱柱

（2）作图步骤　进行正六棱柱投影作图时，首先画出俯视图，其次根据正六棱柱的高度和"长对正"的投影规律画出主视图，最后根据"高平齐"和"宽相等"的投影规律画出左视图，如图 2-31b 所示。

3. 棱柱表面点的投影

例 2-3：如图 2-32a 所示，已知图 2-32b 所示为棱柱表面点 A 的一个投影 a，求其另外两个投影 a'、a''。

分析

空间点 A 在正六棱柱的顶面，顶面在主视图中的投影具有积聚性，积聚成为一条直线，

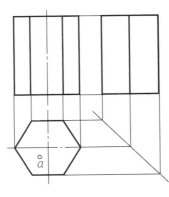

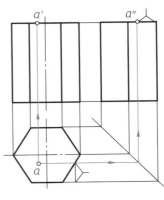

a) 立体图　　　　　　　　b) 已知条件　　　　　　　　c) 作图过程

图 2-32　求棱柱表面点的其余投影

可方便地利用"长对正"的投影规律作出点 A 的主视图投影 a'；然后利用"高平齐"和"宽相等"的投影规律作出点 A 的左视图投影 a''。

作图

1）过点 a 利用"长对正"的投影规律作与棱柱主视图顶面的交点 a'，即为点 A 的正面投影，如图 2-32c 所示。

2）由"高平齐"和"宽相等"的投影规律可作出点 A 的左视图投影 a''，如图 2-32c 所示。

注意：

作图时应注意点 A 在不同投影面上投影的可见性判断，并注意保证"宽相等"。

2.3.2 棱锥

1. 棱锥的应用

棱锥在生活中的一些应用实例，如图 2-33 所示。

a) 金字塔

b) 水阀

c) 打米机

图 2-33 棱锥的应用实例

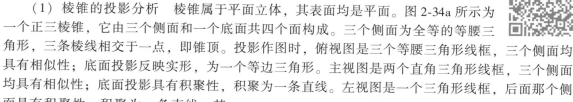
课堂讨论：
棱锥在日常生活中还有哪些应用实例？

2. 棱锥的投影分析及其三视图

（1）棱锥的投影分析　棱锥属于平面立体，其表面均是平面。图 2-34a 所示为一个正三棱锥，它由三个侧面和一个底面共四个面构成。三个侧面为全等的等腰三角形，三条棱线相交于一点，即锥顶。投影作图时，俯视图是三个等腰三角形线框，三个侧面均具有相似性；底面投影反映实形，为一个等边三角形。主视图是两个直角三角形线框，三个侧面均具有相似性；底面投影具有积聚性，积聚为一条直线。左视图是一个三角形线框，后面那个侧面具有积聚性，积聚为一条直线；其余两个侧面具有相似性，底面投影具有积聚性，积聚为一条直线。

（2）作图步骤　进行正三棱锥投影作图时，首先画出俯视图，其次根据正三棱锥的高度和"长对正"的投影规律画出主视图，最后根据"高平齐"和"宽相等"的投影规律画出左视图，如图 2-34b 所示。

a) 立体图

b) 三视图

图 2-34 正三棱锥

3. 棱锥表面点的投影

例 2-4：如图 2-35a 所示，已知图 2-35b 所示为棱锥表面点 C 的一个投影 c，求其另外两个投影 c′、c″。

分析

空间点 C 在正三棱锥右前方的一个侧面上，可利用辅助直线法作出点 c 的另外两个投影。

作图

1）由点 1 过点 c 作直线 12，再作出直线 12 的主视图投影 1′2′，如图 2-35c 所示。

2）通过点 c 并根据"长对正"的投影规律可作出点 C 的主视图投影 c′，如图 2-35c 所示。

3）由"高平齐"和"宽相等"的投影规律可作出点 C 的左视图投影 c″（不可见），如图 2-35c 所示。

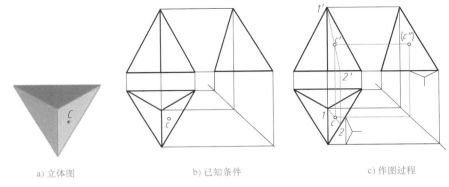

a) 立体图　　　　　b) 已知条件　　　　　c) 作图过程

图 2-35　求棱锥表面点的其余投影

注意：

作图时应注意点 C 在不同投影面上的投影均在辅助直线的投影上，并判断投影的可见性为不可见。

2.3.3　圆柱

1. 圆柱的应用

圆柱在生活中的一些应用实例，如图 2-36 所示。

a) 房屋柱子　　　　　b) 圆柱滚子轴承　　　　　c) 活塞销

图 2-36　圆柱的应用实例

38

2. 圆柱的投影分析及三视图

（1）圆柱的投影分析　圆柱属于曲面立体，由圆柱面和上、下两个平面构成，如图 2-37a 所示。投影作图时，俯视图是一个圆，上、下两个平面具有真实性，反映实形；圆柱面具有积聚性，积聚成为一个圆。主视图是一个矩形线框，上、下两个平面的投影具有积聚性，积聚为一条直线。左视图也是一个矩形线框，只是反映的方位不一样。

（2）作图步骤　进行圆柱投影作图时，首先画出俯视图，其次根据圆柱的高度和"长对正"的投影规律画出主视图，最后根据"高平齐"和"宽相等"的投影规律画出左视图，如图 2-37b 所示。

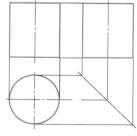

a）立体图　　　　　　　　　b）三视图

图 2-37　圆柱

3. 圆柱表面点的投影

例 2-5：图 2-38a 所示为圆柱表面点 D 的一个投影 d'，求其另外两个投影 d、d''。

分析

空间点 D 在主视图上的投影为不可见，为此可判断点 D 在圆柱右后表面上。可利用圆柱面在俯视图上的投影具有积聚性，先作出点 D 在俯视图上的投影 d，再利用"高平齐"和"宽相等"的投影规律作出点 D 的左视图投影 d''，判断点 d'' 为不可见。

作图

1）过点 d' 利用"长对正"的投影规律作与圆柱俯视图的交点 d（交点有两个，因主视图为

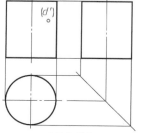
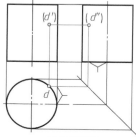

a）已知条件　　　　　　b）作图过程

图 2-38　求圆柱表面点的其余投影

不可见，取后面一个交点），即为点 D 的水平投影 d，如图 2-38b 所示。

2）由"高平齐"和"宽相等"的投影规律可作出点 D 的左视图投影 d''（不可见），如图 2-38b 所示。

注意：

作图时应注意点 D 在不同投影面上投影的可见性判断。

2.3.4　圆锥

1. 圆锥的应用

圆锥在生活中的一些应用实例，如图 2-39 所示。

a) 交通路锥　　　　　　b) 1:50锥度的圆锥销　　　　　c) 圆锥滚子轴承

图 2-39　圆锥的应用实例

课堂讨论：

　　圆锥在日常生活中还有哪些应用实例？

2. 圆锥的投影分析及三视图

（1）圆锥的投影分析　圆锥属于曲面立体，由圆锥面和底圆平面构成，如图2-40a 所示。投影作图时，俯视图是一个圆，底圆平面具有真实性，反映实形。主视图是一个等腰三角形线框，其腰分别是圆锥最左和最右素线的投影，底圆平面投影具有积聚性，积聚为一条直线。左视图也是一个等腰三角形线框，只是反映的方位不一样，反映的是圆锥最前和最后素线的投影，底圆平面投影也具有积聚性，积聚为一条直线。

（2）作图步骤　进行圆锥投影作图时，首先画出俯视图，其次根据圆锥的高度和"长对正"的投影规律画出主视图，最后根据"高平齐"和"宽相等"的投影规律画出左视图，如图 2-40b 所示。

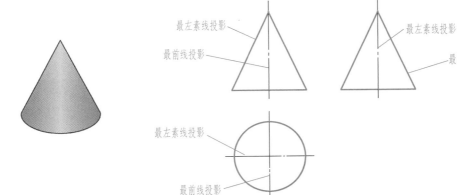

a) 立体图　　　　　　　　　　　　b) 三视图

图 2-40　圆锥

3. 圆锥表面点的投影

例 2-6：图 2-41b 所示为圆锥表面点 F 的一个投影 f'，求其另外两个投影 f、f''。

分析

　　求圆锥表面点 F 的另外两个投影的方法有两种：辅助直线法和辅助平面法。辅助直线法就是把点 F 放到圆锥表面的一条直线上；辅助平面法就是把空间点 F 放到圆锥的一个与上下表面平行的平面上去，先作出辅助平面的投影，再作出点的其余投影。

作图

1）用辅助直线法作图，如图 2-41c 所示。

2）用辅助平面法作图，如图 2-41d 所示。

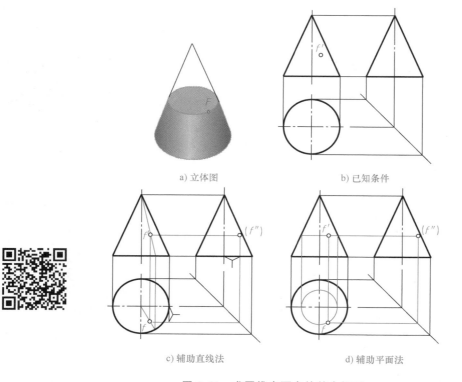

a) 立体图　　　　　　　　　　b) 已知条件

c) 辅助直线法　　　　　　　　d) 辅助平面法

图 2-41　求圆锥表面点的其余投影

注意：

作图时应注意使用辅助直线法和辅助平面法作点 F 其余投影的区别之处。

2.3.5　球

1. 球的应用

球在生活中的一些应用实例，如图 2-42 所示。

a) 石球　　　　　　　　　　b) 角接触球轴承

图 2-42　球的应用实例

课堂讨论：

球在日常生活中还有哪些应用实例？

2. 球的投影分析及三视图

（1）球的投影分析　球体表面均是曲面，球属于曲面立体，如图 2-43a 所示。球投影作图时，俯视图、主视图和左视图都是一个圆，只是方位不一样。俯视图反映前后和左右方向的最大轮廓，主视图反映左右和上下方向的最大轮廓，左视图反映前后和上下方向的最大轮廓。

（2）作图步骤　进行球的投影作图时，首先确定各个视图的圆心位置，然后用球的半径画圆，即可作出球的三视图，如图 2-43b 所示。

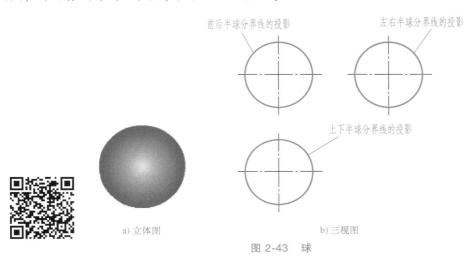

前后半球分界线的投影　　　　左右半球分界线的投影

上下半球分界线的投影

a) 立体图　　　　　　　　　b) 三视图

图 2-43　球

3. 球表面点的投影

例 2-7：图 2-44b 所示为球表面点 N 的一个投影 n'，求其另外两个投影 n、n''。

分析

由于球的三个投影都没有积聚性，故点 N 的其余投影不能用积聚法求得。又由于球表面也不存在直线，因而点 N 的其余投影也不能用辅助直线法求得，此处可用辅助平面法求点 N 的其余投影。

作图

1）过点 n' 作一条水平线与圆相交，量取半径在俯视图中画圆，如图 2-44c 所示。

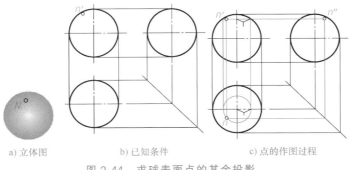

a) 立体图　　　b) 已知条件　　　c) 点的作图过程

图 2-44　求球表面点的其余投影

2）过点 n' 利用"长对正"的投影规律作一条直线与俯视图中的辅助圆相交（取前一个交点），交点 n 即为点 N 的水平投影，如图 2-44c 所示。

3）由"高平齐"和"宽相等"的投影规律即可作出点 N 的侧面投影 n''，如图 2-44c 所示。

注意：

球表面点 N 的其余投影不能用辅助直线法求得，只能用辅助平面法求得。

2.3.6 基本体的尺寸标注

1. 尺寸标注要求

基本体的尺寸的正确标注可为后面复杂形体的尺寸标注带来方便。在视图上标注基本几何体的尺寸时，应保证三个方向的尺寸标注齐全，尺寸标注既不能少，也不能重复和多余标注。

2. 平面立体的尺寸标注

平面立体的尺寸标注如图 2-45 所示。

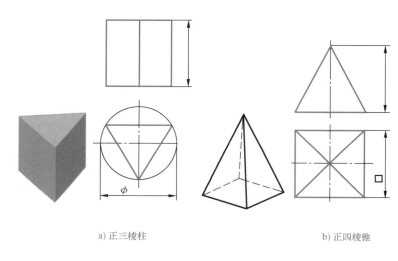

a) 正三棱柱　　　　　　　　　　　　　　b) 正四棱锥

c) 四棱柱

图 2-45　平面立体的尺寸标注

3. 曲面立体的尺寸标注

曲面立体的尺寸标注，如图 2-46 所示。

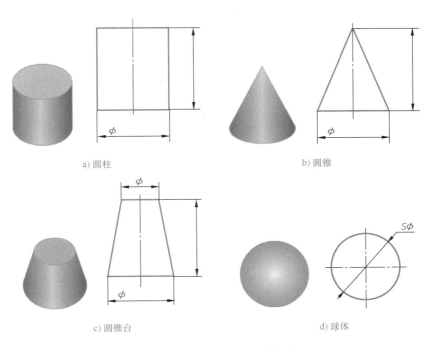

a) 圆柱　　　　　　　　　　　　　　b) 圆锥

c) 圆锥台　　　　　　　　　　　　　d) 球体

图 2-46　曲面立体的尺寸标注

任务 2.4　截交线的投影

用平面切割立体，平面与立体表面的交线称为截交线，该平面称为截平面，由截交线围成的平面图形称为截断面，如图 2-47 所示。

2.4.1　平面切割平面立体

1. 棱柱体切割后的投影作图

平面切割棱柱体时，其截断面为一个平面多边形。

例 2-8：切割三棱柱如图 2-48a 所示，已知俯视图、左视图，如图 2-48b 所示，补画主视图。

分析

该切口体可看成是由三棱柱通过切割而成

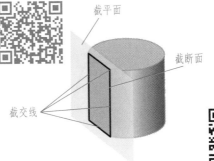

图 2-47　截交线、截平面和截断面

的。三棱柱切割后表面上有三个交点，只要作出三个交点的主视图投影，即可补全主视图。

作图

1) 由"长对正"和"高平齐"的投影规律分别作出点 A、点 B 和点 C 的主视图投影 a'、b' 和 c'，如图 2-48c 所示。

2) 连接 $a'b'c'$，即为所求截交线的主视图投影，画出切割后棱柱体的主视图，如图 2-48c 所示。

作图过程中注意各点的投影不能混淆，各点之间的连接关系也不能改变。

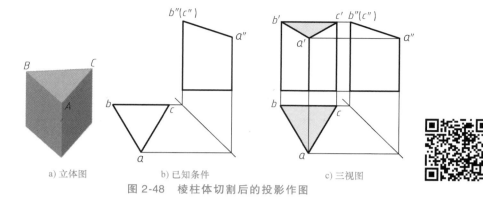

图 2-48　棱柱体切割后的投影作图

课堂讨论：
　　棱柱体还有哪些切割方式？

2. 棱锥体切割后的投影作图
平面切割棱锥体时，其截断面为一个平面多边形。

例 2-9：切割四棱锥如图 2-49a 所示，已知主视图、左视图，如图 2-49b 所示，补画俯视图中的缺线。

分析

该切口体可看成是由四棱锥通过切割而成的棱锥台。四棱锥切割后表面上有四个交点，只要作出四个交点的俯视图投影，即可补充俯视图中的缺线。

作图

1）由"长对正"和"宽相等"的投影规律分别作出点 A、点 B、点 C 和点 D 的俯视图投影 a、b、c 和 d，如图 2-49c 所示。

2）连接 abcd，即为所求截交线的俯视图投影，再画出切割后棱锥体的俯视图，如图 2-49c 所示。

作图过程中注意各点之间的连接关系不能改变。

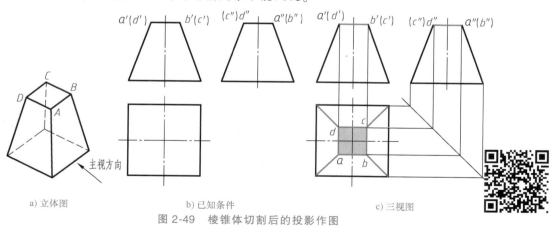

图 2-49　棱锥体切割后的投影作图

课堂讨论：
　　棱锥体还有哪些切割方式？

2.4.2　平面切割回转体

1. 圆柱切割后的投影作图

用平面切割圆柱时，截交线的形状取决于截平面与圆柱的相对位置，见表 2-1。

表 2-1　圆柱的截交线

截平面的位置	平行于轴线	垂直于轴线	倾斜于轴线
截交线的形状	矩形	圆	椭圆
立体图			
投影图			

例 2-10：立体图如图 2-50a 所示，已知主视图、俯视图，如图 2-50b 所示，补画左视图。

分析

该切口体可看成是由圆柱通过切割而成的，切割部分在左视图中的投影应为一个椭圆。

作图

a）作最高点和最低点的投影，如图 2-50c 所示。

b）作最前点和最后点的投影，如图 2-50d 所示。

c）作一般位置点的投影，如图 2-50e 所示。

d）平滑连接各点，如图 2-50f 所示。

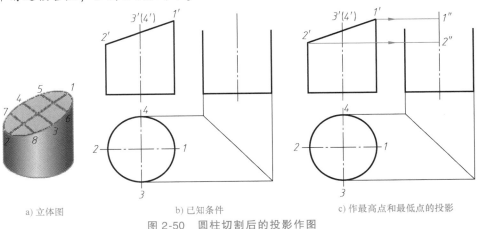

a) 立体图　　　　b) 已知条件　　　　c) 作最高点和最低点的投影

图 2-50　圆柱切割后的投影作图

46

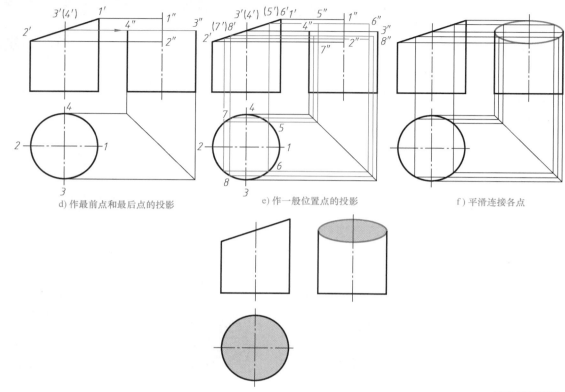

d) 作最前点和最后点的投影   e) 作一般位置点的投影   f) 平滑连接各点

g) 检查并描深加粗图线

图 2-50　圆柱切割后的投影作图（续）

e）检查并描深加粗图线，如图 2-50g 所示。

注意：

作图过程中，先作特殊位置点的投影，再作一般位置点的投影。

2. 圆锥切割后的投影作图

用平面切割圆锥时，截交线的形状取决于截平面与圆锥的相对位置，见表 2-2。

表 2-2　圆锥的截交线

截平面的位置	垂直于轴线	平行于轴线	过锥顶	倾斜于轴线 $\theta > \alpha$	倾斜于轴线 $\theta = \alpha$
截交线的形状	圆	双曲线	三角形	椭圆	抛物线
立体图					

（续）

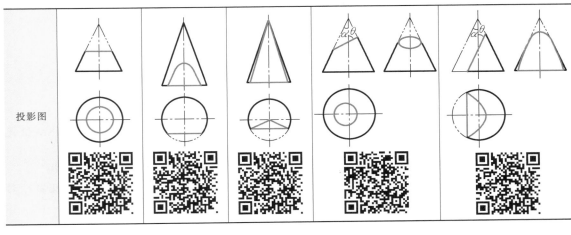

例 2-11：立体图如图 2-51a 所示，已知主视图，如图 2-51b 所示，补全俯视图和左视图。

分析

该切口体可看成是由圆锥通过切割而成的，切割部分在俯视图、左视图中的投影应为一个椭圆。

作图

a) 作特殊位置点的投影，如图 2-51c 所示。

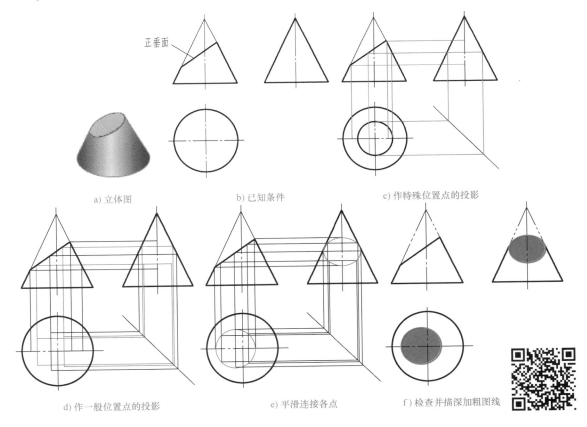

图 2-51　圆锥切割后的投影作图

b）作一般位置点的投影，如图 2-51d 所示。

c）平滑连接各点，如图 2-51e 所示。

d）检查并描深加粗图线，如图 2-51f 所示。

注意：

作图过程中，仍然是先作特殊位置点的投影，再作一般位置点的投影。

3. 圆球切割后的投影作图

用平面切割圆球时，截交线的形状取决于截平面与圆球的相对位置。

例 2-12：立体图如图 2-52a 所示，已知主视图，如图 2-52b 所示，补画俯视图和左视图中的缺线。

分析

该切口体可看成是由半球体通过切割而成的。切割部分在俯视图、左视图中的投影可利用积聚性和辅助平面法求得。

作图

a）作切割部分底部的投影，如图 2-52c 所示。

b）作切割部分两侧壁的投影，如图 2-52d 所示。

c）检查并描深加粗图线，如图 2-52e 所示。

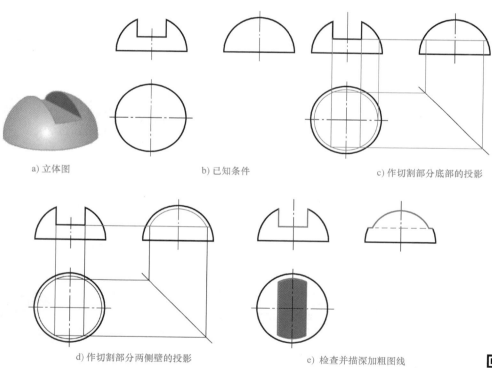

a）立体图　　　　　　b）已知条件　　　　　　c）作切割部分底部的投影

d）作切割部分两侧壁的投影　　　　　e）检查并描深加粗图线

图 2-52　圆球切割后的投影作图

注意：

作图过程中，切割部分槽底在左视图中的投影中间部分为不可见，画成虚线。槽底前后分别有一小段为可见，应画成粗实线。

任务 2.5　相贯线的投影

任何物体两面相交，其表面都要产生交线，这些交线称为相贯线，相交的物体称为相贯体，如图 2-53 所示。求作相贯线的方法通常采用表面取点法（积聚性法）和简化画法。

2.5.1　两圆柱相交

1. 异径正交相贯线

异径三通管就是异径正交的实例，如图 2-54 所示。

图 2-53　相贯线

图 2-54　异径三通管

例 2-13：立体图如图 2-55a 所示，两个直径不等的圆柱正交，如图 2-55b 所示，求作相贯线的投影。

分析

因为该相贯线前后对称，在其正面投影中，可见的前半部分与不可见的后半部分重合，且左右也对称。因此，求作相贯线的正面投影，只需作出前面部分的一半。

作图

a）作特殊位置点的投影。点 1 是相贯线上最低点，也是最前点。点 2 和点 3 是相贯线上的最高点，也是最左、最右点。点 1、点 2 和点 3 的投影作图如图 2-55c 所示。

b）作一般位置点的投影。在俯视图中找两个一般位置点点 4 和点 5（点 4、点 5 在一条直线上），利用积聚性可作出其侧面投影 4″和 5″，如图 2-55d 所示。利用"长对正"和"高平齐"的投影规律可作出点 4 和点 5 的正面投影 4′和 5′，如图 2-55d 所示。

c）平滑连接各点。平滑连接 2′、4′、1′、5′和 3′，即为相贯线的正面投影，如图 2-55e 所示。

d）检查并描深加粗图线，如图 2-55f 所示。

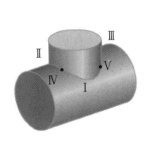

a) 立体图

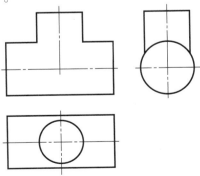

b) 已知条件

图 2-55　不等径两圆柱正交

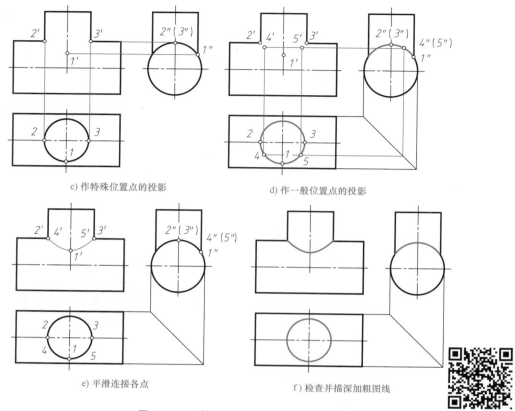

c) 作特殊位置点的投影 d) 作一般位置点的投影

e) 平滑连接各点 f) 检查并描深加粗图线

图 2-55 不等径两圆柱正交（续）

为了简化两圆柱正交的作图，国家标准规定，允许采用简化画法作出相贯线的投影，即以圆弧代替非圆曲线。当轴线垂直相交，且轴线均平行于正面的两个不等径圆柱体相交时，相贯线的正面投影以大圆柱的半径为半径画圆弧即可。简化画法的作图过程如图 2-56 所示。

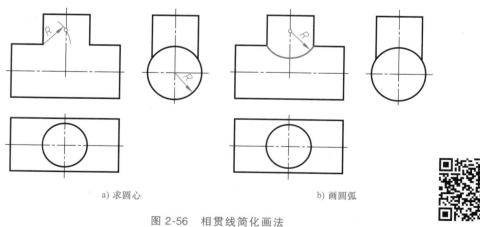

a) 求圆心 b) 画圆弧

图 2-56 相贯线简化画法

2. 等径正交相贯线

等径三通管就是等径正交的实例，如图 2-57 所示。

两圆柱等径正交的相贯线正面投影为过两圆柱轴线交点的两条相交直线，如图 2-58 所示。

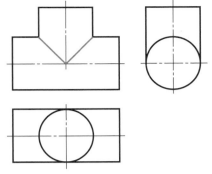

图 2-57　等径三通管

图 2-58　两圆柱等径正交相贯线的投影

2.5.2　相贯线的其他类型

相贯线的其他类型还有圆柱与圆锥正交、圆柱与圆球相交、圆锥与圆球相交等，如图 2-59 所示。

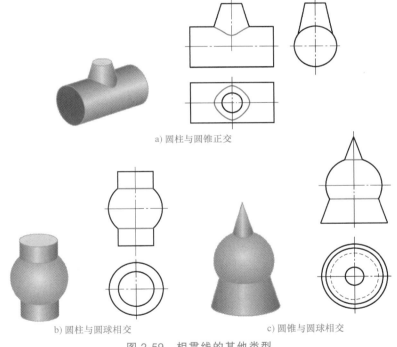

a) 圆柱与圆锥正交

b) 圆柱与圆球相交

c) 圆锥与圆球相交

图 2-59　相贯线的其他类型

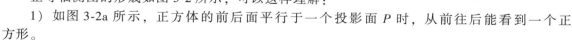

项目3

轴 测 图

正投影图缺乏立体感，在工程上常采用直观性较强，富有立体感的轴测图作为辅助图样，用以说明机器及零部件的外观、内部结构或工作原理。在机械制图课程的教学过程中，学习轴测图的画法，可以帮助初学者提高理解形体的空间想象能力，为读懂正投影图提供形体分析与构思的思路和方法。

任务 3.1　轴测图的基本知识

3.1.1　轴测图的形成

1. 轴测图的术语

轴测投影是将物体连同直角坐标体系沿不平行于任意一坐标平面的方向，用平行投影法将其投射在单一投影面上所得到的图形，简称轴测图。

1）轴测投影的单一投影面称为轴测投影面，如图 3-1 所示中的 P 平面。

2）在轴测投影面上的坐标轴 OX、OY、OZ 称为轴测投影轴，简称轴测轴。

3）轴测投影中任意两根轴测轴之间的夹角称为轴间角。

4）轴测轴上的单位长度与相应直角坐标轴上的单位长度的比值称为轴向伸缩系数。OX、OY、OZ 坐标轴上的轴向伸缩系数分别用 p_1、q_1、r_1 表示。

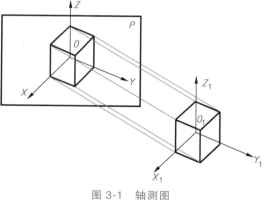

图 3-1　轴测图

2. 正等轴测图的形成

正等轴测图的形成如图 3-2 所示，可以这样理解：

1）如图 3-2a 所示，正方体的前后面平行于一个投影面 P 时，从前往后能看到一个正方形。

2）如图 3-2b 所示，将正方体绕 OZ 轴转一个角度，从前往后就能看到正方体的两个面。

3）如图 3-2c 所示，将正方体再向前倾斜一个角度（使三个轴间角同为 120°），从前往后就能看到正方体的三个面。

这种轴测图称为正等轴测图，简称正等测。

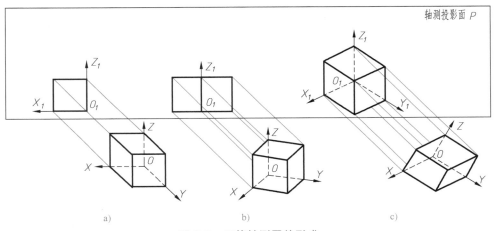

图 3-2 正等轴测图的形成

3. 斜二等轴测图的形成

如图 3-3 所示，使正方体的 $X_1O_1Z_1$ 坐标面平行于轴测投影面 P，投射方向倾斜于轴测投影面 P，并且所选择的投射方向使 OX 轴与 OY 轴的夹角为 135°，这种轴测图称为斜二等轴测图，简称斜二测。

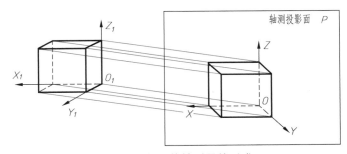

图 3-3 斜二等轴测图的形成

3.1.2 轴测图的种类

工程上常用的轴测图主要有正等轴测图和斜二等轴测图，而正二等轴测图应用不多，在此不作介绍。

为了便于作图，绘制轴测图时，对轴向伸缩系数进行简化，使其比值成为简单的数值。简化伸缩系数分别用 p、q、r 表示。常用轴测图的轴间角和伸缩系数见表 3-1。

表 3-1 常用轴测图的轴间角和伸缩系数

	正等测	斜二测
轴间角	120° 120° 120°	90° 135° 135°
轴向伸缩系数	$p_1 = q_1 = r_1 = 0.82$	$p_1 = r_1 = 1$ $q_1 = 0.5$
简化伸缩系数	$p = q = r = 1$	无

（续）

	正等测	斜二测
图例	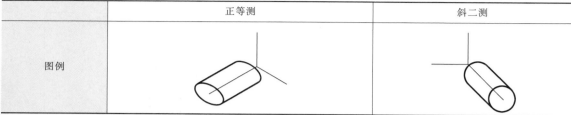	

54

任务 3.2　正等轴测图

3.2.1　正等轴测图坐标系的绘制

正等轴测图的轴间角 $\angle XOY = \angle XOZ = \angle YOZ = 120°$。画图时，一般使 OZ 轴处于垂直位置，OX、OY 轴与水平线成 $30°$。可利用 $30°$ 的三角板方便地画出三根轴测轴，如图 3-4 所示。

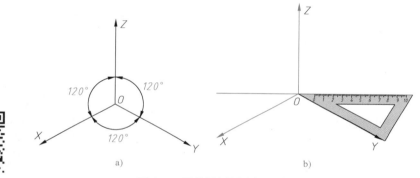

图 3-4　正等轴测图坐标系的绘制

3.2.2　正等轴测图的画法

1. 用坐标法作正等轴测图

用坐标法作正等轴测图是根据物体的特点，建立合适的坐标系，按照坐标法画出物体上各顶点的轴测投影，再将点连成物体的轴测图。

例 3-1：根据图 3-5a 所示长方体的三视图，用坐标法作其正等轴测图。

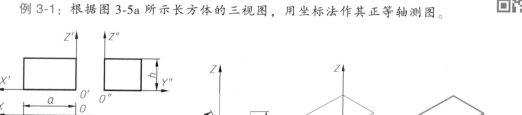
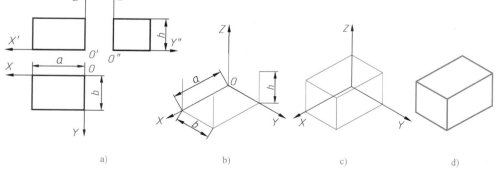

图 3-5　用坐标法作正等轴测图

分析

该物体为一个长方体，将坐标原点 O 设定在长方体右后下方的顶点，这样便于直接量出下底面四边形各顶点的坐标，用坐标法从下底面开始作图。

作图

1）在视图上确定坐标原点和坐标轴。设定右后下方的顶点为原点 O，X、Y、Z 轴是过原点的三条棱线，如图 3-5a 所示。

2）画出轴测轴，根据尺寸 a 和 b 画出长方体底面的形状，如图 3-5b 所示。

3）由长方体底面各端点画 OZ 轴的平行线，在各平行线上量取长方体的高度 h，得到长方体顶面各端点，如图 3-5b 所示。

4）把长方体顶面各端点连接起来，即得长方体顶面、正面和侧面的形状，如图 3-5c 所示。

5）擦去轴测轴及不可见部分，描深轮廓线，即得长方体正等轴测图，如图 3-5d 所示。

注意：

用坐标法绘制正等轴测图时，原点的设定一定要便于各顶点坐标的量取。

2. 用叠加法作正等轴测图

对于叠加型物体，运用形体分析法将物体分成几个简单的形体，然后根据各形体之间的相对位置依次画出各部分的轴测图，即可得到该物体的轴测图。

例 3-2：根据图 3-6a 所示物体的三视图，用叠加法作其正等轴测图。

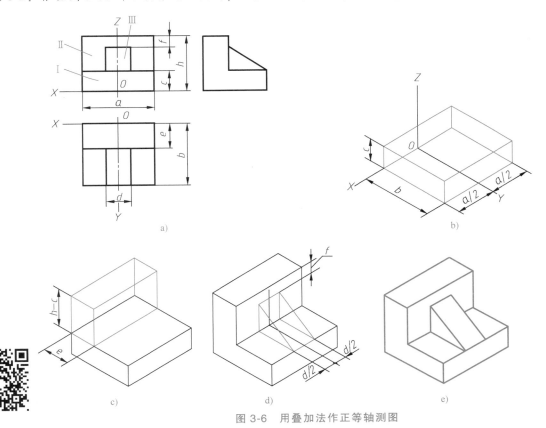

图 3-6 用叠加法作正等轴测图

分析

将物体看作由Ⅰ、Ⅱ、Ⅲ三个部分叠加而成，将坐标原点 O 设定在物体底面与后面棱线的中点，从下底面开始向上方作图。

作图

1）画轴测轴，定原点位置，按Ⅰ部分的长、宽、高画出Ⅰ部分的正等轴测图，如图 3-6b 所示。

2）在Ⅰ部分的正等轴测图的相应位置上画出Ⅱ部分的正等轴测图，如图 3-6c 所示。

3）在Ⅰ、Ⅱ部分的正等轴测图的相应位置上画出Ⅲ部分的正等轴测图，然后整理、描深图线即得这个物体的正等轴测图，如图 3-6d、e 所示。

注意：

用叠加法绘制正等轴测图时，应首先进行形体分析，并注意各形体的相对叠加位置。

3. 用切割法作正等轴测图

对于切割型物体，首先将物体看成是一定形状的整体，并画出其轴测图，然后再按照物体的形成过程，逐一切割，相继画出被切割后的形状。

例 3-3：根据图 3-7a 所示平面立体的三视图，用切割法作其正等轴测图。

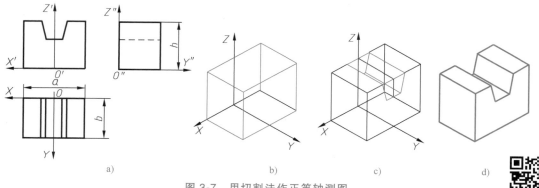

图 3-7　用切割法作正等轴测图

分析

将物体看作由长方体通过切割一个梯形块而成，先作出长方体的轴测图，再在长方体上切割一个梯形块即可。

作图

1）画轴测轴，确定坐标原点，画长方体的正等轴测图，如图 3-7b 所示。

2）在长方体的正等轴测图的相应位置上切割，画出切割部分的正等轴测图，如图 3-7c 所示。

3）擦去轴测轴及不可见部分，描深轮廓线，即得这个物体的正等轴测图，如图 3-7d 所示。

注意：

用切割法绘制正等轴测图时，坐标原点的设定要方便切割部分的作图。

任务 3.3　斜二等轴测图

3.3.1　斜二等轴测图坐标系的绘制

斜二等轴测图的轴间角 $\angle XOZ = 90°$，$\angle XOY = \angle YOZ = 135°$。画图时，一般使 OZ 轴处于垂直位置，OY 轴与水平线成 45°。可利用 45° 的三角板方便地画出三根轴测轴，如图 3-8 所示。

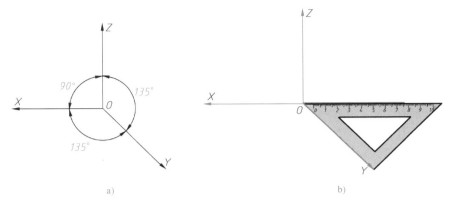

图 3-8 斜二等轴测图坐标系的绘制

例 3-4：根据图 3-9a 所示凹槽体的三视图，画出其斜二等轴测图。

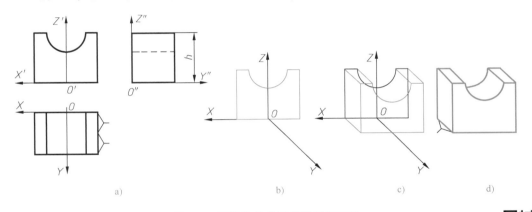

图 3-9 凹槽体的斜二等轴测图画法

分析

该长方体上方中央有一个半圆形的槽，确定直角坐标系时，使坐标面 XOZ 与长方体后端面重合，坐标轴 OY 与长方体下底面中心线重合，选择坐标面 XOZ 作为轴测投影面。这样，长方体上方中央半圆形槽的投影即为实形，方便作图。

作图

1）画斜二等轴测轴，作凹槽体的后端面轴测图，如图 3-9b 所示。

2）作凹槽体前端面的轴测图，并连接前、后端面的可见部分，如图 3-9c 所示。

3）擦去轴测轴及不可见部分，描深轮廓线，即得凹槽体的斜二等轴测图，如图 3-9d 所示。

注意：

画斜二等轴测图时，沿 OY 轴方向的尺寸减半。

例 3-5：根据图 3-10a 所示轴套的三视图，画出其斜二等轴测图。

58

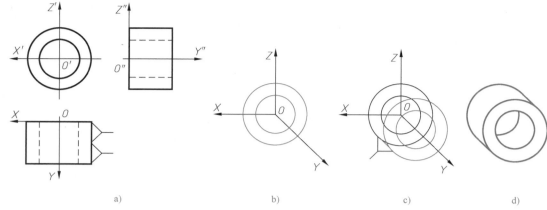

a)　　　　　　　　　　b)　　　　　　　　　　c)　　　　　　d)

图 3-10　轴套的斜二等轴测图画法

分析

轴套前、后端面平行于 V 面，选择 V 面作为轴测投影面，OY 轴与轴套中心线重合。

作图

1) 画斜二等轴测轴，作轴套的后端面轴测图，如图 3-10b 所示。

2) 作轴套前端面的轴测图，并连接前、后端面的可见部分，如图 3-10c 所示。

3) 擦去轴测轴及不可见部分，描深轮廓线，即求得轴套的斜二等轴测图，如图 3-10d 所示。

注意：

画斜二等轴测图时，要灵活选择直角坐标系。

项目4

组 合 体

由两个或两个以上的基本几何体组合构成的物体称为组合体。掌握组合体视图的绘制和识读方法十分重要，是培养空间想象力，学好零件图和装配图相关内容的前提和基础。

任务 4.1　组合体的组合形式

4.1.1　组合体的组合方式概述

组合体通常分为叠加型、切割型和综合型三种，如图 4-1 所示。叠加型组合体是由若干基本体叠加而成的，如图 4-1a 所示的螺栓毛坯是由正六棱柱和圆柱叠加而成的。切割型组合体则可看成是由基本体经过切割或穿孔后形成的，如图 4-1b 所示的活塞销是由圆柱经过钻孔形成的。多数组合体则是既有叠加又有切割的综合型组合体，如图 4-1c 所示的气门导管。

a) 螺栓毛坯(叠加型)　　　　b) 活塞销(切割型)　　　　c) 气门导管(综合型)

图 4-1　组合体的组合方式

课堂讨论：
　　如何识别组合体的组合方式？

4.1.2　组合体相邻表面之间的连接关系

组合体中的基本体经过叠加、切割或穿孔后，形成的相邻表面之间可能形成共面、不共面、相交和相切四种关系。

1. 两基本体表面共面或不共面

当相邻两基本体的表面互相平齐，连接成一个平面时，结合处没有界线。在画图时，主视图的上下形体之间不应画线，如图 4-2a 所示。

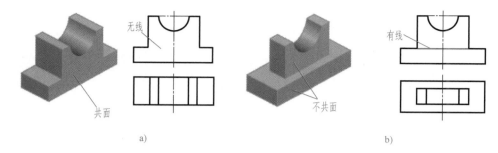

图 4-2　两基本体表面共面或不共面

如果两基本体的表面不共面，而是相错关系，如图 4-2b 所示，在主视图上要画出两表面间的界线。

2. 两基本体表面相交

两个基本体表面相交所产生的交线，应在视图中画出其投影，如图 4-3 所示。

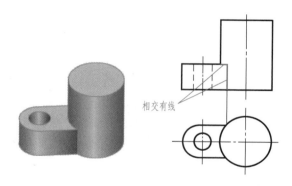

图 4-3　两基本体表面相交

3. 两基本体表面相切

相切是指两个基本体的相邻表面（平面与曲面或曲面与曲面）光滑过渡，相切处不存在交线，在视图上对应部位不画线，如图 4-4 所示。

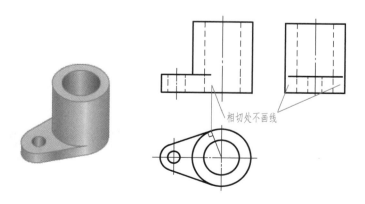

图 4-4　两基本体表面相切

任务4.2 组合体的三视图画法

画组合体三视图的基本方法有形体分析法和面形分析法两种，形体分析法是将组合体假想分解成若干基本形体，判断它们的形状、组合形式和相对位置，分析它们的表面连接关系以及投影特性，从而进行画图的方法。面形分析法是根据表面的投影特性来分析组合体表面的性质、形状和相对位置进行画图的方法。

4.2.1 叠加型组合体的画法

1. 形体分析

如图 4-5a 所示的组合体，根据其形体特点，可将其分解为三个部分，如图 4-5b 所示。

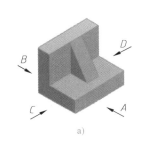
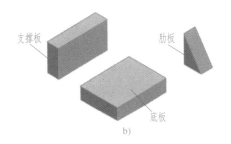

图 4-5　组合体的形体分析

1）分析基本体的相对位置：该组合体左右对称，支承板和底板的后表面平齐，肋板后面靠支承板放在底板上，且处于左右居中位置。

2）分析基本体之间的表面连接关系：支承板的左右侧面与底板平齐，前表面与底板相交；肋板的左右侧面及前表面与底板相交，底板的顶面与支承板、肋板的底面重合。

2. 选择视图

首先选择主视图。组合体主视图的选择一般应考虑两个因素：组合体的安放位置和主视图的投射方向。为了便于作图，一般将组合体的主要表面和主要轴线尽可能平行或垂直于投影面。选择主视图的投射方向时，应能较全面地反映组合体各部分的形状特征以及它们之间的相对位置。按照图 4-6 所示 A、B、C、D 四个投射方向进行比较，若以 B 向作为主视图，虚线较多，显然没有 A 向表达得清楚；若以 C 向作为主视图，主视图中虽然无虚线，但左视图上会出现较多虚线，没有 A 向表达得好；若以 D 向作为主视图，不能较好地反映该组合体各部分的轮廓特征，也没有 A 向表达得好；A 向反映该组合体各部分的轮廓特征比较明显，所以确定以 A 向作为主视图的投射方向。

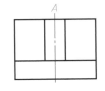

图 4-6　主视图的选择

主视图选定以后，俯视图和左视图也就随之确定下来。俯视图、左视图补充表达了主视图上未表达清楚的部分，如底板的形状在俯视图上反映出来，肋板的形状则由左视图来表达。

注意：

在选择主视图时，应尽量减少视图中的虚线。

3. 布置视图

根据组合体的大小，定比例、选图幅、确定各视图的位置，画出各视图的基线，如组合体的底面、端面和对称中心线等。

4. 画图步骤

画图的一般步骤是先画主要部分，后画次要部分；先定位置，后定形状；先画基本形体，再画切口、穿孔、圆角等局部形状。

支承座的作图过程如下：

1）画基准线，如图 4-7a 所示。

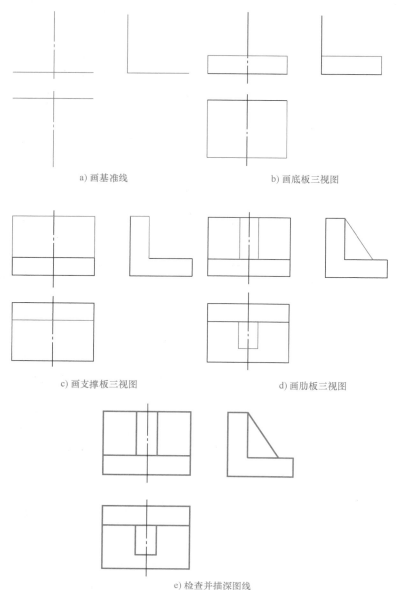

图 4-7　支承座的作图过程

2）画底板三视图，如图 4-7b 所示。

3）画支撑板三视图，如图 4-7c 所示。

4）画肋板三视图，如图 4-7d 所示。

5）检查并描深图线，如图 4-7e 所示。

注意：

1）运用形体分析法逐个画出各部分基本形体，同一形体的三个视图应按投影关系同时进行绘制，而不是先画完一个视图后再画另一个视图。这样可减少投影错误，也能提高绘图速度。

2）画每一部分基本形体的视图时，应先画反映该部分形状特征的视图。例如先画底板的俯视图，再画主、左视图。

3）完成各基本形体的三视图后，应检查形体间表面连接处的投影是否正确。

4.2.2　切割型组合体的画法

1. 形体分析

如图 4-8 所示组合体可看作是由一个大长方体切去两个小长方体而形成的。

2. 作图

画切割型组合体视图的作图过程如下：

1）画基准线，如图 4-9a 所示。

2）画大长方体三视图，如图 4-9b 所示。

3）画切割部分三视图，如图 4-9c 所示。

4）检查并描深图线，如图 4-9d 所示。

图 4-8　切割型组合体的形体分析

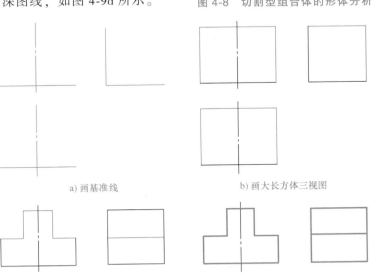

a) 画基准线　　　　　　　　　　b) 画大长方体三视图

c) 画切割部分三视图　　　　　　d) 检查并描深图线

图 4-9　画切割型组合体视图的作图过程

课堂讨论：
　　如何选择画组合体视图的方法？

任务4.3　组合体的尺寸标注

4.3.1　基本要求

　　画出组合体的三视图，只是解决了形状问题，要想表示它的真实大小，还需要在视图上标注出尺寸。在组合体的视图上标注尺寸，应做到正确、完整和清晰。
　　（1）正确　尺寸标注必须符合国家标准的规定。
　　（2）完整　所注各类尺寸应齐全，做到尺寸不遗漏、不多余。
　　（3）清晰　尺寸布置要整齐清晰，便于看图。

4.3.2　尺寸种类

　　组合体的尺寸包括以下三种：
　　（1）定形尺寸　表示各基本体形状和大小（长、宽、高）的尺寸。
　　（2）定位尺寸　表示各基本体之间相对位置（上下、左右、前后）的尺寸。
　　（3）总体尺寸　表示组合体总长、总宽、总高的尺寸。

4.3.3　基本方法

　　标注组合体尺寸的基本方法是形体分析法。尺寸标注时，将组合体分解为若干个基本形体，然后标注出确定各基本形体位置关系的定位尺寸，再逐个标注出这些基本形体的定形尺寸，最后标注出组合体的总体尺寸。

4.3.4　尺寸基准

　　标注尺寸的起点称为尺寸基准（简称基准）。组合体具有长、宽、高三个方向的尺寸，标注每一个方向的尺寸都应先选好基准。标注时，通常选择组合体的底面、端面、对称面、轴线、对称中心线等作为基准。图4-10所示支承座的尺寸基准是：长度方向尺寸以对称面为尺寸基准；宽度方向尺寸以后端面为尺寸基准；高度方向尺寸以底面为尺寸基准。

　　图4-11a、b、c表示了对支承座进行形体分析后各组成部分应有的尺寸，图4-11d表示了支承座的完整尺寸。

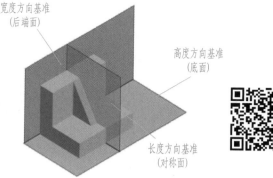

图4-10　支承座的尺寸基准

4.3.5　尺寸布置

　　尺寸布置应注意以下几点：
　　1）各基本体的定形尺寸和有关定位尺寸要尽量集中标注在一个或两个视图上，这样集中标注便于读图。

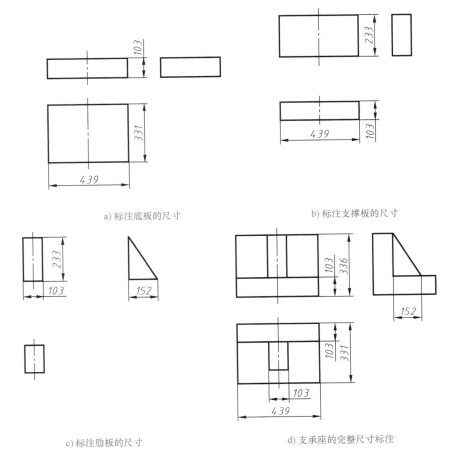

a) 标注底板的尺寸   b) 标注支撑板的尺寸

c) 标注肋板的尺寸   d) 支承座的完整尺寸标注

图 4-11 支承座的尺寸标注

2）尺寸应标注在表达形体特征最明显的视图上，并尽量避免标注在虚线上。

3）对称结构的尺寸，一般应对称标注。

4）尺寸应尽量标注在视图外边，布置在两个视图之间。

5）圆的直径一般标注在投影为非圆的视图上，圆弧的半径则应标注在投影为圆弧的视图上。

6）多个线性尺寸平行标注时，应使较小的尺寸靠近视图，较大的尺寸依次向外分布，避免尺寸线与尺寸界线交错。

4.3.6 标注步骤

组合体的尺寸标注可按以下步骤进行：

1）分析组合体是由哪些基本体组成的。

2）选择组合体长、宽、高每个方向的主要尺寸基准。

3）标注各基本体相对组合体的定位尺寸。

4）标注各基本体的定形尺寸。

5）标注组合体的总体尺寸。

6）检查和调整尺寸：对标注的尺寸进行检查、整理和调整，把多余的尺寸和不适合的尺寸去掉。

任务4.4　组合体视图的识读

　　读图是根据已画出的视图，通过投影分析想象出物体的形状，是从二维平面图形建立三维形体的过程。画图和读图是相辅相成的，读图是画图的逆过程。为了正确而迅速地读懂组合体的视图，必须掌握读图的基本要领和基本方法。

4.4.1　读图的基本要领

1. 熟练掌握基本体的形体表达特征

　　三视图中若有两个视图的外形轮廓形状为矩形，则该基本体为柱，如图4-12a所示；若为三角形，则该基本体为锥，如图4-12b所示；若为梯形，则该基本体为棱台或圆台，如图4-12c所示。要明确判断上述基本体是棱柱（棱锥、棱台）还是圆柱（圆锥、圆台），还必须借助第三个视图的形状。第三个视图若为多边形，该基本体为棱柱（棱锥、棱台）；若为圆，则该基本体为圆柱（圆锥、圆台）。

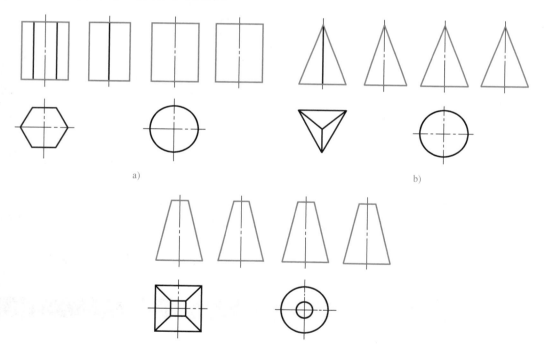

图4-12　基本体的形体表达特征

2. 几个视图联系起来识读才能确定物体形状

　　在机械图样中，机件的形状一般是通过几个视图来表达的，每个视图只能反映机件一个方向的形状，因此，仅由一个或两个视图往往不能唯一地确定机件的形状。

如图 4-13a 所示物体的主视图都相同，图 4-13b 所示物体的俯视图都相同，但实际上这 12 组视图分别表示了形状各异的 12 种形状的物体。

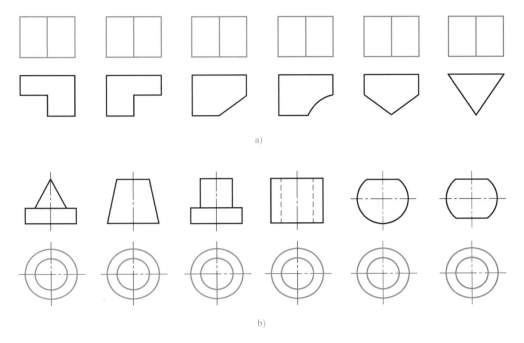

图 4-13 两个视图联系起来识读才能确定物体形状

如图 4-14 所示的三组图形，它们的主视图、俯视图都相同，但实际上也是三种形状不同的物体。由此可见，读图时必须将几个视图联系起来，互相对照分析，才能正确地想象出该物体的形状。

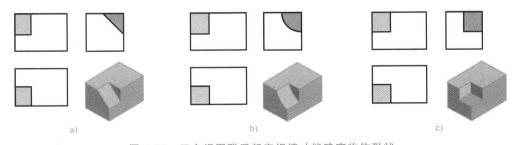

图 4-14 三个视图联系起来识读才能确定物体形状

4.4.2 读图的基本方法

1. 形体分析法读图

形体分析法对于叠加型的零件用得较多，其读图步骤如下：

1）看视图，分线框。先看主视图，联系另外两个视图，按投影规律找出基本形体投影的对应关系，想象出该组合体可分成四部分：大圆筒 1、小圆筒 2、底板 3 和肋板 4，如图 4-15a 所示。

2）对投影，识形体。根据每一部分的三视图，逐个想象出各基本形体的形状和位置，如图 4-15b~图 4-15e 所示。

3）定位置，出整体。每个基本形体的形状和位置确定后，整个组合体的形状也就确定了，如图 4-15f 所示。

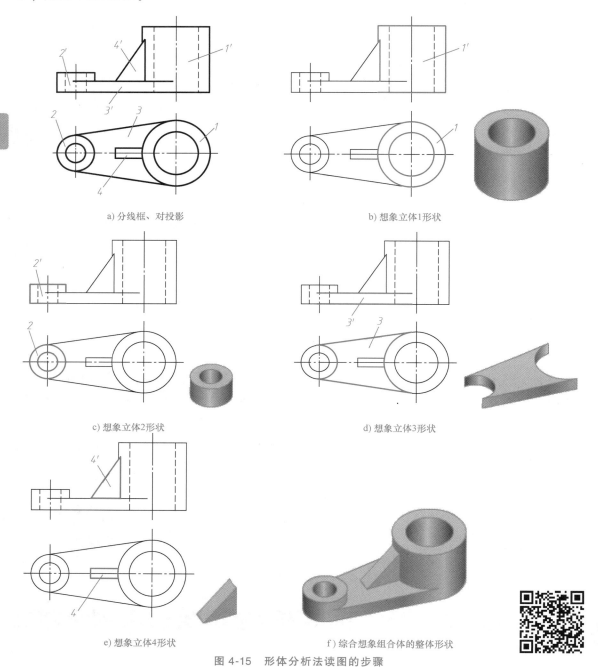

a）分线框、对投影

b）想象立体1形状

c）想象立体2形状

d）想象立体3形状

e）想象立体4形状

f）综合想象组合体的整体形状

图 4-15　形体分析法读图的步骤

2. 面形分析法读图

面形分析法对于切割型的零件用得较多，面形分析法读图步骤如下：

1）看视图，分线框。如图 4-16a 所示，可把三视图分出如图 4-16b ~ 图 4-16f 所示的五个主要线框。

2）对投影，识面形。对分出的五个主要线框进行分析，图 4-16b 所示线框代表长方体左上方切掉一角后形成的平面。该平面与 V 面垂直，与 H 面和 W 面倾斜。图 4-16c 所示线框代表长方体前面中部切去一块后形成的槽底平面，该平面与 V 面平行，与 H 面和 W 面垂直。图 4-16d 所示线框代表长方体左上方切掉一角后物体的顶面形状，该平面与 H 面平行，与 V 面和 W 面垂直。图 4-16e、图 4-16f 所示线框代表长方体前面中部切去一块后物体前面的形状。

3）定位置，出整体。根据以上分析，想象出物体的整体形状，如图 4-16g 所示。

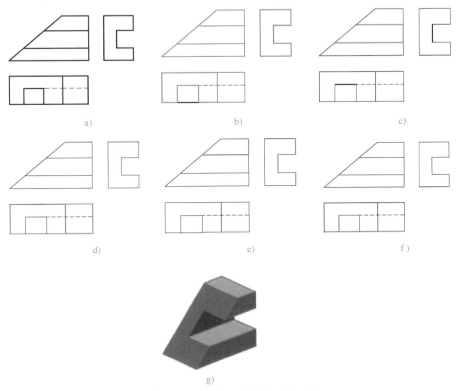

图 4-16 面形分析法读图的步骤

注意：

在读图时，一般先用形体分析法作粗略的分析，针对图中的难点再利用面形分析法作进一步的分析，即"形体分析看大概，面形分析看细节"。

4.4.3 补画视图和视图中的缺线

1. 补画视图

补画视图的主要方法是形体分析法。根据两个已知视图补画第三视图时，可根据每一个封闭线框的对应投影，按照基本几何体的投影特性，想象出已知线框的空间形体，从而补画出第三个投影。对于一时搞不清的投影问题，可以运用面形分析法，补出其中的线条或线框，从而达到正确补画第三视图的目的。一般可先画叠加部分，后画切割部分；先画外部形状，后画内部结构；先画主体较大的部分，后画局部细小的结构等。下面举例说明。

例 4-1：如图 4-17a 所示，已知主视图、俯视图，补画左视图。

分析

从主视图和俯视图进行形体分析可知，该组合体是属于切割型的。它的基本形状为一个长方体，然后在长方体中间的左右方向上朝左开了一个矩形槽，长方体的左上方切去一梯形块。

作图

1）补画基本形体长方体的侧面投影，如图 4-17b 所示。

2）补画矩形槽的侧面投影，如图 4-17c 所示。

3）补画左上方切去的梯形块的侧面投影，去除作图辅助线，如图 4-17d 所示。

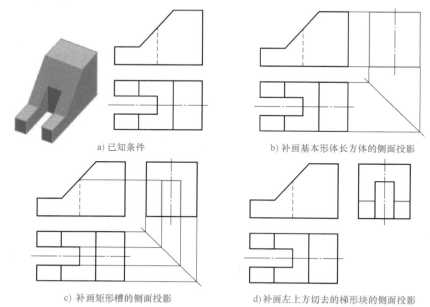

a) 已知条件　　　　　　　　b) 补画基本形体长方体的侧面投影

c) 补画矩形槽的侧面投影　　　　d) 补画左上方切去的梯形块的侧面投影

图 4-17　组合体补视图

2. 补画缺线

补画缺线是指在给定的三视图中，补齐漏画的若干图线。因为补画缺线是要在看懂视图的基础上进行的，所以三视图中所缺的一些图线，不会影响表达组合体的形状，还能提高分析能力和识图能力。

因此，补画缺线可以通过形体分析的方法，确定每个视图上的结构特征，运用投影关系补齐三视图中所缺少的图线。

例 4-2：如图 4-18a 所示，补画视图中所缺的图线。

分析

对三视图进行形体分析可知，该组合体可看成是由一个长方体切割而成的。从主视图中看到，长方体的左右上方各切去一个矩形块，长方体顶面的中间部位切去一个梯形块。分析清楚组合体的形状结构以后，可按照投影规律补齐视图中所缺的图线。

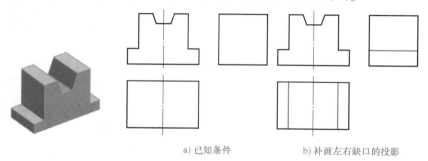

a) 已知条件　　　　　　　b) 补画左右缺口的投影

图 4-18　补画组合体视图中所缺的图线

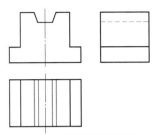

c) 补画中间梯形槽的投影

图 4-18 补画组合体视图中所缺的图线（续）

作图

1）补画左右缺口的投影，如图 4-18b 所示。

2）补画中间梯形槽的投影，如图 4-18c 所示。

机件的表达方法

有些工程机件的内、外形状都比较复杂，若只用三视图往往不能将其表达清楚和完整。为此，国家标准规定了视图、剖视图和断面图等基本表达方法。通过本项目的学习掌握机件各种基本表达方法的特点和画法，以便灵活地运用。

任务 5.1　视图

用正投影法所绘制的图形称为视图，视图分为基本视图、向视图、局部视图和斜视图四种。视图主要用于表达机件的外部形状，对机件中不可见的结构形状必要时才用细虚线画出。

5.1.1　基本视图

把物体放入正六面体中，六面体的六个面称为基本投影面。将物体向基本投影面投射所得的视图称为基本视图。物体向六个基本投影面投射将得到六个基本视图，如图 5-1 所示。

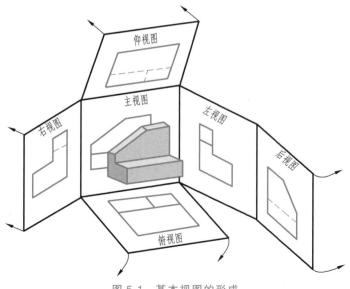

图 5-1　基本视图的形成

主视图：物体从前向后投射。
俯视图：物体从上向下投射。
左视图：物体从左向右投射。
右视图：物体从右向左投射。
仰视图：物体从下向上投射。
后视图：物体从后向前投射。

六个基本投影面和六个基本视图可展开到一个平面上。展开方法是正面保持固定不动，按图 5-1 所示箭头方向，把基本投影面都展开到与正面在同一平面上。这样，六个基本视图的位置也就确定了，如图 5-2 所示。

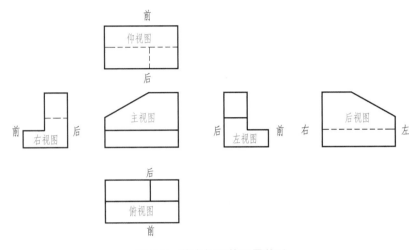

图 5-2　基本视图的配置关系

基本视图的投影规律是：
主、俯、仰、后——长对正；
主、左、右、后——高平齐；
俯、左、右、仰——宽相等。
基本视图的方位关系如图 5-3 所示，优先选用主、俯、左视图。

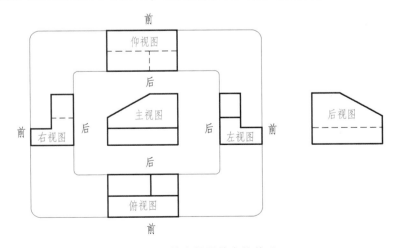

图 5-3　基本视图的方位关系

5.1.2 向视图

向视图是可自由配置的视图。在采用这种表达方式时，应在向视图的上方标注"×"（"×"为大写拉丁字母），在相应视图的附近用箭头指明投射方向，并标注相同的字母，如图 5-4 所示。

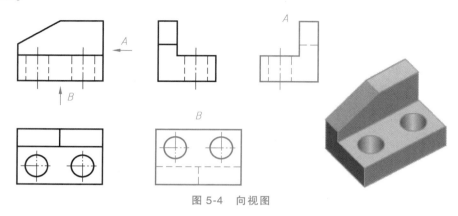

图 5-4　向视图

5.1.3 局部视图

将物体的某一部分向基本投影面投射所得的视图，称为局部视图。如图 5-5 所示的零件，仅用主视图就能将零件的大部分形状表达清楚，如果再画俯视图和（或）左视图，则显得重复。为此添加两个局部视图（A 和 B）来表达零件左下角和右侧部分的形状，一个斜视图（C）来表达倾斜部分的结构即可。

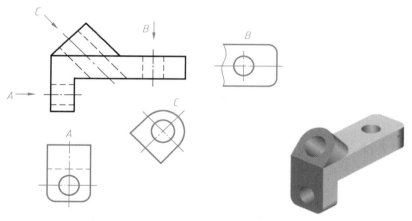

图 5-5　局部视图

5.1.4 斜视图

将物体向不平行于基本投影面的平面投射所得的视图称为斜视图。如图 5-6 所示的零件，具有倾斜部分，在基本视图中不能反映该部分的实形，这时可选用一个新的投影面，使它与零件上倾斜部分的表面平行，然后将倾斜部分向该投影面投射，就可得到反映该部分实形的视图。

斜视图主要用来表达物体上倾斜部分的实形，所以其余部分不必全部画出而用波浪线或双折线断开。

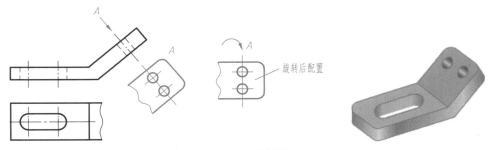

图 5-6　斜视图

斜视图一般按向视图的配置形式进行配置和标注，必要时，允许将斜视图旋转配置。标注时表示该视图名称的大写字母应靠近旋转符号的箭头端，如图 5-6 所示，也允许将旋转角度标注在字母之后。

任务 5.2　剖视图

当机件的内部结构比较复杂时，视图上会出现较多虚线，这样既不便于看图，也不便于标注尺寸。为了解决这个问题，常采用剖视图来表达机件的内部结构。

5.2.1　剖视图概述

1. 剖视图的形成

假想用剖切面剖开物体，将处在观察者和剖切面之间的部分移去，而将其余部分向投影面投射所得的图形称为剖视图，简称剖视。剖视图有全剖视图、半剖视图和局部剖视图。

如图 5-7 所示，假想用一个剖切平面通过零件的轴线并平行于 V 面将零件剖开，移去剖切平面与观察者之间的部分，而将其余部分向 V 面进行投射，就得到一个剖视的主视图。这时，原来看不见的内部形状变为看得见，虚线也改为粗实线。

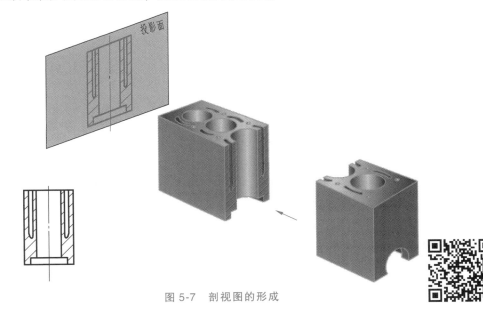

图 5-7　剖视图的形成

2. 有关术语

（1）剖切面　剖切被表达物体的假想平面或曲面称为剖切面。

（2）剖面区域　假想用剖切面剖开物体，剖切面与物体的接触部分称为剖面区域。

（3）剖切线　指示剖切面位置的线（用细点画线表示）称为剖切线。

（4）剖切符号　指示剖切面起、止和转折位置（用粗短画线表示）及投射方向（用箭头或粗短画线表示）的符号称为剖切符号。

3. 剖面区域的表示法

（1）剖面符号　在剖视图中，剖面区域一般应画出特定的剖面符号，物体材料不同，剖面符号也不相同。画机械图样时应采用 GB/T 4457.5—2013 中规定的剖面符号，见表 5-1。

表 5-1　常见材料的剖面符号

材料类别	图例	材料类别	图例	材料类别	图例
金属材料（已有规定剖面符号者除外）		型砂、填砂、粉末冶金、砂轮、陶瓷刀片、硬质合金刀片等		木材纵断面	
非金属材料（已有规定剖面符号者除外）		钢筋混凝土		木材横断面	
转子、电枢、变压器和电抗器等的叠加钢片		玻璃及供观察用的其他透明材料		液体	
线圈绕组元件		砖		木质胶合板（不分层数）	
混凝土		基础周围的泥土		格网（筛网、过滤网等）	

（2）通用剖面线　在剖视图中，不需要在剖面区域中表示材料的类别时，可采用通用剖面线表示，即画成互相平行的细实线。通用剖面线应以适当角度的细实线绘制，最好与主要轮廓线或剖面区域的对称线呈 45°角，如图 5-8 所示。

同一物体的各个剖面区域，其剖面线画法应一致。相邻物体的剖面线必须以不同的方向或以不同的间隔画出，如图 5-9 所示。

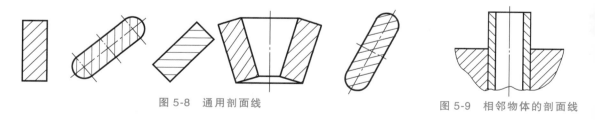

图 5-8　通用剖面线　　　　　　　图 5-9　相邻物体的剖面线

5.2.2　全剖视图

用剖切面完全地剖开物体所得的剖视图称为全剖视图，简称全剖视，如图 5-10 所示发动机气缸体全剖视图。全剖视图主要用于表达外部形状简单、内部形状复杂而又不对称的机件。对于外部形状简单的对称机件，也采用全剖视图。

画全剖视图时，不能遗漏，也不能多画。如图 5-11 所示是画全剖视图时常见的漏线、多线现象。

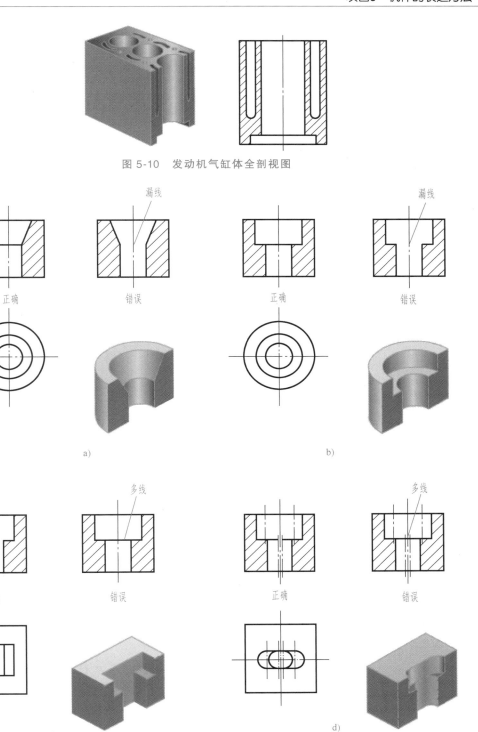

图 5-10 发动机气缸体全剖视图

图 5-11 漏线、多线示例

5.2.3 半剖视图

当零件具有对称结构时，向垂直于对称平面的投影面上投射所得的图形，以对称中心线为界，一半画成剖视图，另一半画成视图，这样的图形称为半剖视图，简称半剖视，如图 5-12 所示发动机气门座圈半剖视图。由于半剖视图既充分地表达了机件的内部形状，又保留了机件的外部轮廓，所以常用它来表达内外形状都比较复杂的对称机件。作图时，用细点画线将半个视图与半个剖视图分开。

图 5-12　发动机气门座圈半剖视图

5.2.4　局部剖视图

用剖切平面局部地剖开机件所得的视图，称为局部剖视图，简称局部剖视，如图 5-13 所示发动机挺柱局部剖视图。局部剖视图的画法简单，运用灵活，是一种兼顾表达机件内外结构的方法。

局部剖视图用波浪线分界，波浪线不应和图样上的其他图线重合；当被剖结构为回转体时，允许将该结构的中心线作为局部剖视图与视图的分界线；如有需要，允许在视图的剖面中再作一次局部剖，采用这样的表达方法时，两个剖面的剖面线应该同一方向，同一间隔，但要互相错开，并用引出线标注其名称。局部剖视图的若干错误画法如图 5-14 所示。

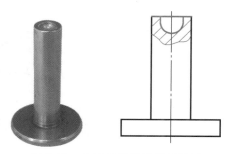

图 5-13　发动机挺柱局部剖视图

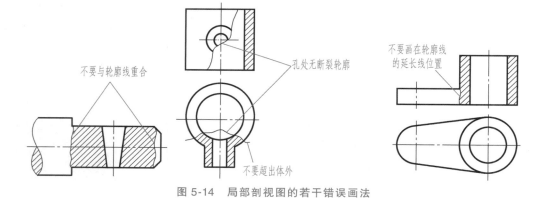

图 5-14　局部剖视图的若干错误画法

5.2.5　剖切面的选用

1. 单一剖切平面

单一剖是用一个剖切平面剖切零件的剖切方法，剖切平面必须平行于某一基本投影面。这是一种常见的剖切方法，如图 5-15 所示。

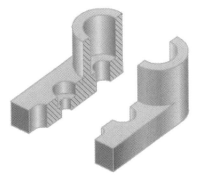
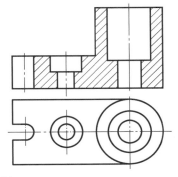

图 5-15　单一剖

2. 两相交的剖切平面

用两个相交的剖切平面（交线垂直于某一基本投影面）剖切零件，这种剖切方法称为旋转剖。旋转剖常用于表达有旋转中心的轮、盘类零件的内部结构，如图 5-16 所示。

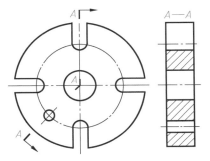

图 5-16　旋转剖

3. 几个平行的剖切平面

用几个互相平行的剖切平面剖切零件，这种剖切方法称为阶梯剖。阶梯剖常用于表达零件内部结构呈阶梯状分布的情况，如图 5-17 所示。

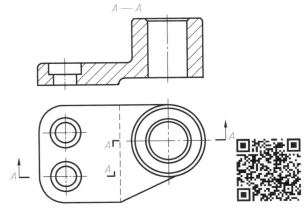

图 5-17　阶梯剖

4. 不平行于任何基本投影面的剖切平面

用不平行于任何基本投影面的剖切平面剖切零件，这种剖切方法称为斜剖。斜剖常用于表达零件倾斜部位的内部结构，如图 5-18 所示。

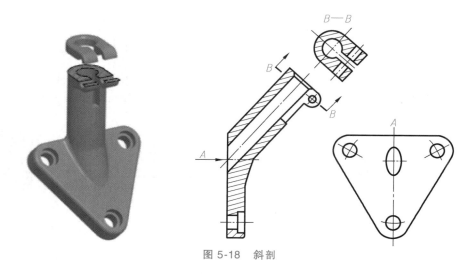

图 5-18　斜剖

5. 组合的剖切平面

除阶梯剖和旋转剖以外，用组合的剖切平面剖切零件的方法称为复合剖。复合剖常用于表达阶梯剖和旋转剖都不能全部反映内部结构的复杂零件，如图 5-19 所示。

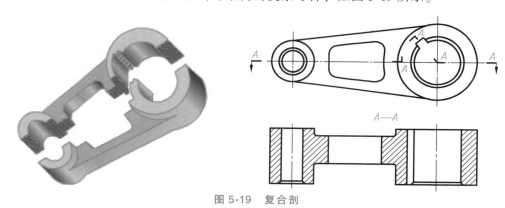

图 5-19　复合剖

课堂讨论：

　　绘制机件剖视图时，如何选用剖切面？

任务5.3　断面图

5.3.1　断面图的概念

假想用剖切面将物体的某处切断，仅画出该剖切面与物体接触部分的图形，称为断面图，简称断面，如图 5-20 所示。断面图通常用来表达物体上某一局部的断面形状，例如零件上的肋板、轮辐、轴上的键槽和孔等。断面图可分为移出断面图和重合断面图。

注意：

画断面图时，断面图上只画出物体被剖切处的断面形状，而剖视图除了画出物体断面形状之外，还应画出剖切面后的可见部分的投影，如图 5-20c 所示。

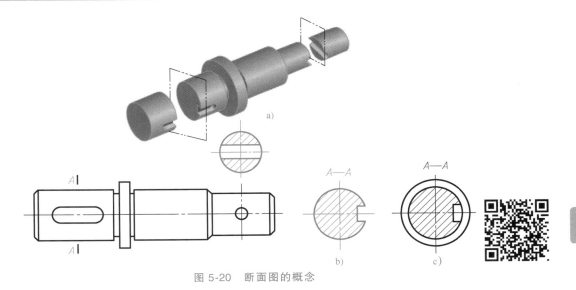

图 5-20 断面图的概念

5.3.2 移出断面图

移出断面图的图形应画在视图之外，轮廓线用粗实线绘制，配置在剖切线的延长线上或其他适当的位置，如图 5-20 所示。

1. 移出断面图的画法

1）当剖切平面通过由回转面形成的孔或凹坑的轴线时，这些结构应按剖视图绘制，如图 5-21 所示。

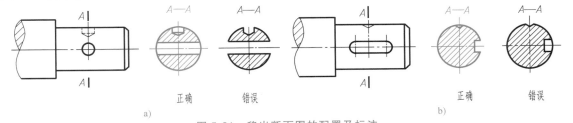

图 5-21 移出断面图的配置及标注

2）当剖切平面通过非圆孔时，会导致出现分离的两个断面图时，则这些结构应按剖视图绘制，如图 5-22 所示。

3）由两个或多个相交的剖切平面剖切得到的移出断面图，中间一般应断开绘制，如图 5-23 所示。

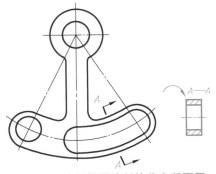

图 5-22 按剖视图绘制的移出断面图

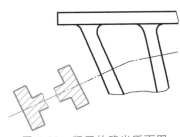

图 5-23 断开的移出断面图

2. 移出断面图的标注

移出断面图的标注见表 5-2。

表 5-2　移出断面图的标注

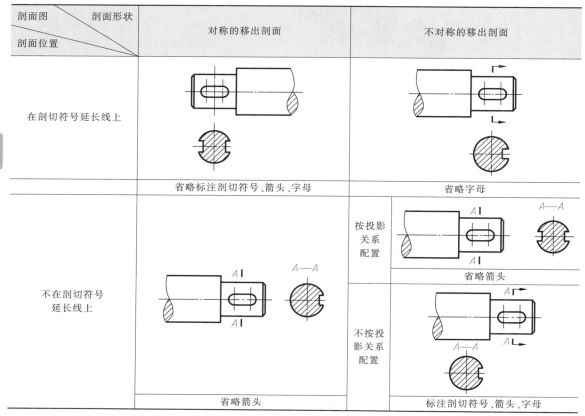

剖面图　剖面形状 剖面位置	对称的移出剖面	不对称的移出剖面
在剖切符号延长线上	*(图)* 省略标注剖切符号、箭头、字母	*(图)* 省略字母
不在剖切符号延长线上	*(图)* 省略箭头	按投影关系配置 *(图)*　省略箭头 不按投影关系配置 *(图)* 标注剖切符号、箭头、字母

5.3.3　重合断面图

画在视图轮廓线之内的断面图称为重合断面图，如图 5-24 所示。重合断面图的轮廓线规定用细实线绘制。当视图中的轮廓线与重合断面图重叠时，视图中的轮廓线仍应连续画出，不可间断。对称的重合断面图不必标注，如图 5-24a 所示。不对称的重合断面图要画出剖切符号和表示投射方向的箭头，省略字母；在不致引起误解的情况下，可省略标注，如图 5-24b 所示。

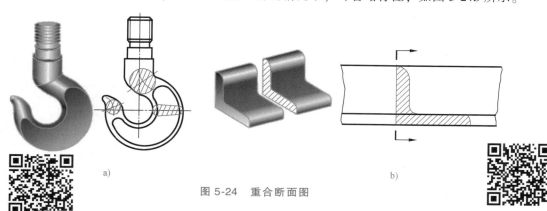

a)   b)

图 5-24　重合断面图

任务5.4 局部放大图和简化画法

5.4.1 局部放大图

将机件的部分结构用大于原图形的比例画出的图形，称为局部放大图，如图5-25所示。当机件的某些结构较小，按原图所用的比例画出，图形过小而表达不清楚，或标注尺寸困难时，可采用局部放大图画出。局部放大图可以画成视图、剖视图或断面图，它与原图形的表达方式无关。

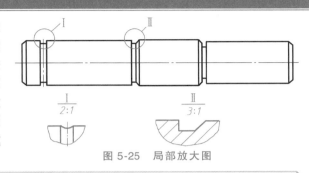

图 5-25 局部放大图

课堂讨论：
在日常生活中，机件哪些部位适合用局部放大图来表达？如何绘制？

5.4.2 简化画法

简化画法（GB/T 16675.1—2012、GB/T 4458.1—2002）包括规定画法、省略画法、示意画法等图示方法。

1. 规定画法

规定画法是对标准中规定的某些特定表达对象所采用的特殊图示方法。

1）在不致引起误解时，对于对称机件的视图可只画1/2或1/4，并在对称中心线的两端画出两小条与其垂直的平行细实线，如图5-26所示。

2）当回转体机件上的平面在图形中不能充分表达时，可用两条相交的细实线表示这些平面，如图5-27所示。

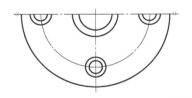

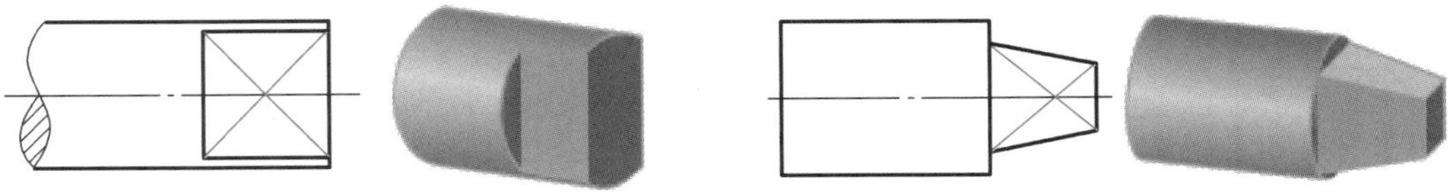

图 5-26 对称机件的画法

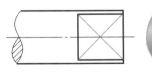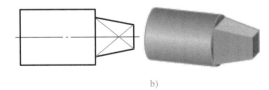

a)   b)

图 5-27 平面的表达

3）对较长的机件沿长度方向的形状一致或按一定规律变化时，例如轴、杆、型材、连杆等，可以断开后缩短绘制，但尺寸仍按机件的设计要求标注，如图5-28所示。

2. 省略画法

省略画法是指通过省略重复投影、重复要素、重复图形等达到使图样简化的图示方法。

1）机件上有相同的结构要素（如齿、孔、槽等），并按一定规律分布时，可以只画出几个完整的要素，其余用细实线连接，或画出它们的中心位置，但图中必须注出该要素的总数，

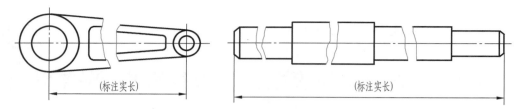

图 5-28　较长机件的画法

如图 5-29 所示。

2）对于机件的肋板、轮辐及薄壁等结构，如果剖切平面按纵向剖切，这些结构都不画出剖面符号，而用粗实线将它与其相邻部分分开，如图 5-30 所示；回转体机件上均匀分布的肋板、轮辐、孔等结构不处于剖切平面上时，可将这些结构旋转到剖切平面上画出。

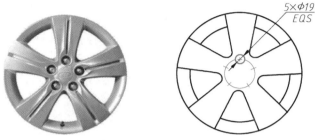

图 5-29　相同结构的画法（一）

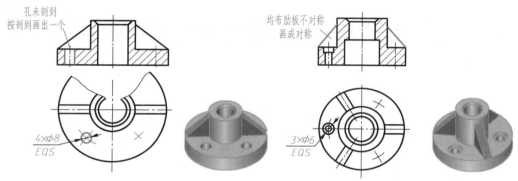

图 5-30　相同结构的画法（二）

3. 示意画法

示意画法是用规定符号或较形象的图线绘制图样的表意性图示方法。

网状物、编织物或机件上的滚花部分，可在轮廓线附近用粗实线局部画出的方法表示，也可省略不画，如图 5-31 所示。

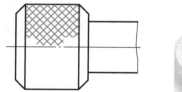

图 5-31　滚花的示意画法

任务5.5　第三角画法简介

世界上多数国家都采用第一角画法，也有一部分国家采用第三角画法，为了便于日益增多的国际技术交流和协作，应对第三角画法有所了解。

5.5.1　第三角投影法的概念

如图 5-32 所示，由三个互相垂直相交的投影面组成的投影体系，把空间分成了八个部分，每一部分为一个分角，依次为Ⅰ、Ⅱ、Ⅲ、Ⅳ、…Ⅶ、Ⅷ分角。将机件放在第一分角进行投射，称为第一角画法。而将机件放在第三分角进行投射，称为第三角画法。

5.5.2　比较第三角画法与第一角画法

第三角画法与第一角画法的区别在于人（观察者）、物（机件）、图（投影面）的位置关系不同。

采用第一角画法时，是把物体放在观察者与投影面之间，从投射方向看是"人、物、图"的关系，如图 5-33 所示。

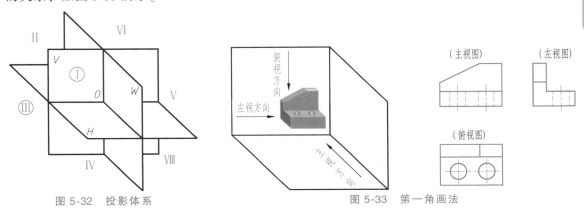

图 5-32　投影体系　　　　　　　　　　图 5-33　第一角画法

采用第三角画法时，是把投影面放在观察者与物体之间，从投射方向看是"人、图、物"的关系，如图 5-34 所示。投影时就好像隔着"玻璃"看物体，将物体的轮廓形状印在"玻璃"（实际投影面）上。

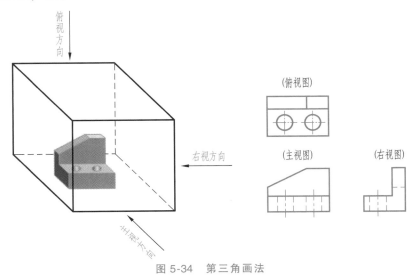

图 5-34　第三角画法

5.5.3　第三角投影图的形成

采用第三角画法时，在图 5-35 所示投影面体系中，从前面观察物体在 V 面上得到的视图称为主视图；从上面观察物体在 H 面上得到的视图称为俯视图；从右面观察物体在 W 面上得到的视图称为右视图。各投影面的展开方法是：V 面不动，H 面向上旋转 $90°$，W 面向外旋转 $90°$，从而使三投影面处于同一平面内。

采用第三角画法时也可以将物体放在正六面体中，分别从物体的六个方向向各投影面进行投射，得到六个基本视图，即在三视图的基础上增加了后视图（从后向前看）、左视图（从左向右看）、仰视图（从下向上看）。第三角画法投影面展开图如图 5-35 所示。

第三角画法视图的配置如图 5-36 所示。

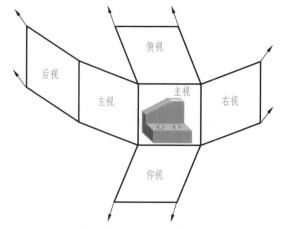

图 5-35　第三角画法投影面展开图

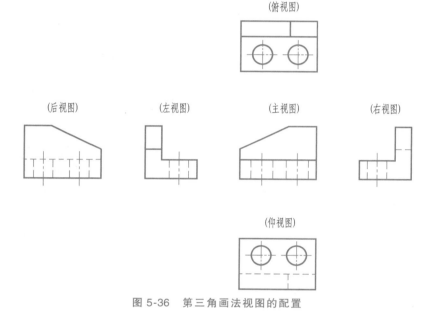

图 5-36　第三角画法视图的配置

5.5.4　第一角画法和第三角画法的识别符号

在国际标准中规定，可以采用第一角画法，也可以采用第三角画法。为了区别这两种画法，国家标准规定在标题栏内（右下角）"名称和符号区"的最下方用规定的识别符号表示，如图 5-37 所示。

a) 第一角画法用　　　　　　　b) 第三角画法用

图 5-37　第一角画法和第三角画法的识别符号

课堂讨论：
第三角画法与第一角画法有什么区别？如何用第三角画法绘制图样？

86

项目6

机械标准件与常用件

常用非标准件主要指齿轮，常用标准件主要有螺纹紧固件、键、销、弹簧和滚动轴承。本项目将介绍螺纹和螺纹紧固件、键、销、齿轮、弹簧和滚动轴承的特殊表示法，并进行必要的标注。

任务 6.1 螺纹和螺纹紧固件

6.1.1 螺纹的加工

在零件的圆柱或圆锥表面上，所加工出连续凸起和凹槽的连续螺旋形结构，称为螺纹。在外表面上形成的螺纹称为外螺纹，外螺纹可以在车床上加工，如图6-1a 所示。在内表面上形成的螺纹称为内螺纹，内螺纹也可以在车床上加工，如图 6-1b 所示。若加工直径较小的内螺纹，可按如图 6-1c 所示加工，先用钻头钻孔（由于钻头顶角118°，所以钻孔的底部按 120°简化画出），再用丝锥加工内螺纹。

a) 加工外螺纹　　　　　　　b) 加工内螺纹　　　　　　c) 加工直径较小的内螺纹

图 6-1 螺纹的加工方法

6.1.2 螺纹的基本要素

1. 旋向

螺纹有左旋和右旋两种，判别方法如图 6-2 所示。工程上常用右旋螺纹，这种螺纹顺时针方向为拧紧，逆时针方向为拧松。

2. 线数

螺纹有单线和多线之分。沿一条螺旋线形成的螺纹称为单线螺纹，沿两条或两条以上螺旋线形成的螺纹称为双线或多线螺纹，如图 6-3 所示。

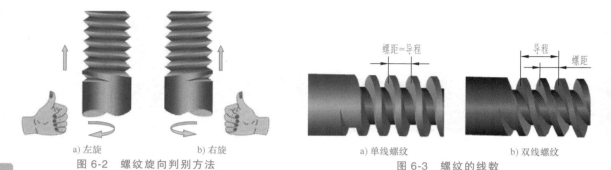

a) 左旋　　　　b) 右旋

图 6-2　螺纹旋向判别方法

a) 单线螺纹　　　　b) 双线螺纹

图 6-3　螺纹的线数

3. 牙型

通过螺纹轴线的断面上的螺纹轮廓形状称为牙型。常用螺纹的牙型有三角形（也称普通螺纹，牙型角 60°）、梯形（牙型角 30°）、锯齿形和矩形。其中，矩形螺纹尚未标准化，其余螺纹均为标准螺纹，如图 6-4 所示。

a) 三角形螺纹　　　　b) 梯形螺纹　　　　c) 锯齿形螺纹

图 6-4　常用标准螺纹的牙型

4. 直径

螺纹的直径有大径、中径和小径，如图 6-5 所示。

大径是指与外螺纹牙顶或内螺纹牙底相切的假想圆柱或圆锥的直径（即螺纹的最大直径），内、外螺纹的大径分别用 D 和 d 表示。代表螺纹尺寸的直径称为螺纹的公称直径。

中径是指母线通过牙型上沟槽和凸起宽度相等处的假想圆柱或圆锥的直径。内、外螺纹的中径分别用 D_2 和 d_2 表示。

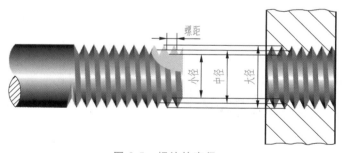

图 6-5　螺纹的直径

小径是指与外螺纹牙底或内螺纹牙顶相切的假想圆柱或圆锥的直径，内、外螺纹的小径分别用 D_1 和 d_1 表示。

5. 螺距和导程

螺纹上相邻两牙在中径线上对应两点间的轴向距离称为螺距（P）；沿同一条螺旋线形成的螺纹，相邻两牙在中径线上对应两点间的轴向距离称为导程（Ph），如图 6-3 所示。对于单线螺纹，导程＝螺距；对于线数为 n 的多线螺纹，导程＝n×螺距。

温馨提示：

内、外螺纹在配合时，只有当它们的旋向、线数、牙型、直径和螺距五个要素完全一致时，才能正常地旋合。

6.1.3 螺纹的规定画法

1. 外螺纹的规定画法

外螺纹的牙顶（大径）圆及螺纹终止线用粗实线绘制，外螺纹的牙底（小径）圆用细实线绘制（小径近似地画成大径的 0.85 倍），并画出螺杆的倒角或倒圆部分，在垂直于螺纹轴线的投影面的视图中，表示牙底圆的细实线只画约 3/4 圈，此时螺杆的倒角投影不应画出，如图 6-6 所示。

2. 内螺纹的规定画法

内螺纹一般画成剖视图，其牙顶（小径）圆及螺纹终止线用粗实线绘制；牙底（大径）圆用细实线绘制，剖面线画到粗实线为止。在垂直于螺纹轴线的投影面的视图中，小径圆用粗实线绘制，大径圆用细实线绘制，且只画约 3/4 圈。此时，螺纹倒角或倒圆省略不画，如图 6-7 所示。

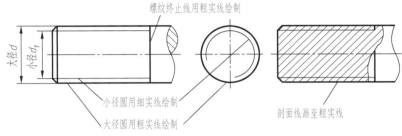

图 6-6 外螺纹的画法

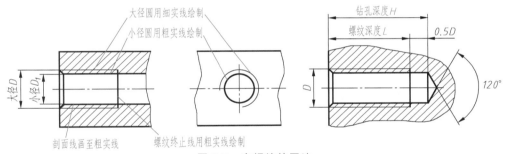

图 6-7 内螺纹的画法

3. 螺纹连接的画法

在剖视图中，内外螺纹旋合的部分应按外螺纹的画法绘制，其余部分仍按各自的画法表示，如图 6-8 所示。应注意，表示内、外螺纹大径的细实线和粗实线，以及表示内、外螺纹小径的粗实线和细实线必须分别对齐。

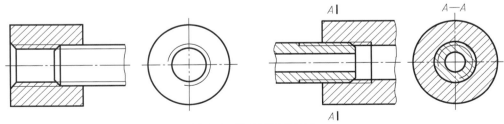

图 6-8 螺纹连接的画法

6.1.4 螺纹的分类

螺纹按用途不同，可分为三大类。

（1）连接螺纹　起连接作用的螺纹，常用的有四种标准螺纹，即粗牙普通螺纹，细牙普通螺纹，管螺纹和60°密封管螺纹。管螺纹又分为55°非密封管螺纹和55°密封管螺纹。

（2）传动螺纹　用来传递动力和运动的传动螺纹，常用的有梯形螺纹和锯齿形螺纹。

（3）专门用途螺纹　如自攻螺钉用螺纹、气瓶专用螺纹等。

6.1.5　螺纹的代号和标注方法

1. 普通螺纹、梯形螺纹和锯齿形螺纹的螺纹标记

| 螺纹特征代号 | 公称直径×*Ph* 导程（*P* 螺距） | 公差带代号 | 旋合长度代号 | 旋向代号 |

例如：

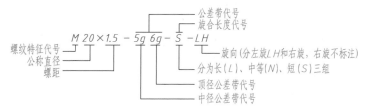

2. 管螺纹的螺纹标记

| 螺纹特征代号 | 尺寸代号 | 公差等级代号 | 旋向代号 |

例如：

$G\ 3/8\ A$

螺纹特征代号 ── 公差等级代号

尺寸代号(无单位)

螺纹的标记及其图样标注见表6-1。

表 6-1　螺纹的标记及其图样标注

螺纹种类		标记及其标注示例	标记的识别	标注要点说明
紧固螺纹	普通螺纹（M）	$M20\text{-}5g6g\text{-}S$	粗牙普通螺纹,公称直径为20mm,右旋,中径、顶径公差带分别为5g、6g,短旋合长度	1. 粗牙螺纹不注螺距,细牙螺纹标注螺距(螺距参见附表1) 2. 右旋省略不注,左旋以"LH"表示(各种螺纹皆如此) 3. 中径、顶径公差带相同时,只注一个公差带代号。中等公差精度（如6H、6g)不注公差带代号 4. 旋合长度分短（S）、中（N）、长（L）三种,中等旋合长度不注 5. 螺纹标记应直接注在大径的尺寸线或延长线上
		$M20\times2\text{-}LH$	细牙普通螺纹,公称直径为20mm,螺距为 2mm,左旋,中径、顶径公差带皆为6H,中等旋合长度	
管螺纹	55°非密封管螺纹（G）	$G1\ 1/2A$	55°非密封管螺纹,尺寸代号为 1½,公差等级为 A 级,右旋	1. 管螺纹的尺寸代号是指管子内径（通径）"英寸（1in = 25.4mm）"的数值,不是螺纹大径 2. 55°非密封管螺纹,其内、外螺纹都是圆柱螺纹 3. 外螺纹的公差等级分为 A、B 两级。内螺纹的公差等级只有一种,不标记
		$G1\ 1/2\text{-}LH$	55°非密封管螺纹,尺寸代号为 1½,左旋	

（续）

螺纹种类	标记及其标注示例	标记的识别	标注要点说明
管螺纹	55°密封管螺纹（R₁）（R₂）（Rc）（Rp）	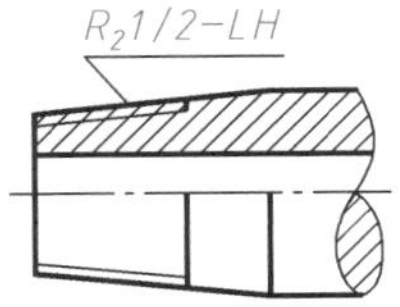 $R_21/2-LH$	R_2 表示与圆锥内螺纹相配合的圆锥外螺纹，1/2 为尺寸代号，左旋	1. 55°密封管螺纹，只注螺纹特征代号、尺寸代号和旋向 2. 55°密封管螺纹一律标注在引出线上，引出线应由大径处引出或由对称中心线处引出 3. 55°密封管螺纹的特征代号如下： R_1 表示与圆柱内螺纹相配合的圆锥外螺纹 R_2 表示与圆锥内螺纹相配合的圆锥外螺纹 Rc 表示圆锥内螺纹 Rp 表示圆柱内螺纹
		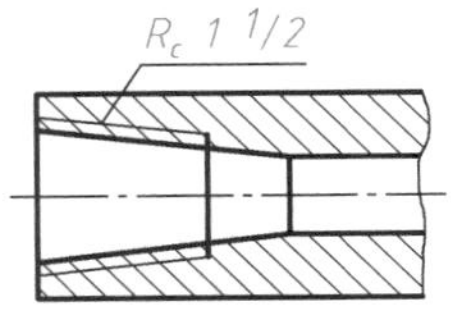 $R_c \, 1 \, 1/2$	圆锥内螺纹，尺寸代号为 1½，右旋	
		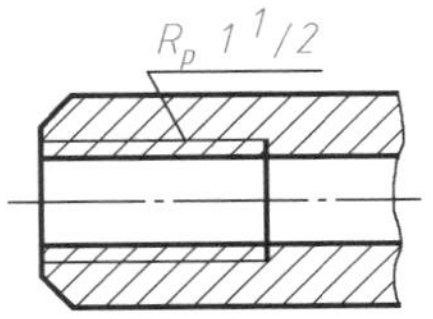 $R_p \, 1^1/2$	圆柱内螺纹，尺寸代号为 1½，右旋	
传动螺纹	梯形螺纹（Tr）	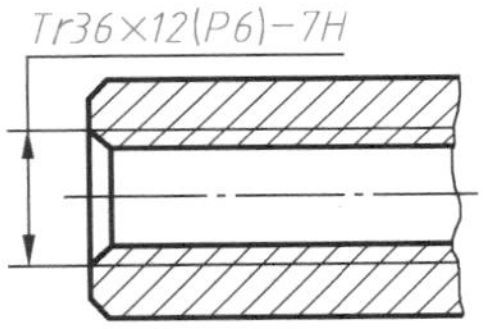 $Tr36×12(P6)-7H$	梯形螺纹，公称直径为 36mm，双线，导程为 12mm，螺距为 6mm，右旋，中径公差带为 7H，中等旋合长度	1. 单线螺纹标注螺距，多线螺纹标注导程（P 螺距） 2. 两种螺纹只标注中径公差带代号 3. 旋合长度只有中等旋合长度（N）和长旋合长度（L）两组 4. 中等旋合长度规定不标
	锯齿形螺纹（B）	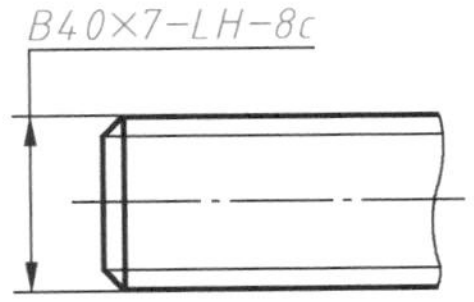 $B40×7-LH-8c$	锯齿形螺纹，公称直径为 40mm，单线，螺距为 7mm，左旋，中径公差带为 8c，中等旋合长度	

6.1.6 常用螺纹紧固件的种类和标记

常用的螺纹紧固件有螺栓、螺柱、螺母、垫圈和螺钉等，如图6-9所示。它

a) 六角头螺栓

b) 圆柱头开槽螺钉

c) 内六角圆柱头螺钉

d) 十字槽沉头螺钉

e) 无头开槽螺钉

f) 双头螺柱

g) 圆螺母

h) 六角开槽螺母

i) 平垫圈

j) 弹簧垫圈

图 6-9 常用的螺纹紧固件

们的结构、尺寸都已经标准化，使用时可从相应的标准中查出所需的结构尺寸。

常用螺纹紧固件图例、标记及解释见表6-2。

表6-2 常用螺纹紧固件图例、标记及解释

名称及标准编号	图　例	标记及解释
六角头螺栓 GB/T 5782—2016		螺栓　GB/T 5782　M10×50 表示螺纹规格 d = M10，公称长度 l = 50mm、性能等级为8.8级、表示不经处理、杆身半螺纹、A级的六角头螺栓
双头螺柱 GB/T 897—1988 （b_m = 1d）		螺柱　GB/T 897　M10×50 表示两端均为粗牙普通螺纹，螺纹规格 d = M10，公称长度 l = 50mm、性能等级为4.8级、表面不经处理、B型、b_m = 1d 的双头螺柱
开槽圆柱头螺钉 GB/T 65—2016		螺钉　GB/T 65　M10×50 表示螺纹规格 d = M10，公称长度 l = 50mm、性能等级为4.8级、表示不经处理的 A 级开槽圆柱头螺钉
开槽沉头螺钉 GB/T 68—2016		螺钉　GB/T 68　M10×50 表示螺纹规格 d = M10，公称长度 l = 50mm、性能等级为4.8级、表示不经处理的开槽沉头螺钉
十字槽沉头螺钉 GB/T 819.1—2016		螺钉　GB/T 819.1　M10×50 表示螺纹规格 d = M10，公称长度 l = 50mm、性能等级为4.8级、表示不经处理的 A 级 H 型十字槽沉头螺钉
开槽锥端紧定螺钉 GB/T 71—1985		螺钉　GB/T 71　M12×35 表示螺纹规格 d = M12，公称长度 l = 35mm、性能等级为14H级、表面氧化的开槽锥端紧定螺钉
开槽长圆柱端紧定螺钉 GB/T 75—1985		螺钉　GB/T 75　M12×35 表示螺纹规格 d = M12，公称长度 l = 35mm、性能等级为14H级、表面氧化的开槽长圆柱端紧定螺钉
1 型六角螺母 GB/T 6170—2015		螺母　GB/T 6170　M12 表示螺纹规格 D = M12、性能等级为8级、表面不经处理、A级的1型六角螺母
1 型六角开槽螺母 GB/T 6178—1986		螺母　GB/T 6178　M12 表示螺纹规格 D = M12、性能等级为8级、表面不经处理、A级的1型六角开槽螺母
平垫圈 GB/T 97.1—2002		垫圈　GB/T 97.1　12 表示标准系列、公称规格 12mm、由钢制造的硬度等级为 200HV 级、表面不经处理、产品等级为 A 级的平垫圈

（续）

名称及标准编号	图　　例	标记及解释
标准型弹簧垫圈 GB/T 93—1987	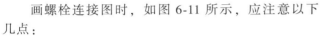 $\phi12.2$	垫圈　GB/T 93　12 表示规格 12mm，材料为 65Mn，表面氧化处理的标准型弹簧垫圈

6.1.7　螺纹连接件的连接画法

螺纹连接有螺栓连接、双头螺柱连接和螺钉连接三种。

1. 螺栓连接

螺栓连接是将螺栓穿入两个零件的光孔，再套上垫圈，然后将螺母拧紧，如图 6-10 所示螺栓连接。螺栓连接适用于两个不太厚的零件和需要经常拆卸的场合。垫圈的作用是防止损伤零件的表面，并能增加支承面积，使其受力均匀。

画螺栓连接图时，如图 6-11 所示，应注意以下几点：

1）螺栓公称长度估算公式为：$L = t_1 + t_2 +$ 垫圈厚度 + 螺母高度 + a。其中 t_1、t_2 表示被连接零件的厚度，$a = (0.3 \sim 0.4)d$，螺纹长度 $L_0 = (1.5 \sim 2)d$，光孔直径 $d_0 = 1.1d$。

连杆螺栓

图 6-10　螺栓连接

2）在装配图中，当剖切平面通过螺杆的轴线时，对于螺柱、螺栓、螺钉、螺母及垫圈等均按未剖切状态绘制。

3）螺纹紧固件的工艺结构，如倒角、退刀槽、缩颈等均可省略不画。

4）两个被连接零件的接触面只画一条线；两个零件相邻但不接触，画成两条线。

5）在剖视图中表示相邻两个零件时，相邻零件的剖面线必须以不同的方向或以同向不同的间隔画出。同一个零件的各个剖面区域，其剖面线画法应一致。

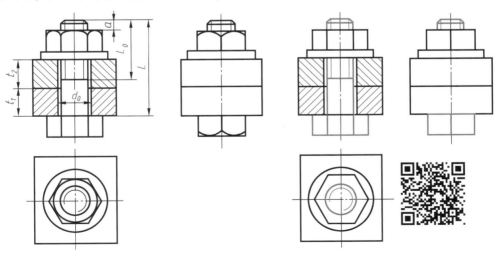

a) 简化前　　　　　　　　　　　b) 简化后

图 6-11　螺栓连接画法

2. 双头螺柱连接

双头螺柱连接是将双头螺柱一端拧入较厚被连接件之一的螺孔，另一端穿过较薄被连接件通孔，然后套上垫圈，拧紧螺母，如图 6-12 所示为双头螺柱连接。双头螺柱连接常用在连接件之一太厚或不便装拆的场合。拆卸时，通常只需卸下螺母而不拆卸螺柱，以防多次装拆而损伤被连接件螺孔。

图 6-12　双头螺柱连接

双头螺柱连接的画法和螺栓连接的画法基本相同，如图 6-13 所示。

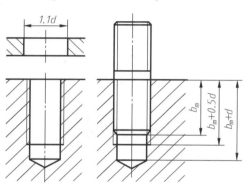
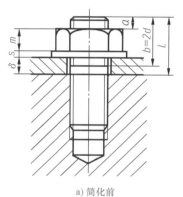
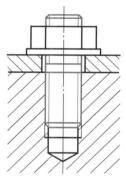

a) 简化前　　　　　　　　b) 简化后

图 6-13　双头螺柱连接画法

画双头螺柱装配图时应注意以下几点：

1）双头螺柱的公称长度 $L=\delta+s+m+a$（查表计算后取接近的标准长度）。

2）双头螺柱旋入端的长度 b_m 与被旋入零件的材料有关：

对于钢或青铜，$b_m=d$；

对于铸铁，$b_m=(1.25\sim1.5)d$；

对于铝合金，$b_m=2d$。

旋入端的螺纹终止线应与结合面平齐，表示旋入端已足够地拧紧。

被连接件螺孔的螺纹深度应大于旋入端的螺纹长度 b_m，一般螺孔的深度按 $(b_m+0.5d)$ 画出。在装配图中，不钻通的螺纹孔可不画出钻孔深度，仅按有效螺纹部分的深度画出。

3. 螺钉连接

螺钉连接是使用螺钉穿过一个较薄机件的通孔，拧紧在另一个较厚机件的螺孔中，而使两机件连接，如图 6-14 所示螺钉连接。螺钉连接常用在连接件之一较厚，且不宜经常装拆的场合。

如图 6-15 所示，画螺钉连接装配图时注意以下几点：

1）螺钉的公称长度 L 可按公式计算：$L=t+b_m$。式中，t 表示通孔零件的厚度，b_m 根据被旋入零件的材料而定；然后将估算出的数值圆整成标准系列值。

2）螺纹终止线应高出螺纹孔端面，以表示螺钉尚有拧紧的余地，而被连接件已被压紧。

图 6-14　螺钉连接

3）螺钉头部的一字槽，可画成一条特粗实线（两倍粗实线），在投影为圆的视图中，螺钉头部的一字槽画在与中心线倾斜45°角位置。

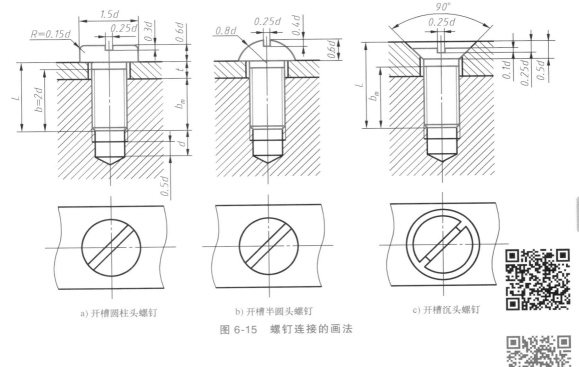

a) 开槽圆柱头螺钉　　　　　b) 开槽半圆头螺钉　　　　　c) 开槽沉头螺钉

图 6-15　螺钉连接的画法

任务6.2　齿轮

6.2.1　齿轮概述

齿轮在生活中的应用实例，如图6-16所示。齿轮是机械传动中应用最广泛的一种传动件，它将一根轴的动力及旋转运动传递给另一根轴。

a) 机械手表机芯　　　　　　　　　　　b) 变速器

图 6-16　齿轮的应用实例

常见齿轮副的种类如下：

（1）圆柱齿轮啮合　常用于两平行轴之间的传动，如图6-17a、b所示。

（2）锥齿轮啮合　常用于两相交轴之间的传动，如图6-17c所示。

（3）蜗轮与蜗杆啮合　用于两交叉轴之间的传动，如图 6-17d 所示。

a)　　　　　　　　b)　　　　　　　　c)　　　　　　　　d)

图 6-17　齿轮传动

课堂讨论：
　　齿轮在日常生活中还有哪些应用实例？

6.2.2　圆柱齿轮的规定画法

1. 圆柱齿轮各部分的名称和代号

圆柱齿轮分为直齿圆柱齿轮、斜齿圆柱齿轮和人字齿轮。如图 6-18 所示是一个直齿圆柱齿轮，它的各部分名称如下。

（1）齿顶圆　齿顶圆是通过轮齿顶部的圆，其直径以 d_a 表示。

（2）齿根圆　齿根圆是通过轮齿根部的圆，其直径以 d_f 表示。

（3）分度圆　在标准齿轮上，分度圆是齿厚 s 与槽宽 e 相等处的圆，其直径以 d 表示。

（4）齿高　轮齿在齿顶圆和齿根圆之间的径向距离称为齿高，用 h 来表示；分度圆将齿高分为两部分，齿顶圆与分度圆之间的径向距离称为齿顶高，以 h_a 表示；分度圆与齿根圆之间的径向距离称为齿根高，以 h_f 表示；齿高 $h = h_a + h_f$。

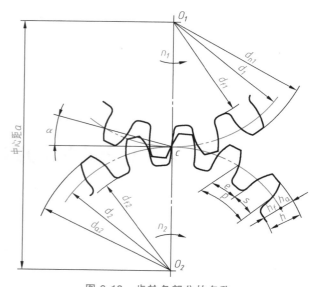

图 6-18　齿轮各部分的名称

（5）齿距　在分度圆上相邻齿的同侧齿面间的弧长称为齿距，用 p 来表示。在标准齿轮中，$s = e = p/2$，$p = s + e$。

（6）齿数　一个齿轮的轮齿总数称为齿数，用 z 表示。

（7）模数　齿距 p 与 π 的比值，用模数 m 来表示，即 $m = p/\pi$。模数是齿轮的重要参数，因为相互啮合的两个齿轮的齿距必须相等，所以它们的模数必须相等。模数越大，轮齿各部分尺寸也随之成比例增大，轮齿上能承受的力也越大，如图 6-19 所示。不同模数的齿轮要用不同模数的刀具来加工。为了便于设计加工，模数已标准化，圆柱齿轮的模数见表 6-3。

图 6-19　齿轮模数

表 6-3　圆柱齿轮的模数　　　　　　　　　　　　　　（单位：mm）

第一系列	1　1.25　1.5　2　2.5　3　4　5　6　8　10　12　16　20　25　32　40　50
第二系列	1.75　2.25　2.75　（3.25）　3.5　（3.75）　4.5　5.5　（6.5）　7　9　（11）　14　18　22　28　36　45

注：1. 对斜齿圆柱齿轮是指法向模数 m_n。
　　2. 优先选用第一系列，括号内的数值尽可能不用。

（8）压力角 α　两相互啮合轮齿的端面齿廓接触点的公法线与两节圆的内公切线所夹的锐角称为压力角。标准齿轮的压力角 α 一般为 $20°$。

2. 标准直齿圆柱齿轮几何要素的尺寸计算

（1）中心距 a　两啮合齿轮轴线之间的距离称为中心距。在标准情况下

$$a = \frac{1}{2}(d_1 + d_2) = \frac{1}{2}m(z_1 + z_2)$$

（2）传动比 i　主动齿轮转速（转/分）与从动齿轮转速之比称为传动比。由于转速与齿数成反比，因此传动比也等于从动齿轮齿数与主动齿轮齿数之比，即。

$$i = n_1/n_2 = z_2/z_1$$

模数、齿数、压力角是齿轮的三个基本参数，它们的大小是通过设计计算并按相关标准确定的。标准直齿圆柱齿轮几何要素的尺寸计算见表 6-4。

表 6-4　标准直齿圆柱齿轮几何要素的尺寸计算

序号	名称	代号	计算公式	说明
1	齿数	z	根据设计要求或测绘而定	z、m 是齿轮的基本参数，进行设计计算时，先确定 m、z，然后得出其他各部分尺寸
2	模数	m	$m = P/\pi$，根据强度计算或测绘而得	
3	分度圆直径	d	$d = mz$	
4	齿顶圆直径	d_a	$d_a = d + 2h_a = m(z+2)$	齿顶高 $h_a = m$
5	齿根圆直径	d_f	$d_f = d - 2h_f = m(z - 2.5)$	齿根高 $h_f = 1.25m$
6	齿宽	b	$b = 2p \sim 3p$	齿距 $p = \pi m$
7	中心距	a	$a = \dfrac{d_1 + d_2}{2} = \dfrac{m}{2}(z_1 + z_2)$	

3. 单个齿轮的规定画法（GB/T 4495.2—2003）

齿轮的轮齿部分，一般不按真实投影绘制，而是采用规定画法。

1）齿顶圆和齿顶线用粗实线绘制。

2）分度圆和分度线用细点画线绘制。

3）齿根圆和齿根线用细实线绘制，可省略不画；在剖视图中齿根线用粗实线绘制。

单个齿轮通常用两个视图来表示，轴线水平放置，其中平行于齿轮轴线投影面上的视图画成全剖或半剖视图，另一个视图表示孔和键槽的形状。如图 6-20 所示，分度圆的点画线应

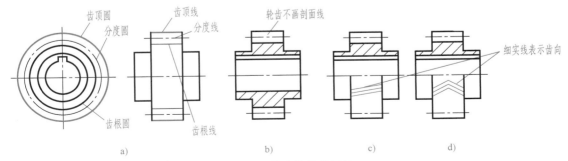

图 6-20　单个齿轮的画法

超出轮廓线；在剖视图中，当剖切平面通过齿轮轴线时，轮齿一律按不剖处理；当需要表示齿线的特征时，可用三条与齿线方向一致的细实线表示。

4. 两齿轮啮合的画法

在垂直于圆柱齿轮轴线的投影面的视图中，啮合区内的齿顶圆均用粗实线绘制，如图 6-21a 所示；也可省略不画，但相切的两分度圆须用点画线画出，两齿根圆省略不画，如图 6-21b 所示。在平行于圆柱齿轮轴线的投影面的视图中，啮合区的齿顶线不必画出，此时分度线用粗实线绘制，如图 6-21c 所示。

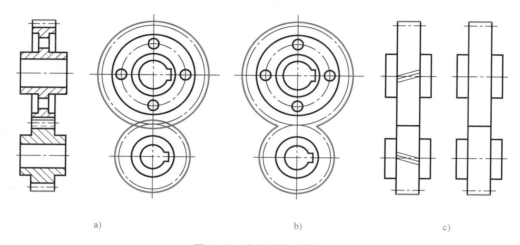

a)   b)   c)

图 6-21   齿轮啮合的画法

任务 6.3   键连接和销连接

6.3.1   键连接概述

键连接是一种可拆连接。键用来连接轴和安装在轴上的转动零件，如齿轮、带轮、联轴器等，起传递转矩的作用。通常在轴上和传动件上分别加工出一个键槽，装配时先将键嵌入轴的键槽内，然后将轮毂上的键槽对准轴上的键装入即可。常用的键有普通平键、半圆键和钩头楔键等，如图 6-22 所示。

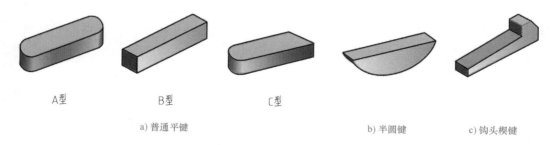

A型   B型   C型

a)普通平键   b)半圆键   c)钩头楔键

图 6-22   常用的几种键

键是标准件，其结构和尺寸以及相应的键槽尺寸都可以在相应的国家标准中查到。常用键的型式、画法及标记见表 6-5。

表 6-5　常用键的型式、画法及标记

名称	标准号	图　例	标记示例
普通平键	GB/T 1096—2003	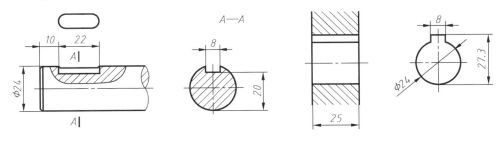	$b = 18mm$, $h = 11mm$, $L = 100mm$ 的圆头普通 A 型平键： GB/T 1096 键 18×11×100
半圆键	GB/T 1098—2003		$b = 6mm$, $h = 10mm$, $D = 25mm$, $L \approx 24.5mm$ 的半圆键： GB/T 1098 键 6×10×25
钩头楔键	GB/T 1565—2003		$b = 18mm$, $h = 11mm$, $L = 100mm$ 的钩头楔键： GB/T 1565 键 18×11×100

6.3.2　键槽和键连接的画法

1. 普通平键连接

画平键连接装配图前，先要知道轴的直径和键的型式，然后查有关标准确定键的公称尺寸 b 和 h 及轴和轮的键槽尺寸，并选定键的标准长度 L。

例 6-1：已知轴的直径为 24mm，采用普通 A 型平键，由标准 GB/T 1096—2003 查得键的尺寸 $b = 8mm$，$h = 7mm$；轴和轮（毂）上键槽尺寸 $t = 4mm$，$t_1 = 3.3mm$，键长 L 应小于轮（毂）厚度（$B = 25mm$），选取键长 $L = 22mm$，其零件图中轴和轮（毂）上键槽尺寸的标注如图 6-23 所示。

a) 轴上键槽的画法及尺寸注法　　　　b) 轮(毂)上键槽的画法及尺寸注法

图 6-23　键槽的画法

普通平键是用两侧面作为工作面来做周向固定和传递运动和动力的，因此其两侧面和下底面均与轴、轮（毂）上键槽的相应表面接触，均应画一条直线。而平键顶面与轮（毂）键槽顶面之间不接触，应留有间隙，画两条直线，其装配图画法如图 6-24 所示。

国家标准规定，在装配图中，对于键等实心零件，当剖切平面通过其对称平面纵向剖切时，键按不剖绘制。

2. 半圆键连接

半圆键的两侧面作为工作面，与轴和轮（毂）上的键槽两侧面接触，画一条直线；半圆键的顶面与轮（毂）键槽顶面之间不接触，应留有间隙，画两条直线。由于半圆键在键槽中能绕槽底圆弧摆动，可以自动适应轮（毂）中键槽的斜度，因此适用于具有锥度的轴。

半圆键连接与普通平键连接相似，其装配图画法如图6-25所示。

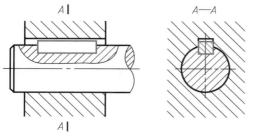 

图6-24　普通平键连接装配图画法

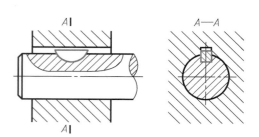

图6-25　半圆键连接装配图画法

3. 钩头楔键联接

钩头楔键的上下两面是工作面，画一条直线；而键的两侧为非工作面，一般画两条直线，楔键的上表面有 1∶100 的斜度，装配时打入轴和轮（毂）的键槽内，靠楔面作用传递转矩，能轴向固定零件和传递单向的轴向力。钩头楔键连接装配图画法如图6-26所示。

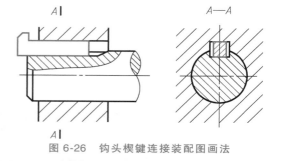

图6-26　钩头楔键连接装配图画法

6.3.3　销连接

销连接也是一种可拆连接。销在机器中主要起定位和连接作用，连接时，只能传递较小的转矩。常用的有圆柱销、圆锥销和开口销等，如图6-27所示。

a) 圆柱销　　　　　　　　b) 圆锥销　　　　　　　　c) 开口销

图6-27　常用销

销是标准件，其结构型式、尺寸和标记都可以在相应的国家标准中查到。常用销的型式、画法及标记见表6-6。因为 A 型圆锥销应用较多，所以 A 型圆锥销不注"A"。

表6-6　常用销的型式、画法及标记

名称	标准号	图　　例	标记示例
圆柱销	GB/T 119.1—2000	≈15°	公称直径 $d=6$mm，公差为 m6，公称长度 $l=30$mm，材料为 35 钢，不经淬火、不经表面处理的圆柱销： 销　GB/T 119.1　6　m6×30

（续）

名称	标准号	图　例	标记示例
圆锥销	GB/T 117—2000	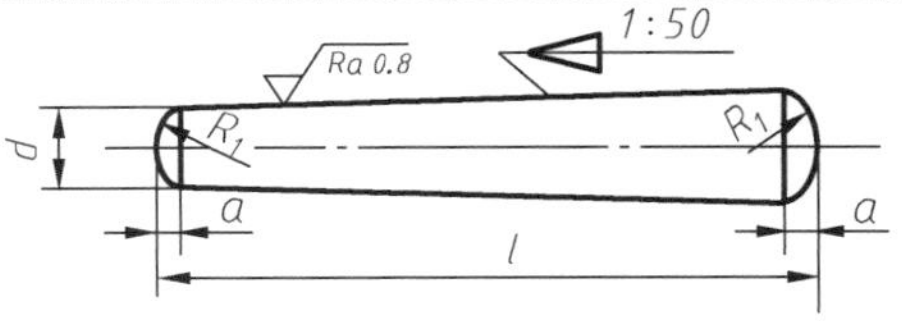 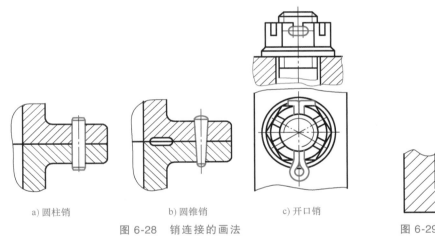	公称直径 $d=6$mm，公称长度 $l=30$mm，材料为35钢，热处理硬度为28～38HRC，表面氧化处理的A型圆锥销： 销　GB/T 117　6×30
开口销	GB/T 91—2000	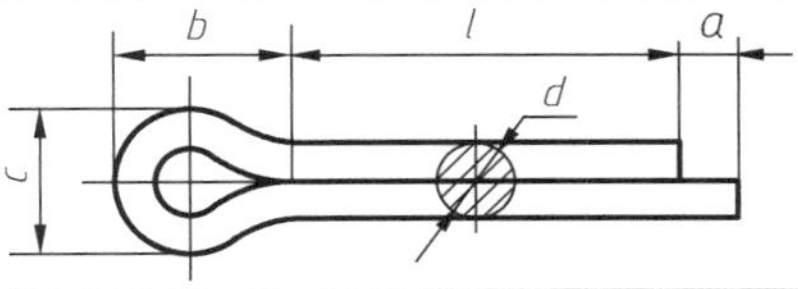	公称直径为4mm（指销孔直径），公称长度 $l=20$mm，材料为低碳钢，不经表面处理的开口销： 销　GB/T 91　4×20

圆柱销和圆锥销的画法与一般零件相同。如图6-28所示，在剖视图中，当剖切平面通过销的轴线时，按不剖处理。画轴上的销连接时，通常对轴采用局部剖，以表达销和轴之间的配合关系。用圆柱销和圆锥销连接零件时，装配要求较高，被连接零件的销孔一般在装配时同时加工，以保证相互位置的准确性；在零件图上除了注明销孔的尺寸外，还注明"$\dfrac{\times\times}{\text{配作}}$"，如图6-29所示。开口销常与槽形螺母配合使用，它穿过螺母上的槽和螺杆上的孔以防止螺母松动。

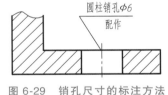

a) 圆柱销　　　　b) 圆锥销　　　　c) 开口销

图6-28　销连接的画法

图6-29　销孔尺寸的标注方法

任务6.4　滚动轴承

6.4.1　滚动轴承概述

滚动轴承是轴承的一种，是支承转动轴的部件，它具有摩擦力小、转动灵活、旋转精度高、结构紧凑、维护方便等优点，在生产中被广泛采用。滚动轴承是标准部件，由专门工厂生产，需要时根据要求确定型号选购即可。

1. 滚动轴承结构

滚动轴承的种类很多，但其结构大致相同，通常由外圈、内圈、滚动体（安装在内、外圈的滚道中，如滚珠、圆锥滚子等）和保持架（又称隔离圈）组成，如图6-30所示。

2. 滚动轴承类型代号

滚动轴承类型代号用数字或字母表示，需要时可以查阅有关国家标准。常用滚动轴承的

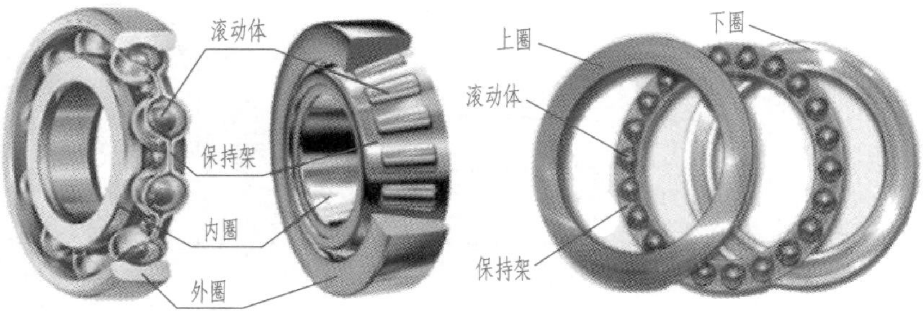

a) 深沟球轴承　　　　　　b) 圆锥滚子轴承　　　　　c) 单向推力球轴承

图 6-30　滚动轴承的结构

类型、代号及特性见表 6-7。

表 6-7　常用滚动轴承的类型、代号及特性

轴承类型		简　图	代号	标准号	特　　性
调心球轴承			1	GB/T 281—2013	主要承受径向载荷，也可同时承受少量的双向轴向载荷。外圈滚道为球面，具有自动调心性能，适用于弯曲刚度小的轴
调心滚子轴承			2	GB/T 288—2013	用于承受径向载荷，其承载能力比调心球轴承大，也能承受少量的双向轴向载荷。它具有调心性能，适用于弯曲刚度小的轴
圆锥滚子轴承			3	GB/T 297—2015	能承受较大的径向载荷和轴向载荷，内外圈可分离，因此轴承游隙可在安装时调整，通常成对使用，对称安装
双列深沟球轴承			4	—	主要承受径向载荷，也能承受一定的双向轴向载荷。它比深沟球轴承具有更大的承载能力
推力球轴承	单向 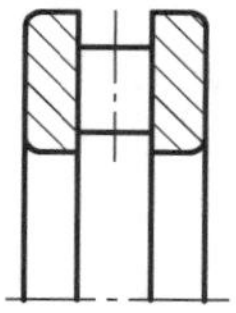		5（5100）	GB/T 301—2015	只能承受单向轴向载荷，适用于进给力大而转速较低的场合
	双向 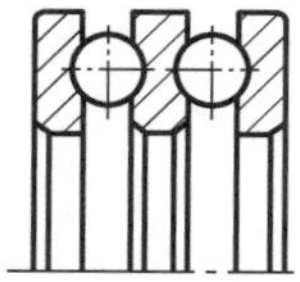		5（5200）	GB/T 301—2015	可承受双向轴向载荷，常用于轴向载荷大、转速不高的场合

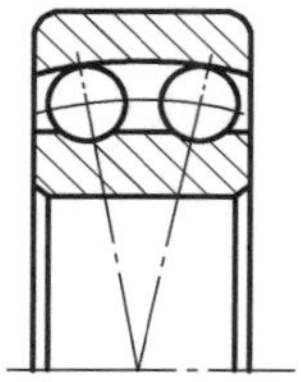

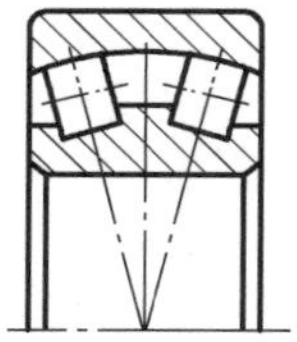

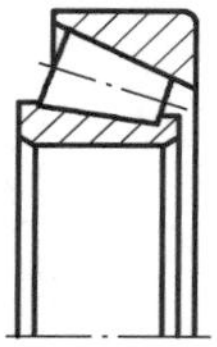

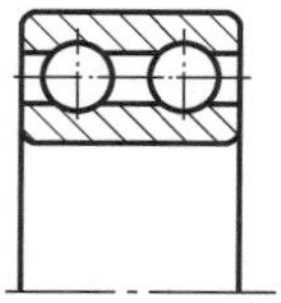

（续）

轴承类型	简　图	代号	标准号	特　性
深沟球轴承		6	GB/T 276—2013	主要承受径向载荷,也可同时承受少量双向轴向载荷;摩擦阻力小,极限转速高,结构简单,价格便宜,应用最广泛
角接触球轴承		7	GB/T 292—2007	能同时承受径向载荷与轴向载荷,接触角 α 有 15°、25° 和 40° 三种,适用于转速较高,同时承受径向和轴向载荷的场合
推力圆柱滚子轴承		8	GB/T 4663—2017	只能承受单向轴向载荷,承载能力比推力球轴承大得多,不允许轴线偏移,适用于轴向载荷大而不需调心的场合
圆柱滚子轴承	外圈无挡边圆柱滚子轴承	N	GB/T 283—2007	只能承受径向载荷,不能承受轴向载荷。其承受载荷能力比同尺寸的球轴承强,尤其是承受冲击载荷能力强

103

3. 尺寸系列代号

为适应不同的工作（受力）情况，轴承在内径相同时有各种不同的外径尺寸，它们构成一定的系列，称为轴承尺寸系列，用数字表示。例如数字"1"和"7"为特轻系列，"2"为轻窄系列，"3"为中窄系列，"4"为重窄系列。

4. 内径代号

内径代号表示滚动轴承的内圈孔径，也是轴承的公称内径，用两位数字表示。

当代号数字为 00、01、02、03 时，分别表示内径 $d=10$、12、15、17（mm）。

当代号数字为 04 ~ 99 时，代号数字乘以"5"的值，即为轴承内径（22mm、28mm、32mm 除外）。

5. 滚动轴承标记示例

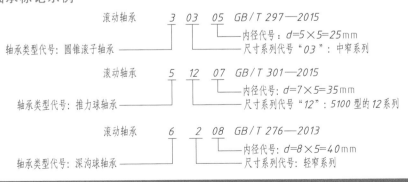

6.4.2　滚动轴承的画法

1. 简化画法

在剖视图中，用简化画法绘制滚动轴承时，一律不画剖面线。简化画法可采用通用画法或特征画法，但在同一图样中一般只采用其中一种画法。

（1）通用画法　在剖视图中，当不需要确切地表示滚动轴承的外形轮廓、载荷和结构特征时，可采用通用画法绘制，其画法是用矩形线框及位于中央正立的十字形符号表示。

（2）特征画法　在剖视图中，如果需要较形象地表示滚动轴承的结构特征时，可采用特征画法绘制，其画法是在矩形线框内画出其结构要素符号。

2. 规定画法

在装配图中需要较详细地表达滚动轴承的主要结构时，可采用规定画法。

采用规定画法绘制滚动轴承的剖视图时，轴承的滚动体不画剖面线，其内外圈画成方向与间隔相同的剖面线。规定画法一般绘制在轴的一侧，另一侧按通用画法画出。常用滚动轴承的画法见表6-8。

表 6-8　常用滚动轴承的画法

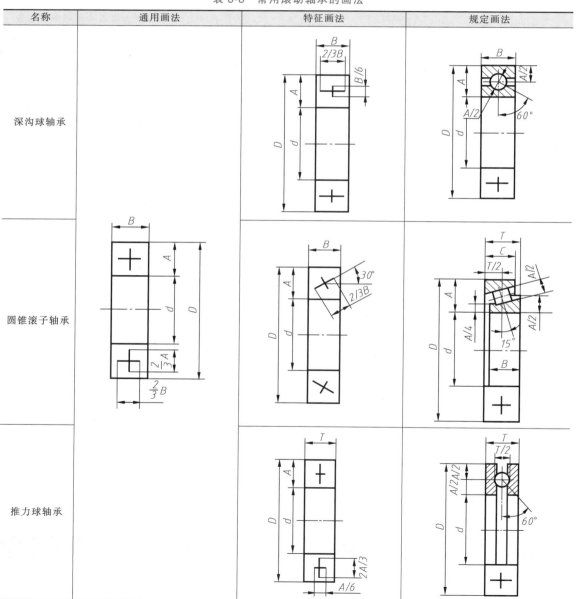

名称	通用画法	特征画法	规定画法
深沟球轴承			
圆锥滚子轴承			
推力球轴承			

任务6.5　弹簧

6.5.1　弹簧概述

弹簧属于常用件，是利用材料的弹性和结构特点，通过变形和储存能量来工作的一种机械零部件，主要用于减振、夹紧、承受冲击、储存能量和测力。本节仅介绍圆柱螺旋压缩弹簧的尺寸计算和规定画法（参见 GB/T 4459.4—2003）。圆柱螺旋弹簧根据用途不同，可分为压缩弹簧、扭转弹簧和拉伸弹簧，如图 6-31 所示。

a) 压缩弹簧　　　　b) 扭转弹簧　　　　c) 拉伸弹簧

图 6-31　圆柱螺旋弹簧

6.5.2　圆柱螺旋压缩弹簧的基本参数

圆柱螺旋压缩弹簧的基本参数如图 6-32 所示。

线径 d：制造弹簧用的钢丝直径。

弹簧外径 D_2：弹簧外圈直径。

弹簧内径 D_1：弹簧内圈直径。

弹簧中径 D：$D = D_2 - d = D_1 + d$。

有效圈数 n：为了工作平稳，n 一般不小于 3。

支承圈数 n_0：弹簧两端并紧和磨平（或锻平），仅起支承或固定作用的圈（一般取 1.5、2 或 2.5）。

总圈数 n_1：$n_1 = n + n_0$。

节距 t：弹簧两相邻有效圈上对应点的轴向距离。

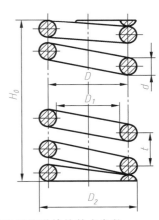

图 6-32　圆柱螺旋压缩弹簧的基本参数

自由高度 H_0：弹簧未受负荷时的高度，$H_0 = nt + (n_0 - 0.5) d$。

展开长度 L：制造弹簧所需钢丝的长度，$L \approx \pi D n_1$。

在 GB/T 2089—2009 中对圆柱螺旋压缩弹簧的 d、D、t、H_0、n、L 等尺寸都已做了规定，使用时可查阅该标准。

6.5.3　圆柱螺旋压缩弹簧的画法

圆柱螺旋压缩弹簧的画法如图 6-33 所示。

1）在平行于螺旋弹簧轴线的投影面视图中，各圈的外轮廓线应画成直线。

2）螺旋弹簧均可画成右旋，但左旋螺旋弹簧不论画成左旋或右旋，必须加注"LH"。

3）对于螺旋压缩弹簧，如要求两端并紧且磨平时，不论支承圈数多少和末端贴紧情况如何，均按有效圈是整数、支承圈数为2.5的形式绘制。必要时也可按支承圈的实际结构绘制。

4）当弹簧的有效圈数在4以上时，可以只画出两端的1~2圈（支承圈除外），中间部分省略不画，用通过弹簧钢丝中心的两条点画线表示，并允许适当缩短图形的长度。

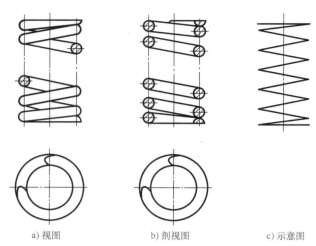

a) 视图　　　　　　　b) 剖视图　　　　　　　c) 示意图

图 6-33　圆柱螺旋压缩弹簧的画法

6.5.4　弹簧在装配图中的画法

1）弹簧中间各圈采用省略画法后，弹簧后面被挡住的零件轮廓不必画出，如图 6-34a 所示。

2）当线径在图上小于或等于 2mm 时，可采用示意画法，如图 6-34b 所示；如果是断面，可以涂黑表示，如图 6-34c 所示。

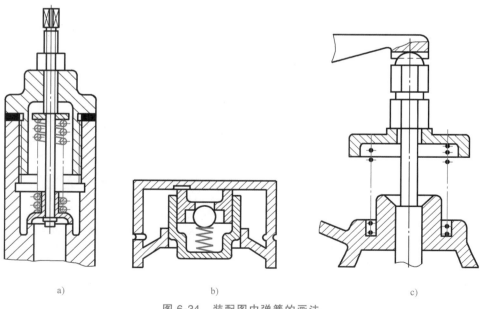

a)　　　　　　　　　b)　　　　　　　　c)

图 6-34　装配图中弹簧的画法

项目7

零 件 图

直接指导制造和检验零件的图样称为零件图，零件图的识读和绘制是本课程的重点内容。从事机械制造的工程技术人员必须具备零件图的相关专业知识。

任务 7.1 零件图概述

7.1.1 零件图的内容

1. 零件

零件是组成机器或部件的最小单元，也是制造的最小单元。一台机器或一个部件，都是由若干个零件按照一定的装配关系和技术要求装配起来的。图 7-1 所示为转子式机油泵经拆卸得到一个个零件。

图 7-1 转子式机油泵

2. 零件分类

根据零件的作用及其结构，通常将零件分为以下几类：

1）标准件。如螺栓、螺母、垫圈、销等。

2）非标准件（典型零件）。如轴套类零件、盘盖类零件、叉架类零件和箱壳类零件，如图 7-2 所示。

a) 轴套类零件　　　　b) 盘盖类零件　　c) 叉架类零件　　d) 箱壳类零件

图 7-2　零件分类

3. 零件图

一张完整的零件图包含四部分内容，如图 7-3 所示。

（1）一组视图　选用一组恰当的视图来表达零件的结构形状。

（2）完整的尺寸　包括定形尺寸和定位尺寸，用来表达零件的大小。

（3）技术要求　主要包括表面粗糙度、尺寸公差、几何公差等，它是制造和检验零件的依据。

（4）标题栏　用来填写零件的名称、比例、材料、数量等信息。

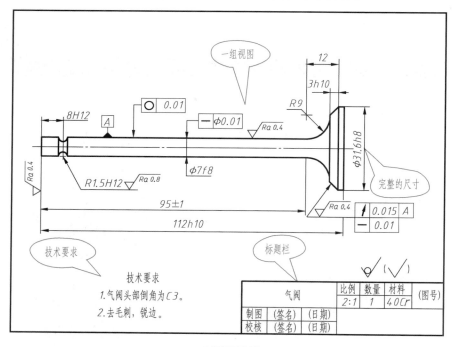

a) 气阀零件图

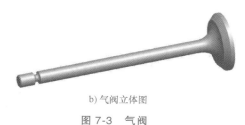

b) 气阀立体图

图 7-3　气阀

7.1.2 零件图的作用

制造机器时，先根据零件图制造出全部零件，再按装配图要求将零件装配成机器或部件。零件图是制造零件和检验零件的依据，是组织生产的主要技术文件之一。

任务7.2 机械零件的表达方法

7.2.1 视图的选择

表达零件结构形状的关键是恰当地选择主视图和其他视图，确定一个比较合理的表达方案。

1. 主视图的选择原则

（1）形状特征原则 主视图的投射方向应最能表达零件的形状特征和各组成部分之间的相对位置关系，同时还应考虑合理利用图幅。如图7-4所示轴承座的 *A*、*B*、*C* 和 *D* 四个投射方向，只有 *A* 向最能清楚地表达零件的形状特征和各组成部分之间的相对位置关系，故选 *A* 向作为主视图的投射方向。

（2）工作位置原则 主视图的投射方向应符合零件在机器上的工作位置。对于支架、箱体、泵体、机座等非回转体零件，主视图的摆放位置一般与零件在机器上的工作位置一致。如图7-5所示吊钩的零件图，既显示了吊钩的形体特征，又反映了其工作位置。

图 7-4　主视图的选择（一）　　　　　　　图 7-5　主视图的选择（二）

（3）加工位置原则 主视图的投射方向应尽量与零件主要的加工位置一致。为了生产时便于看图，主视图的摆放位置应尽量与零件在生产过程中的主要加工位置一致，如图7-6所示，选 *B* 向作为主视图的投射方向。

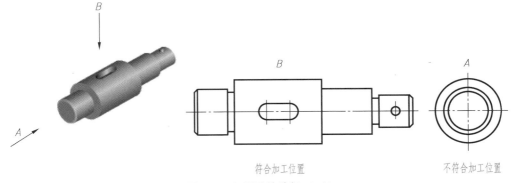

符合加工位置　　　　　　　　　　不符合加工位置

图 7-6　主视图的选择（三）

（4）自然摆放位置　如果零件为运动件，工作位置不固定，或零件的加工工序较多，其加工位置多变，则可按其自然摆放平稳的位置作为主视图的位置。

总之，主视图的选择应根据具体情况进行分析，从有利于看图出发，在满足形状特征原则的前提下，充分考虑零件的工作位置和加工位置。

2. 其他视图的选择

在保证充分表达零件结构形状的前提下，应尽可能使零件的视图数目为最少，使每一个视图都有其表达的重点内容，具有独立存在的意义。

如图7-7所示，原本的三个视图是否将支架的结构形状表达清楚？通过分析，底板形状不确定，必须增加一个补充视图——B向局部视图。

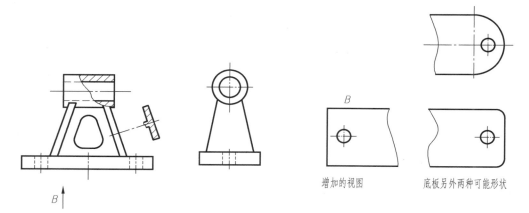

图 7-7　其他视图的选择

7.2.2　典型零件的表达方法

1. 轴套类零件

（1）结构特点　轴套类零件的主体结构多数是由几段直径不同的圆柱、圆锥所组成的阶梯状，其轴向尺寸远大于径向尺寸，局部有键槽、螺纹、挡圈槽、倒角、退刀槽、中心孔等结构，如图7-8所示。

（2）常用的表达方法　图7-9所示的主轴，属于典型的轴套类零件，在机械上应用广泛。机械上有各种各样的轮盘类零件，如带轮、齿轮，它们都安装在轴上。轴套类零件的主视图优先按加工位置选择，常将轴线水平放置，垂直轴线方向为主视图的投射方向。这样既符合车削和磨削的加工位置，又有利于

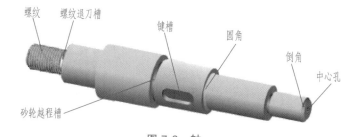

图 7-8　轴

零件加工时看图。轴上的局部结构常用局部剖视图、局部放大图、移出断面图来表示。如图7-9a所示用局部剖视图表示键槽，用移出断面图表示轴的断面形状，用局部放大图表示局部细小结构。

2. 轮盘类零件

（1）结构特点　图7-10所示的齿轮、V带轮和端盖，都属于轮盘类零件。轮盘类零件形

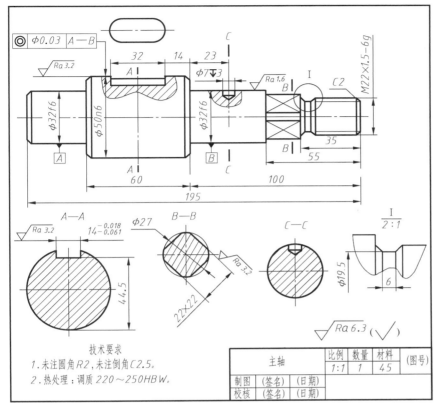

a) 零件图

b) 立体图

图 7-9　主轴

111

状呈明显的扁平盘状，主体部分多为回转体，径向尺寸远大于轴向尺寸。轮盘类零件多数为铸件，主要在车床上加工，零件较薄时采用刨床或铣床加工。

（2）常用的表达方法　轮盘类零件一般采用两个基本视图表达，如图 7-11 所示机油泵外转子零件图和立体图，主视图按照加工位置原则，轴线水平放置（对于不以车削为主的零件则按工作位置或形状特征选择主视图），通常采用全剖视图表达内部结构；另一个视图表达外形轮廓和其他

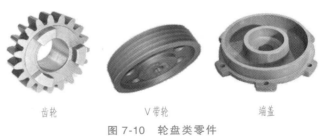

齿轮　　　　　V带轮　　　　　端盖

图 7-10　轮盘类零件

结构，如孔、肋板、轮辐的相对位置；用局部视图、局部剖视图、断面图、局部放大图等作为补充。

3. 叉架类零件

（1）结构特点　叉架类零件通常由工作部分、支承（或安装）部分及连接部分组成，形状比较复杂且不规则，零件上常有叉形结构、肋板、孔、槽等。毛坯多为铸件或锻件，经车、镗、铣、刨、钻等多种工序加工而成。

（2）常用的表达方法　叉架类零件一般需要两个以上基本视图表达，通常以工作位置为主视图，反映主要形状特征，如图 7-12a 所示，连接部分和细部结构采用局部剖视图或斜视

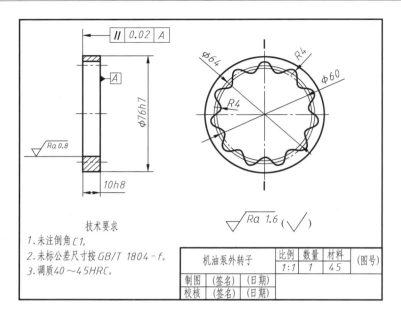

a) 零件图

b) 立体图

图 7-11　机油泵外转子

图，并用剖视图、断面图、局部放大图表达局部结构。图 7-12b 所示为拨叉立体图。

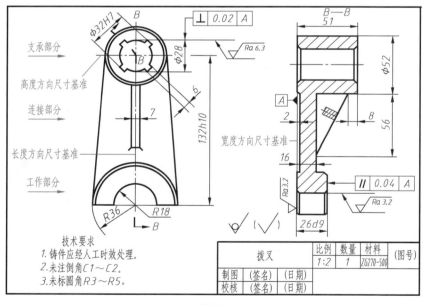

a) 零件图

b) 立体图

图 7-12　拨叉

4. 箱体类零件

（1）结构特点　箱体类零件主要起包容、支承其他零件的作用，常有内腔、轴承孔、凸台、肋板、安装板、光孔、螺纹孔等结构，毛坯多为铸件，主要在铣床、刨床、钻床上加工。

（2）常用的表达方法　箱体类零件一般需要采用两个以上基本视图来表达，如图 7-13 所示齿轮泵体零件图和立体图。主视图反映形状特征和工作位置，采用通过主要支承孔轴线的剖视图表达其内部形状结构，局部结构常用局部视图、局部剖视图、断面图等来表达。

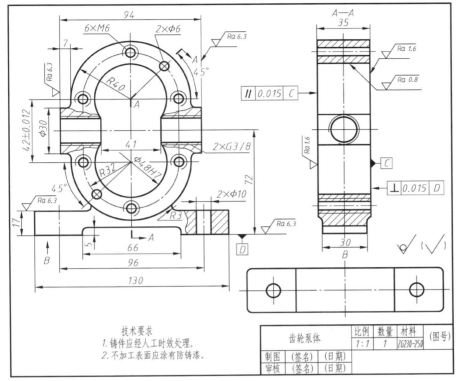

a) 零件图

b) 立体图

图 7-13　齿轮泵体

任务7.3　零件上常见的工艺结构

零件的结构和形状除了应能满足使用方面的要求外，还应满足制造工艺的要求，即应具有合理的工艺结构。

7.3.1　铸造工艺对零件结构的要求

1. 起模斜度

用铸造的方法制造零件毛坯时，为了便于在砂型中取出木模，一般沿铸型起模方向做成约1：20的斜度，称为起模斜度，如图7-14所示。起模斜度在图中可不画、不注，必要时可在技术要求中说明。

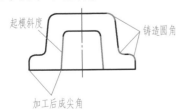

壁厚均匀　　逐渐过渡

壁厚不均匀产生缩孔和裂纹

图 7-14　铸造工艺结构

2. 铸造圆角

为了便于铸件造型时起模，防止金属液冲坏转角处、冷却时产生缩孔和裂缝，将铸件的转角制成圆角，这种圆角称为铸造圆角，如图 7-14 所示。铸造圆角的半径一般取壁厚的 20%～40%，其尺寸在技术要求中统一注明。在视图上一般不标注铸造圆角，常常集中注写在技术要求中。

3. 铸件壁厚

在浇注零件时，为了避免金属液因冷却速度的不同而产生缩孔或裂纹，铸件的壁厚应保持均匀或逐渐过渡，如图 7-14 所示。

4. 过渡线

铸件及锻件两表面相交时，表面交线因圆角而模糊不清，为了方便读图，画图时两表面交线仍按原位置画出，但交线的两端空出不与轮廓线的圆角相交，此交线称为过渡线，如图 7-15 所示。

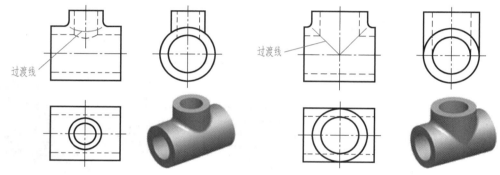

图 7-15　过渡线

7.3.2　机械加工工艺结构

1. 倒角和倒圆

为了去除零件加工表面的毛刺、锐边和便于装配，轴或孔的端部一般加工成 45°倒角；为了避免阶梯轴轴肩的根部因应力集中而产生裂纹，将轴肩处加工成圆角的过渡形式，此圆角称为倒圆。倒角和倒圆的尺寸可在相关国家标准中查到，其尺寸标注方法如图 7-16 所示。

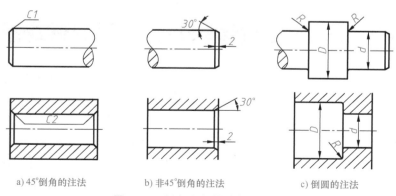

a) 45°倒角的注法　　　　b) 非45°倒角的注法　　　　c) 倒圆的注法

图 7-16　倒角和倒圆的标注方法

2. 退刀槽和砂轮越程槽

在切削加工（特别是车螺纹和磨削）中，为了便于退出刀具或使被加工表面被完全加工，常常在零件待加工面的末端加工出退刀槽或砂轮越程槽，其尺寸标注如图 7-17 所示，还可以"宽度×深度"或"宽度×直径"的方法在宽度处标注。

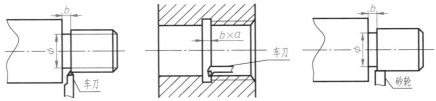

图 7-17　退刀槽和砂轮越程槽的标注方法

3. 钻孔结构

用钻头钻不通孔，在孔底部有一个 120°的锥角。钻孔深度是指圆柱部分的深度，不包括锥角部分。在钻阶梯形孔的过渡处，也存在锥角为 120°的圆台，如图 7-18 所示。

对于倾斜表面、曲面上的孔，为了使钻头与钻孔端面垂直，应制成与钻头垂直的凸台或凹坑，如图 7-19 所示。

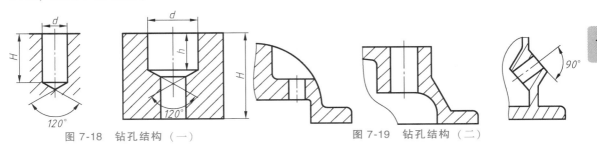

图 7-18　钻孔结构（一）　　　　　图 7-19　钻孔结构（二）

4. 凸台和凹坑

为了减少加工面积，使零件表面接触良好，常在两接触表面处制出凸台和凹坑，其结构和尺寸标注如图 7-20 所示。

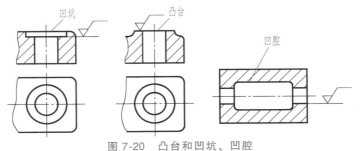

图 7-20　凸台和凹坑、凹腔

任务7.4　零件图的尺寸标注

零件图中的尺寸标注除了应满足前面各项目的要求外，还要考虑标注尺寸的合理性，本任务介绍尺寸标注合理性的一些基本知识。

7.4.1　正确地选择尺寸基准

1. 设计基准和工艺基准

根据机器的结构和设计要求，用以确定零件在机器中位置的一些点、线、面，称为设计基准。如图 7-21 所示，*C* 为长度方向的设计基准，*D* 为宽度方向的设计基准，*B* 为高度方向的设计基准。

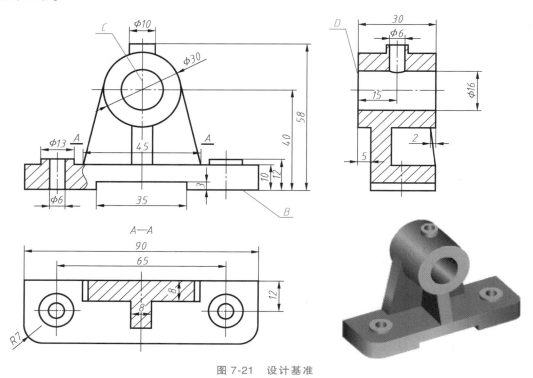

图 7-21　设计基准

根据零件加工制造、测量和检验等工艺要求所选定的一些点、线、面，称为工艺基准。如图 7-22 所示右端面为该轴的工艺基准。

2. 尺寸基准的选择

（1）选择原则　应尽量使设计基准与工艺基准重合，以减少尺寸误差，保证产品质量。

（2）三个方向的基准　任何一个零件都有长、宽、高三个方向的尺寸，因此，每一个零件也应有三个方向的尺寸基准。

（3）主要基准和辅助基准　零件的某个方向可能会有两个或两个以上的基准，一般只有一个是主要基准，其他是辅助基准。应选择零件上重要的几何要素作为主要基准。

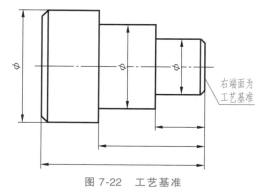

图 7-22　工艺基准

7.4.2　尺寸标注的注意事项

1. 功能尺寸必须从设计基准直接注出

零件上凡是影响产品性能、工作精度和互换性的功能尺寸（如规格尺寸、配合尺寸、安装尺寸、定位尺寸），都必须从设计基准直接注出，如图 7-23 所示。

2. 避免注成封闭尺寸链

封闭尺寸链是指首尾相接并封闭的一组尺寸，如图 7-24a 所示，注成封闭尺寸链，尺寸 *C* 将受到 *A*、*B* 的影响而难以保证。注成非封闭尺寸链，将不重要的尺寸 *B* 去掉，*C* 将不受尺寸

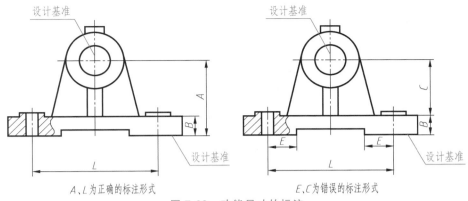

图 7-23 功能尺寸的标注

A 的影响，如图 7-24b 所示。

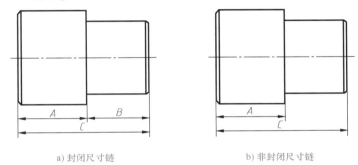

图 7-24 避免注成封闭尺寸链

3. 标注的尺寸要便于加工和测量

标注的尺寸要便于加工和测量，如图 7-25 所示。

图 7-25 标注的尺寸要便于加工和测量

任务7.5 零件图中的技术要求

零件图中的技术要求主要是指零件几何精度方面的要求，如表面粗糙度、尺寸公差、几何公差等。技术要求通常用符号、代号或标记标注在图形上，或者用简明的文字注写在标题栏附近。

7.5.1 表面结构的表示法

1. 表面粗糙度的概念

表面结构是表面粗糙度、表面波纹度、表面缺陷、表面纹理和表面几何形状的总称。零件加工表面上具有较小间距与峰谷所组成的微观几何形状特性称为表面粗糙度，凡是零件上有配合要求或有相对运动的表面，表面粗糙度值要小。表面粗糙度值越小，表面质量越高，加工成本也越高。评定表面粗糙度的两个高度参数是 Ra 和 Rz。

（1）轮廓算术平均偏差（Ra）　在一个取样长度内，轮廓偏距绝对值的算术平均值即为轮廓算术平均偏差，如图 7-26 所示。

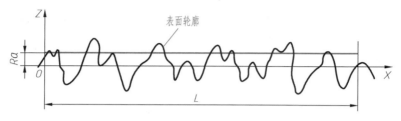

图 7-26　轮廓算术平均偏差（Ra）
OX—基准线　L——一个取样长度　Ra—轮廓算数平均偏差

（2）轮廓的最大高度（Rz）　在一个取样长度内，最大轮廓峰高与最大轮廓谷深之间的距离即为轮廓的最大高度，如图 7-27 所示。

表面粗糙度对零件的配合性质、耐磨性、疲劳强度、耐蚀性及外观等都有影响，因此要合理选择表面粗糙度值。常用表面粗糙度值见表 7-1，蓝色为优选系列。

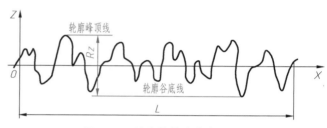

图 7-27　轮廓的最大高度（Rz）
L——一个取样长度

表 7-1　常用表面粗糙度值

项目	表面粗糙度 Ra 值/μm
数值	0.012　0.025　0.05　0.1　0.2　0.4　0.8　1.6　3.2　6.3　12.5　25　50　100

2. 表面结构符号

表面结构的符号及含义见表 7-2。

表 7-2　表面结构的符号及其含义（GB/T 131—2006）

符号名称	符　　号	含义及说明
基本符号	√	基本符号 　表示对表面粗糙度有要求的符号，以及未指定工艺方法的表面。基本符号仅用于简化代号的标注，当通过一个注释解释时可单独使用，没有补充说明时不能单独使用
扩展符号	√	要求去除材料的符号 　在基本符号上加一短横，表示指定表面是用去除材料的方法获得，如通过机械加工（车、铣、钻、磨、剪切、抛光、腐蚀、电火花加工、气割等）获得的表面
	√○	不允许去除材料的代号 　在基本符号上加一个圆圈，表示指定表面是用不去除材料的方法获得，如铸、锻等。也可用于表示保持上道工序形成的表面，不管这种状况是通过去除材料或不去除材料形成的

（续）

符号名称	符 号	含义及说明
完整符号	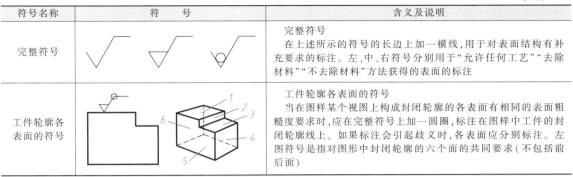	**完整符号** 在上述所示的符号的长边上加一横线,用于对表面结构有补充要求的标注。左、中、右符号分别用于"允许任何工艺""去除材料""不去除材料"方法获得的表面的标注
工件轮廓各表面的符号		**工件轮廓各表面的符号** 当在图样某个视图上构成封闭轮廓的各表面有相同的表面粗糙度要求时,应在完整符号上加一圆圈,标注在图样中工件的封闭轮廓线上。如果标注会引起歧义时,各表面应分别标注。左图符号是指对图形中封闭轮廓的六个面的共同要求(不包括前后面)

3. 表面结构代号的标注

1）对每一表面一般只注一次，注写和读取方向与尺寸的注写和读取方向一致，如图 7-28 所示。

2）符号应从材料外指向并接触表面，如图 7-29 所示。

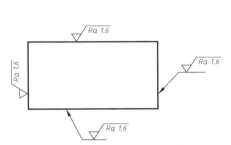

图 7-28　对每一表面一般只注一次表面结构要求

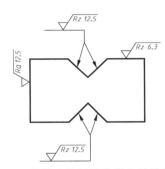

图 7-29　符号应从材料外指向并接触表面

3）必要时也可用带箭头或黑点的指引线引出标注，如图 7-30 所示。

4）在不致引起误解时，表面结构要求可以标注在给定的尺寸线上，如图 7-31 所示。

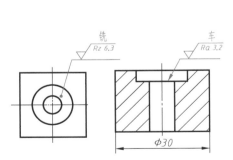

图 7-30　用带箭头或黑点的指引线引出标注

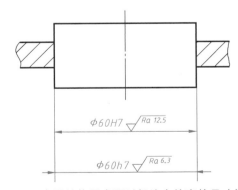

图 7-31　表面结构要求可以标注在给定的尺寸线上

5）圆柱表面的表面结构要求只标注一次，如图 7-32 所示。

6）表面结构要求可以直接标注在圆柱表面的轮廓线上，也可以标注在圆柱表面轮廓线的延长线上，或用带箭头的指引线引出标注，如图 7-33 所示。

4. 表面结构要求的简化注法

1）零件的全部表面有相同的表面结构要求时，其表面结构要求可统一标注在标题栏附

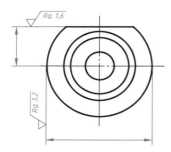

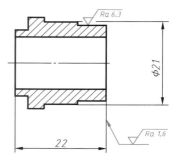

图 7-32　圆柱表面的表面结构要求只标注一次　　　图 7-33　表面结构要求直接标注在圆柱表面的轮廓线上

近，如图 7-34 所示。

2）零件的多数表面有相同的表面结构要求时，其表面结构要求可统一标注在标题栏附近，如图 7-35 所示。

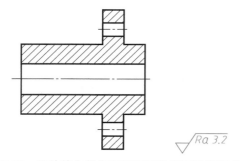

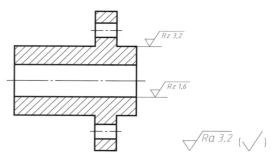

图 7-34　零件的全部表面有相同的表面结构要求时　　　图 7-35　零件的多数表面有相同的表面结构要求时

3）用表面结构符号，以等式的形式给出对多个表面共同的表面结构要求，如图 7-36 所示。

未指定工艺方法　　　　　　要求去除材料　　　　　　不允许去除材料

图 7-36　以等式的形式给出对多个表面共同的表面结构要求

5. 表面结构代号的识读

$\sqrt{Ra\,3.2}$：读作"表面粗糙度 Ra 的上限值为 3.2μm"。

$\sqrt{Rz\,6.3}$：读作"表面粗糙度的最大高度 Rz 的上限值为 6.3μm"。

7.5.2　极限与配合

1. 尺寸公差与公差带

（1）互换性　在一批相同的零件中任取一个，不需修配便可装到机器上并能满足使用要求的性质，称为互换性。

（2）基本术语　以尺寸（$\phi48\pm0.012$）mm 为例，如图 7-37 所示。

1）公称尺寸。设计时给定的尺寸，即 $\phi48$mm。

2）极限尺寸。允许尺寸变化的极限值，上、下极限尺寸分别为 $\phi48.012$mm 和 $\phi47.988$mm。

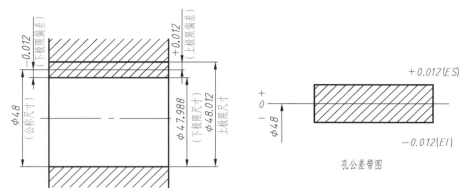

图 7-37　基本术语

表明孔径的实际尺寸只要在 $\phi 47.988 \sim \phi 48.012$mm 范围内就是合格的。

3）极限偏差。有上极限偏差（+0.012mm）和下极限偏差（-0.012mm）之分。上极限尺寸与公称尺寸的代数差称为上极限偏差；下极限尺寸与公称尺寸的代数差称为下极限偏差。

孔的上极限偏差用 ES 表示，下极限偏差用 EI 表示；轴的上极限偏差用 es 表示，下极限偏差用 ei 表示。极限偏差可以是正值、负值或零。

4）尺寸公差（简称公差）。允许尺寸的变动量。

尺寸公差等于上极限尺寸减去下极限尺寸，或上极限偏差减去下极限偏差。尺寸公差总是大于零的正数。公差越小，尺寸的精度越高，实际尺寸的允许变动量也越小；公差越大，尺寸的精度越低。

5）公差带。由代表上、下极限偏差的两条直线所限定的一个区域，称为公差带。上边的直线代表上极限偏差，下边的直线代表下极限偏差，矩形的长度无实际意义，高度代表尺寸公差。用零线表示公称尺寸，上方偏差为正、下方偏差为负。

2. 标准公差与基本偏差

公差带是由标准公差和基本偏差组成的，标准公差决定公差带的高度，基本偏差决定公差带相对于零线的位置。

标准公差是由国家标准规定的确定公差带大小的任一公差。其大小由两个因素决定，一个是公差等级，另一个是公称尺寸。"IT"是标准公差的代号，阿拉伯数字表示其公差等级。标准公差等级有 20 个，分别为 IT01、IT0、IT1、IT2 至 IT18，其中 IT01 精度最高，IT18 精度最低。公称尺寸相同时，公差等级越高（数值越小），标准公差也越小；公差等级相同时，公称尺寸越大，标准公差也越大。

基本偏差是用以确定公差带相对于零线位置的那个极限偏差，一般为靠近零线的那个偏差。基本偏差有正和负两种情况。国家标准对孔与轴各规定了 28 个基本偏差，用字母或字母组合表示，如图 7-38 所示。孔的基本偏差代号用大写字母表示，轴的基本偏差代号用小写字母表示。

一个公差带的代号由表示公差带位置的基本偏差代号和表示公差带大小的公差等级并加上公称尺寸组成。例如：

ϕ48H8 的含义：公称尺寸为 ϕ48mm，基本偏差代号为 H、公差等级为 8 级的孔。

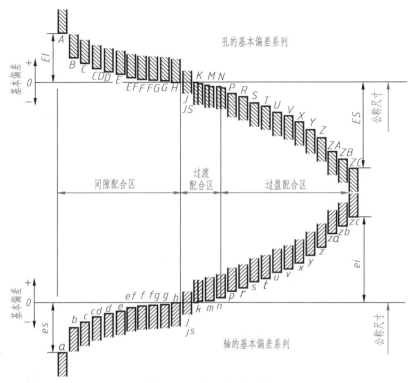

图 7-38　基本偏差系列

φ48f7 的含义：公称尺寸为 φ48mm，基本偏差代号为 f、公差等级为 7 级的轴。

3. 配合

公称尺寸相同并且相互结合的轴和孔公差带之间的关系称为配合。按配合性质不同，配合可分为间隙配合、过盈配合和过渡配合三类。

（1）间隙配合　具有间隙（包括最小间隙等于零）的配合称为间隙配合，如图 7-39 所示（孔的公差带在轴的公差带上方）。

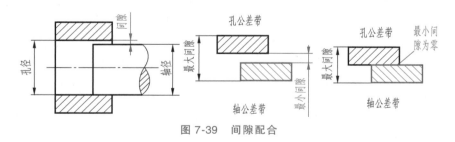

图 7-39　间隙配合

（2）过盈配合　具有过盈（包括最小过盈等于零）的配合称为过盈配合，如图 7-40 所示（轴的公差带在孔的公差带上方）。

（3）过渡配合　可能具有间隙或过盈的配合称为过渡配合。此时，轴和孔的公差带相互交叠在一起，如图 7-41 所示。

4. 配合制

为了满足零件结构和工作要求，在加工制造相互配合的零件时，取其中一个零件作为基准件，使其基本偏差不变，通过改变另一个零件的基本偏差以达到不同的配合要求。国家标

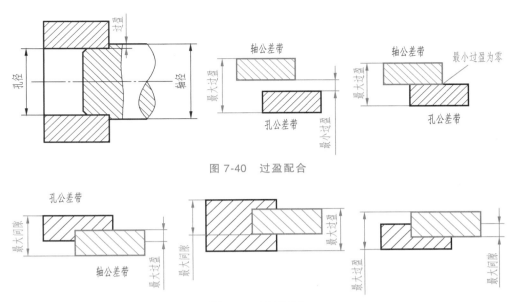

图 7-40 过盈配合

图 7-41 过渡配合

准规定了两种配合制，即基孔制和基轴制。

　　基孔制是基本偏差为一定的孔的公差带，与不同基本偏差的轴的公差带形成各种配合的一种制度。基孔制配合的孔称为基准孔，其基本偏差代号为 H，下极限偏差为零，即它的下极限尺寸等于公称尺寸，如图 7-42 所示。

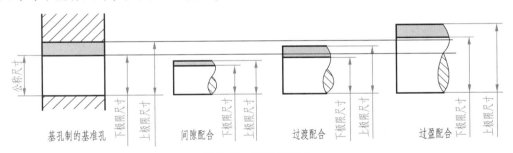

图 7-42 基孔制配合

　　基轴制是基本偏差为一定的轴的公差带，与不同基本偏差的孔的公差带形成各种配合的制度。基轴制配合的轴称为基准轴，其基本偏差代号为 h，上极限偏差为零，即它的上极限尺寸等于公称尺寸，如图 7-43 所示。

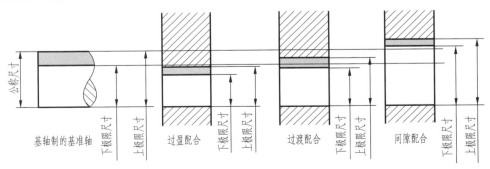

图 7-43 基轴制配合

5. 极限与配合的标注

（1）极限与配合在零件图中的标注　在零件图中，线性尺寸有三种标注形式：一是公称尺寸后面只标注极限偏差；二是公称尺寸后面只标注公差带代号；三是公称尺寸后面既标注公差带代号，又标注极限偏差，但极限偏差值用括号括起来，如图 7-44 所示。

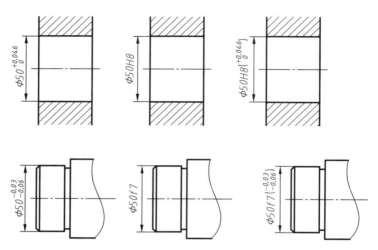

图 7-44　极限与配合在零件图中的标注

注意：

1）上、下极限偏差的字高比尺寸数字小一号，且下极限偏差与尺寸数字在同一水平线上。

2）当公差带相对于公称尺寸对称时，即上、下极限偏差互为相反数时，可采用"±"加极限偏差的绝对值来表示。

3）上、下极限偏差的小数位必须相同、对齐，当上极限偏差或下极限偏差为零时，只用数字"0"标出。

（2）极限与配合在装配图中的标注　在装配图中标注线性尺寸的配合代号时，必须在公称尺寸的右边用分数的形式注出，分子为孔的公差带代号，分母为轴的公差带代号。对于与轴承等标准件相配合的孔或轴，则只标注出非基准件（配合件）的公差带代号，如图 7-45 所示。

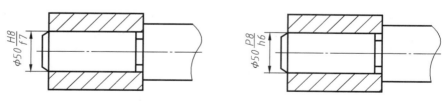

图 7-45　极限与配合在装配图中的标注

6. 极限与配合应用举例

例 7-1：查国家标准 GB/T 1800.2—2009 确定 ϕ68H8/f7 中轴和孔的极限偏差。

公称尺寸 ϕ68mm；ϕ68H8 查国家标准 GB/T 1800.2—2009，得 $ES = 46\mu m$；$EI = 0\mu m$；ϕ68f7 查国家标准 GB/T 1800.2—2009，得 $es = -30\mu m$；$ei = -60\mu m$。

例 7-2：查国家标准 GB/T 1800.2—2009 确定 ϕ36N7/h6 中轴、孔的极限偏差，并判断配合性质。

公称尺寸 ϕ36mm；孔：ϕ36N7；轴：ϕ36h6；查国家标准 GB/T 1800.2—2009，得 $ES = -8\mu m$，$EI = -33\mu m$；查国家标准 GB/T 1800.2—2009，得 $es = 0\mu m$，$ei = -16\mu m$；最大过盈为 $33\mu m$，最大间隙为 $8\mu m$，是过渡配合。ϕ36N7/h6 的公差带图如图 7-46 所示。

图 7-46　ϕ36N7/h6 公差带图

7.5.3　几何公差

1. 几何公差的概念

零件在加工后的实际形状、方向和位置相对于理想形状、方向和位置会有偏离，会产生几何误差，如图 7-47 所示。几何误差的允许变动量称为几何公差。

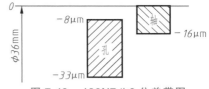

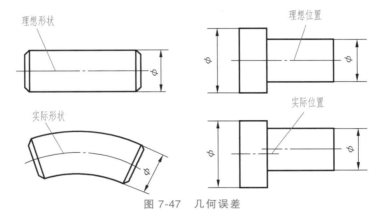

图 7-47　几何误差

2. 几何公差的几何特征和符号

几何公差有四类，即形状公差、方向公差、位置公差和跳动公差，见表 7-3。

表 7-3　几何公差的几何特征及符号

公差类型	几何特征	符号	有无基准	公差类型	几何特征	符号	有无基准
形状公差	直线度	—	无	位置公差	位置度	⊕	有或无
	平面度	▱	无		同轴度（用于中心点）	◎	有
	圆度	○	无		同轴度（用于轴线）	◎	有
	圆柱度	⌀	无		对称度	═	有
	线轮廓度	⌒	无		线轮廓度	⌒	有
	面轮廓度	⌓	无		面轮廓度	⌓	有
方向公差	平行度	∥	有	跳动公差	圆跳动	↗	有
	垂直度	⊥	有				
	倾斜度	∠	有		全跳动	↗↗	有
	线轮廓度	⌒	有				
	面轮廓度	⌓	有				

3. 几何公差的标注

几何公差代号由几何公差符号、框格、公差数值、被测要素指引线、基准要素代号和其

125

他有关符号组成，如图 7-48 所示。

（1）被测要素的标注　被测要素指图样上给出几何公差要求的要素，是被检测的对象。被测要素为轮廓要素的标注，如图 7-49 所示。

被测要素为导出要素的标注，如图 7-50 所示。

不同要素有相同几何公差要求时，可用一个框格表示，如图 7-51 所示。

（2）基准要素的标注

1）基准要素。用来确定被测要素方向或位置的要素。图样上一般用基准代号标出。

2）基准代号。由基准符号、基准方框、连线和代表基准的字母组成。基准代号的画法如图 7-52 所示。

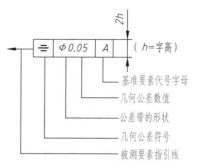

图 7-48　几何公差代号的组成

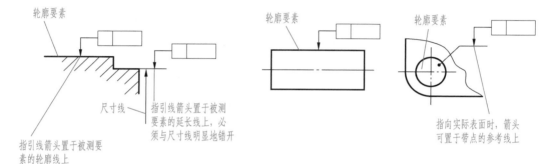

图 7-49　被测要素为轮廓要素的标注

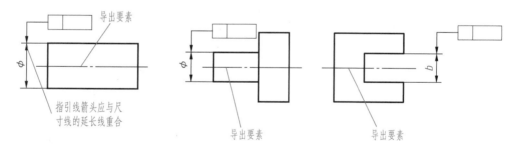

图 7-50　被测要素为导出要素的标注

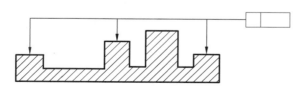

图 7-51　不同要素有相同几何公差要求的标注

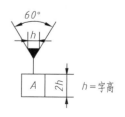

图 7-52　基准代号的画法

3）基准要素为组成要素的标注，如图 7-53 所示。

4）基准要素为导出要素的标注，如图 7-54 所示。

5）几何公差的标注示例及其含义见表 7-4。

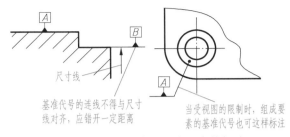

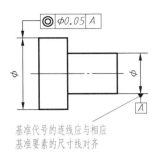

图 7-53 基准要素为组成要素的标注　　图 7-54 基准要素为导出要素的标注

表 7-4 几何公差的标注示例及其含义

项目	示　例	含　义
直线度		直线度公差是距离为 0.02mm 的两平行平面间的区域
		直线度公差是直径为 0.03mm 的圆柱面内的区域
平面度		平面度公差是距离为 0.03mm 的两平行平面间的区域
圆度		圆度公差是垂直于轴线的任一正截面上半径差为 0.02mm 的两同心圆间的区域
圆柱度		圆柱度公差是半径差为 0.03mm 的两同轴圆柱面之间的区域
平行度		平行度公差是距离为 0.05mm 且平行于基准轴线的两平行平面之间的区域

127

（续）

项 目	示 例	含 义
平行度	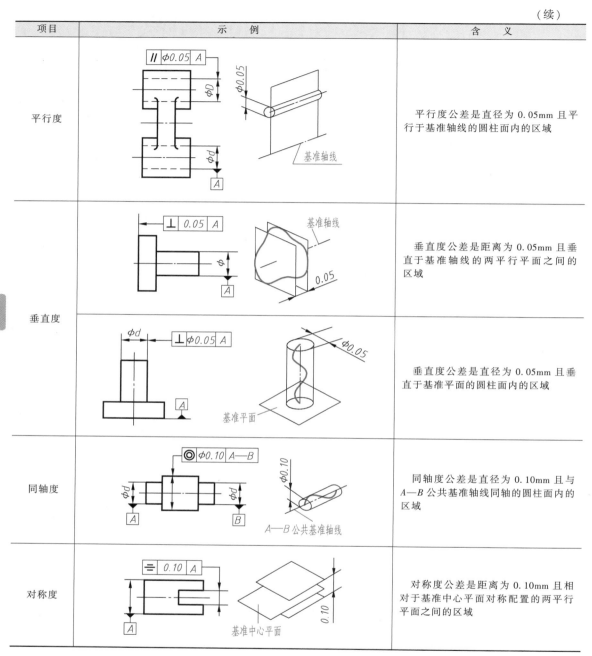	平行度公差是直径为 0.05mm 且平行于基准轴线的圆柱面内的区域
垂直度		垂直度公差是距离为 0.05mm 且垂直于基准轴线的两平行平面之间的区域
		垂直度公差是直径为 0.05mm 且垂直于基准平面的圆柱面内的区域
同轴度		同轴度公差是直径为 0.10mm 且与 A—B 公共基准轴线同轴的圆柱面内的区域
对称度		对称度公差是距离为 0.10mm 且相对于基准中心平面对称配置的两平行平面之间的区域

128

例 7-3：识读图 7-55 所示齿轮图上标注的几何公差并解释其含义。

该图中：

（1）表示 ϕ88h9 圆柱面的圆度公差为 0.006mm。

（2）表示 ϕ88h9 圆柱的外圆表面对 ϕ24H7 圆柱孔轴线的全跳动公差为 ϕ0.08mm。

（3）表示槽宽为 8p9 的键槽对称中心面对 ϕ24H7 圆柱孔轴线的对称度公差为 0.02mm。

（4）表示 ϕ24H7 圆柱孔轴线的直线度公差为 ϕ0.01mm。

（5）表示圆柱的右端面对该机件的左端面的平行度公差为 0.08mm。

（6）表示右端面对 ϕ24H7 圆柱孔轴线的垂直度公差为 0.05mm。

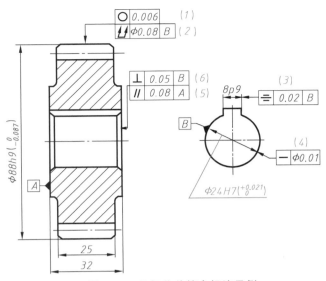

图 7-55　几何公差综合标注示例

任务 7.6　识读零件图

　　识读零件图的目的就是根据零件图想象零件的结构形状，了解零件的尺寸和技术要求。为了更好地读懂零件图，最好能联系零件在机器或部件中的位置、功能及其与其他零件的关系来读图。

7.6.1　识读零件图的要求

　　1）了解零件的名称、用途和材料等。
　　2）了解零件各部分的结构和形状。
　　3）了解零件的大小、制造方法和技术要求。

7.6.2　识读零件图的方法和步骤

　　以图 7-56 所示齿轮零件图为例，识读零件图的方法和步骤如下：

1. 概括了解
　　由标题栏可知，该零件是齿轮，材料为 HT200。

2. 分析视图
　　（1）明确视图关系　该零件图用了两个视图来表达，一个主视图和一个局部视图。
　　（2）分析各个视图　主视图采用了全剖视图，用于表达齿轮大部分的结构形状。局部视图主要表达齿轮键槽部分的结构。
　　（3）想象零件结构形状　齿轮中心有一个安装孔，孔内加工有键槽。齿轮中心和轮齿之间有六个直径为 50mm 的孔，轮齿的两端及齿轮安装孔的两端均制有倒角。该齿轮为一个直齿圆柱齿轮。综合起来，即可得出齿轮立体图，如图 7-57 所示。

3. 分析尺寸
　　齿轮属于轮盘类零件，多数轮盘类零件的主体部分是回转体，所以通常以轴孔的轴线作为径向尺寸基准，此例也不例外。轴孔的轴线也是圆形凸缘高度、宽度方向的尺寸基准，由此注出

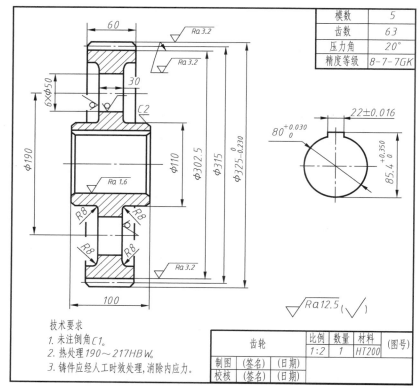

模数	5
齿数	63
压力角	20°
精度等级	8-7-7GK

$\sqrt{Ra12.5}(\sqrt{})$

齿轮	比例	数量	材料	(图号)
	1:2	1	HT200	
制图	(签名)	(日期)		
校核	(签名)	(日期)		

图 7-56 齿轮零件图

齿轮各部分径向尺寸。其中注有尺寸公差的尺寸有 $80^{+0.030}_{0}$ mm、$\phi 325^{0}_{-0.230}$ mm、$85.4^{+0.350}_{0}$ mm 和 （22±0.016）mm，说明这四部分与有关零件有配合要求。以齿轮左右对称中心面作为长度方向的尺寸基准，由此注出尺寸 30mm、60mm 和 100mm。

4. 了解技术要求

该齿轮是铸件，需要进行人工时效处理，以消除内应力。视图中的铸造圆角为 R8mm，六个直径为 50mm 孔的内表面和端面均为不加工表面。齿轮的中心孔、键槽及轮齿有配合要求，尺寸精度较高，相应的表面粗糙度值小，齿轮中心孔表面粗糙度 Ra 值为 1.6μm，轮齿表面粗糙度 Ra 值为 3.2μm，键槽表面粗糙度 Ra 值为 12.5μm。另外，对齿轮各部分倒角和热处理也提出了要求。

图 7-57 齿轮立体图

任务 7.7　零件的测绘

根据已有的零件进行测量，并整理画出零件工作图的过程，称为零件测绘。在本小节的教学过程中，通过零件测绘，继续深入学习零件图的表达和绘制，全面巩固前面所学的知识，培养动手能力，是理论联系实际的一种有效方法。

7.7.1　零件测绘的工具及方法

1. 测绘零件的工具

在生产中的零件图，其来源有二：一是新设计而绘制出的图样，二是按照实际零件进行测绘而产生的图样。测量零件尺寸是测绘工作的重要内容之一，常见的测量工具有钢直尺、卷尺、外卡钳、内卡钳、游标卡尺、千分尺和游标万能角度尺等，如图 7-58 所示。

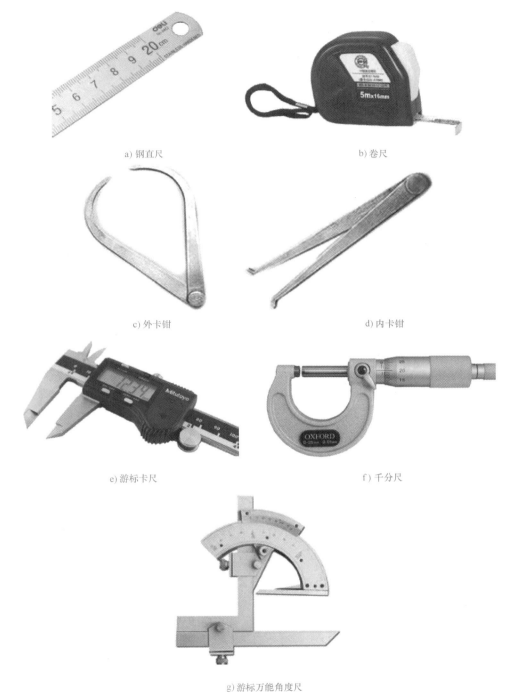

a) 钢直尺

b) 卷尺

c) 外卡钳

d) 内卡钳

e) 游标卡尺

f) 千分尺

g) 游标万能角度尺

图 7-58　测绘零件的工具

2. 测绘零件常用的方法

（1）测量线性尺寸　长度尺寸可以用钢直尺直接测量读数，如图 7-59 所示。

（2）测量螺纹的螺距

1）用螺纹规测量螺距，如图 7-60 所示。

a. 用 螺 纹 规 确 定 螺 纹 的 牙 型 和 螺 距 $P = 1.75\text{mm}$。

b. 用游标卡尺量出螺纹大径。

c. 目测螺纹的线数和旋向。

图 7-59　测量线性尺寸

d. 根据牙型、螺纹大径和螺距，与相关手册中螺纹的标准值核对，选取相近的标准值。

2）用压痕法测量螺距，如图 7-61 所示。

若没有螺纹规，可用一张纸放在被测螺纹上，压出螺距印痕，用钢直尺量出 5~10 个螺纹的长度，即可算出螺距 P。根据螺距 P 和测出的大径查相关手册取标准数值。

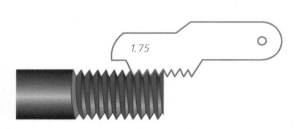

图 7-60　用螺纹规测量螺距

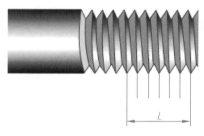

图 7-61　压痕法测量螺距

（3）测量孔间距　孔间距可以用卡钳（或游标卡尺）结合钢直尺测出，如图 7-62 所示。

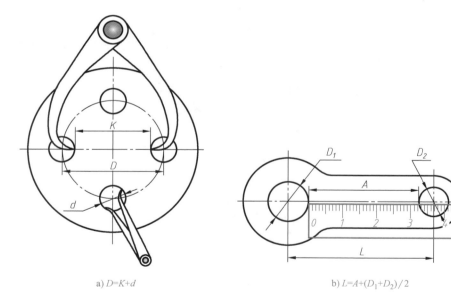

a) $D=K+d$

b) $L=A+(D_1+D_2)/2$

图 7-62　测量孔间距

（4）测量直径尺寸　直径尺寸可以用游标卡尺或千分尺直接测量读数，如图 7-63 所示。

（5）测量壁厚尺寸　壁厚尺寸可以用钢直尺测量，如图 7-64 中底壁厚度 $X=A-B$，或用卡钳和钢直尺测量，如图中侧壁厚度 $Y=C-D$。

（6）测量齿轮的模数。

1）数出齿数 z。

a) 用游标卡尺测量　　　　　　　　　　　　　　　　b) 用外径千分尺测量

图 7-63　测量直径尺寸

2）量出齿顶圆直径 d_a，如图 7-65 所示。

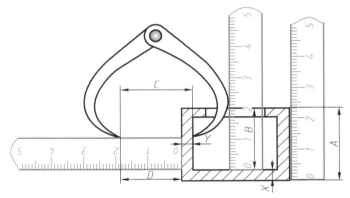

图 7-64　测量壁厚尺寸

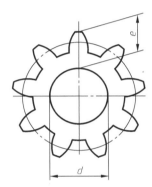

图 7-65　测量齿轮的模数

133

当齿数为单数而不能直接测量时，可按图 7-65 所示方法量出（$d_a = d + 2e$）。

3）计算模数 $m' = d_a / (z+2)$。

4）修正模数。

由于齿轮磨损或测量误差，当计算的模数不是标准模数时，应在标准模数表中选用与 m' 最接近的标准模数。

5）根据公式计算出齿轮其余各部分的尺寸。

7.7.2　零件测绘实例

1. 了解测绘对象拆卸零件

图 7-66a 所示精密平口钳，为了便于零件拆卸后装配复原，在拆卸零件的同时边拆边绘制零件的装配示意图，编写序号，记录零件名称和数量，如图 7-67 所示。

2. 画零件工作图

（1）画零件草图　零件草图是绘制装配图和零件工作图的重要依据，必须认真仔细。画草图的要求是：图形正确、表达清晰、尺寸齐全，并注写包括技术要求等必要的内容。

测绘时对标准件不必画零件草图，只要测量出几个主要尺寸，根据相应的国家标准确定其规格和标记列表说明，或者注写在装配示意图上。

现以精密平口钳中的螺杆为例，介绍画零件草图的方法和步骤。

1）确定表达方案、布图。

a）装配立体图

b）主体

c）螺杆

d）滑块

e）导向块

f）内六角圆柱头螺钉

图 7-66　精密平口钳分解图

确定主视图，根据完整、清晰表达零件的需要，画出其他视图。根据零件大小、视图数量多少，选择图纸幅面，布置各视图的位置，先画出中心线及其他定位基准线，如图 7-68 所示。

2）画出零件各视图的轮廓线，如图 7-69 所示。

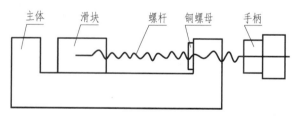

图 7-67　装配示意图

图 7-68　画中心线及定位基准线

图 7-69　画零件轮廓线

3）画出零件各视图的细节和局部结构，采用剖视图、断面图、局部放大图等表达方法，如图 7-70 所示。

4）标注尺寸和书写其他必要的内容。

先画出全部尺寸界线、尺寸线和箭头，然后按尺寸线在零件上量取所需尺寸，填写尺寸数值，最后加注向视图的投射方向和图名，如图 7-71 所示。

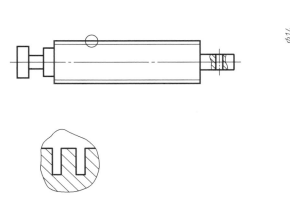

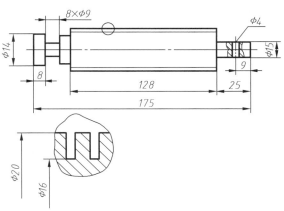

图 7-70　画出零件各视图的细节和局部结构　　　　　图 7-71　标注尺寸

（2）画零件工作图　画零件工作图不是对零件草图的简单抄画，而是根据装配图，以零件草图为基础，对零件草图中的视图表达、尺寸标注等不合理或不够完善之处，在绘制零件工作图时予以必要的修正。完成后的螺杆工作图，如图 7-72 所示。

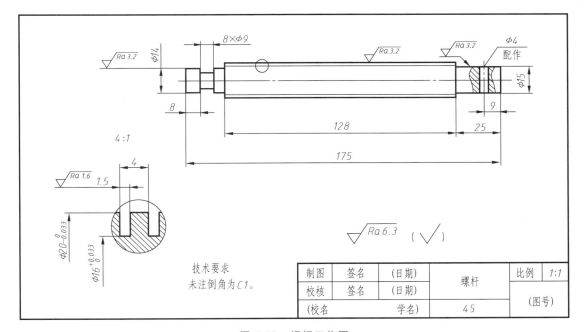

图 7-72　螺杆工作图

项目8

装 配 图

装配图是表示产品及其组成部分的连接、装配关系的图样。它是用来表达机器（或部件）的构造、零件之间的装配与连接关系、装配体的工作原理，以及生产该装配体的技术要求、检验要求等。表示一台完整机器的图样，称为总装配图；表示一个部件的图样，称为部件装配图。

任务 8.1　装配图的表达方法

8.1.1　装配图的内容

装配图是表示机器或部件中零件间的连接、装配关系及其技术要求的图样。它反映机器或部件的工作原理、装配关系、传动路线和主要零件的结构形状，是设计和绘制零件图的主要依据，也是装配生产过程中调试、安装、维修的主要技术文件。一张完整的装配图有以下几个内容：

1. 一组视图

采用适当的表达方法，绘制一组视图，能清楚地表达装配体的结构组成及工作原理、零件之间的装配关系、连接方式及各零件的主要结构形状。图 8-1 所示为机械维修中使用的螺旋千斤顶的装配图。

2. 必要的尺寸

装配图上只需标注反映装配体的规格（性能）、总体大小、零件间的配合关系、安装、检验等尺寸。

3. 技术要求

用文字或符号注写出装配体在装配、检验、调试和使用等方面的技术要求。

4. 零件序号、明细栏和标题栏

装配图中，每一个不同的零件必须编号，并按国家标准规定的格式绘制标题栏和明细栏，如图 8-1 所示。

螺旋千斤顶中各零件的立体图及装配立体图如图 8-2 所示。

8.1.2　装配图的规定画法

1. 相邻两零件的画法

两零件的接触表面（或配合面）用一条轮廓线表示；非接触面用两条轮廓线表示，如图 8-3 所示。

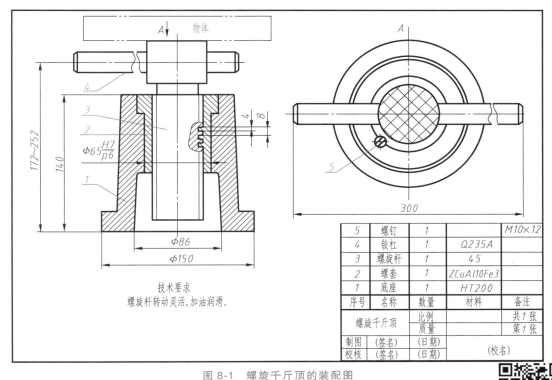

5	螺钉	1		M10×12
4	铰杠	1		Q235A
3	螺旋杆	1		45
2	螺套	1		ZCuAl10Fe3
1	底座	1		HT200
序号	名称	数量	材料	备注

螺旋千斤顶	比例		共1张
	质量		第1张
制图	(签名)	(日期)	
校核	(签名)	(日期)	(校名)

技术要求
螺旋杆转动灵活,加油润滑。

图 8-1　螺旋千斤顶的装配图

a) 底座　　b) 螺套　　c) 螺旋杆　　d) 铰杠　　e) 螺钉　　f) 装配立体图

图 8-2　螺旋千斤顶中各零件的立体图及装配立体图

2. 装配图中剖面线的画法

同一零件的剖面线方向和间隔应一致,相邻零件的剖面线应区分(改变方向或间隔),如图 8-3 所示。

3. 螺纹紧固件及实心件的画法

在装配图中,对于螺纹紧固件及实心件(球、键、销、实心轴),当剖切平面通过其轴线或基本对称面剖切时,只画这些零件外形,如图 8-3 所示。

8.1.3 装配图的特殊表达方法

1. 拆卸画法

装配图中需要表达一些重要零件的内、

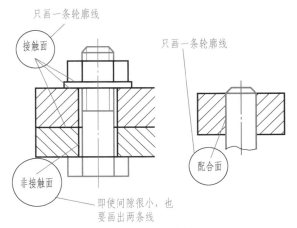

图 8-3　相邻两零件的画法

137

外部形状时，可假想拆去一个或几个零件来绘图，如图8-4所示滑动轴承的装配图。

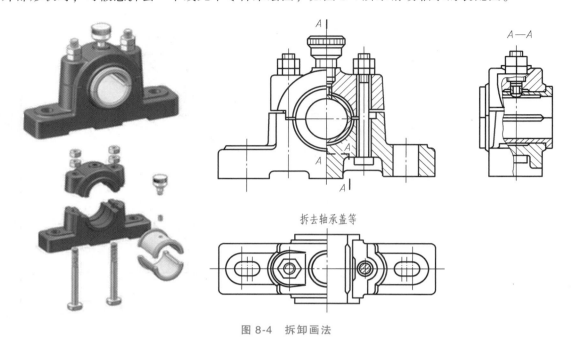

图 8-4　拆卸画法

2. 沿零件接合面剖切的画法

装配图中，可假想沿两个零件接合面剖切，这时零件的接合面不画剖面线，其他被剖切的螺栓等要画剖面线，如图8-5所示。

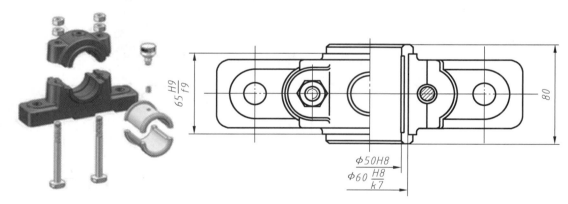

图 8-5　沿零件接合面剖切的画法

3. 假想画法

对于装配图中与装配体相关联但不属于装配体的零（部）件可以用细双点画线画出其轮廓，如图8-1所示千斤顶所举升的物体。

4. 夸大画法

对于装配图中的薄、细、小间隙，以及斜度、锥度很小的零件或部位，可以适当加大、加厚、加粗画出，以使这些部位的轮廓特征明显。

5. 简化画法

对于装配图中相同的零件组，可以只画出一组，其余用轴线表示出其位置即可；对于滚动轴承可采用简化画法；对于倒角、倒圆及退刀槽等工艺结构可省略不画。如图 8-6 所示。

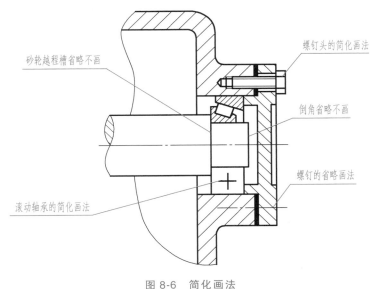

图 8-6　简化画法

任务8.2　装配图的尺寸标注、技术要求及零件序号

8.2.1　装配图的尺寸标注

　　装配图是设计和装配机器（部件）时使用的图样，因此不需将加工零件所需的全部尺寸都标注出来，只需标注出表达零部件间装配关系的必要尺寸即可。

　　1. 性能（规格）尺寸

　　性能（规格）尺寸是表明装配体的规格和工作性能的尺寸，如图 8-1 中的尺寸 172～252mm。这类尺寸是设计和选用机器（部件）的主要依据。

　　2. 装配关系尺寸

　　装配关系尺寸是用以保证机器或部件间装配关系的尺寸，主要有以下两种。

　　（1）配合尺寸　零件上有配合要求的尺寸，如图 8-1 中的尺寸 $\phi65H7/p6$mm。该尺寸表示公称直径为 $\phi65$mm，孔的公差带代号为 H7，轴的公差带代号为 p6，为基孔制的过盈配合。

　　（2）相对位置尺寸　装配时需要保证的零件间较重要的距离尺寸和间隙尺寸，如图 8-7 中的尺寸 (60 ± 0.0095)mm。

　　3. 安装尺寸

　　零部件安装在机器上或机器安装在固定基座上所需的安装连接用尺寸称为安装尺寸，如图 8-7 中的尺寸 80h6mm 和 40H7mm。

　　4. 总体尺寸

　　装配体所占用空间大小的尺寸称为总体尺寸。如图 8-7a 中的尺寸 80h6mm 和 18mm。这类尺寸为包装、运输和安装使用提供所需占用空间的大小。

　　5. 其他重要尺寸

　　其他重要尺寸还包括根据装配体的结构特点和需要而必须标注的重要尺寸。如运动的极限位置尺寸、零件间的主要定位尺寸和设计计算尺寸等。

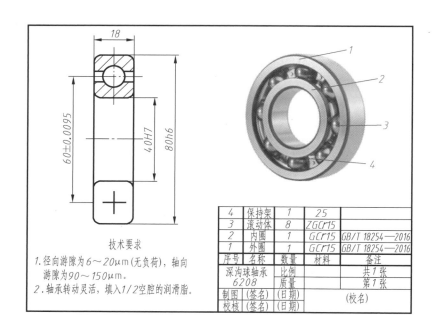

技术要求

1. 径向游隙为6~20μm（无负荷），轴向游隙为90~150μm。
2. 轴承转动灵活，填入1/2空腔的润滑脂。

4	保持架	1	25	
3	滚动体	8	ZGCr15	
2	内圈	1	GCr15	GB/T 18254—2016
1	外圈	1	GCr15	GB/T 18254—2016
序号	名称	数量	材料	备注

深沟球轴承	比例		共1张	
6208	质量		第1张	
制图	(签名)	(日期)	(校名)	
校核	(签名)	(日期)		

a) 装配图

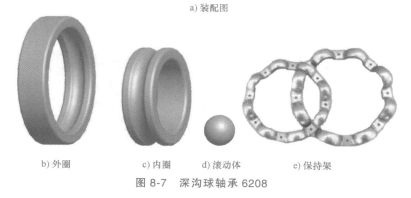

b) 外圈　　　　c) 内圈　　　　d) 滚动体　　　　e) 保持架

图 8-7　深沟球轴承 6208

8.2.2　装配图的技术要求

装配图的技术要求根据装配体的具体情况而定，用文字注写在明细栏上方或者图样下方的空白处，如图 8-7a 所示。装配图中的技术要求主要包括以下几个方面。

1. 对机器或部件在装配、调试和检验时的具体要求

装配要求指装配后必须保证的精度、装配时的加工说明、指定的装配方法和装配要求（如精确度、装配间隙、润滑要求等），如图 8-1 所示的"螺旋杆转动灵活，加油润滑"、图 8-7 所示的"径向游隙为 $6\sim20\mu m$（无负荷），轴向游隙为 $90\sim150\mu m$"等。

2. 关于机器性能指标方面的检验要求

检验要求指装配过程中及装配后必须保证机器精度的各种检验方法的说明。

3. 安装、运输以及使用方面的要求

使用要求指对机器或部件的基本性能维护、保养和使用时的要求。如图 8-7a 所示的"轴承转动灵活，填入 1/2 空腔的润滑脂"等要求。

8.2.3　装配图的零件序号和明细栏

装配图中的所有零部件应按顺序编写序号，相同的零部件只编一个序号，一般只注一次；零件序号应标注在视图周围，按水平或竖直方向排列整齐、按顺时针或逆时针方向排列，如图 8-1 和图 8-7 所示。

零件序号由指引线和数字序号组成，数字可直接注写在指引线的旁边，也可加下划线，还可写在圆内，若所指部分不便画圆点时（很薄的零件或涂黑的剖面），可以在指引线的端部画箭头，指向零件的轮廓线，如图 8-8 所示。序号的字号应比图中尺寸数字大一号或大两号。

一组紧固件以及装配关系清楚的零件组，可以采用公共指引线，一般序号按顺时针或逆时针方向排列，并沿水平或垂直方向排列整齐，如图 8-9 所示。

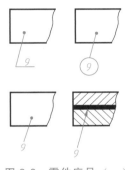

图 8-8　零件序号（一）

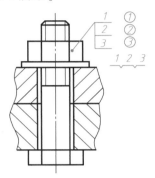

图 8-9　零件序号（二）

装配图中的明细栏一般绘制在标题栏的上方，其格式如图 8-10 所示。明细栏中的序号应与图中序号相对应，自下而上填写，如果位置不够，可以在标题栏左侧续编。备注栏可填写该项的附加说明或其他有关内容。

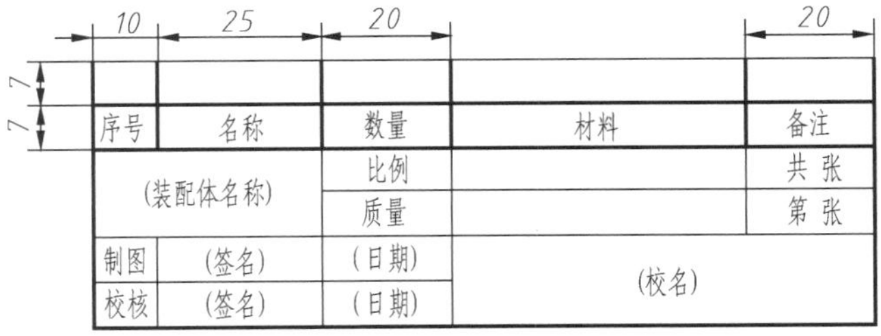

序号	名称	数量	材料		备注
（装配体名称）		比例			共　张
		质量			第　张
制图	（签名）	（日期）	（校名）		
校核	（签名）	（日期）			

图 8-10　装配图明细栏

任务 8.3　识读装配图

在产品的设计、安装、调试、维修及技术交流时，都需要识读装配图。不同工作岗位的技术人员，识读装配图的目的和内容有不同的侧重点和要求。

8.3.1　读装配图的要求

1）了解装配体的名称、用途及工作原理。

2）了解各零件间的相对位置及装配关系。

3）了解主要零件的形状结构及其在装配体中的作用。

141

8.3.2 读装配图的方法和步骤

1）概括了解。浏览视图，结合标题栏和明细栏了解装配体的名称、作用、各组成部分的概况及其位置等。

2）分析视图，了解各零件之间的装配关系和工作原理。

3）分析尺寸和技术要求。

4）分析装拆的先后顺序。

8.3.3 识读实例

识读图 8-11 所示机用虎钳装配图。

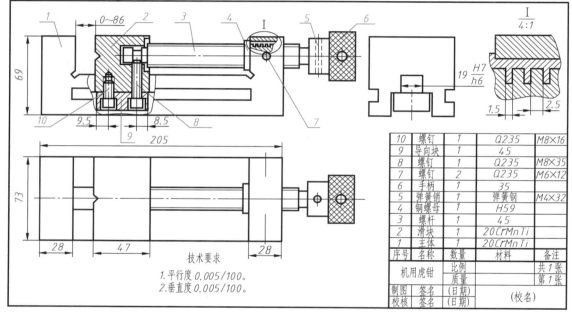

10	螺钉	1	Q235	M8×16
9	导向块	1	45	
8	螺钉	1	Q235	M8×35
7	螺钉	2	Q235	M6×12
6	手柄	1	35	
5	弹簧销	1	弹簧钢	M4×32
4	铜螺母	1	H59	
3	螺杆	1	45	
2	滑块	1	20CrMnTi	
1	主体	1	20CrMnTi	
序号	名称	数量	材料	备注

技术要求
1. 平行度 0.005/100。
2. 垂直度 0.005/100。

图 8-11 机用虎钳装配图

1. 概括了解

首先通过标题栏了解装配体的名称及用途，从明细栏了解组成该部件的零件名称、数量及标准件规格等。由图 8-11 所示可知，该部件是机用虎钳，它是装在机床上用于夹持工件的工具。该部件由五个标准件和六个非标准零件组成。

2. 分析视图，了解装配关系和工作原理

机用虎钳装配图采用了三个基本视图和一个局部放大图来表达，其中主视图有两个局部剖视图，主要反映各零件之间的装配连接关系，左视图反映了滑块 2 与主体 1 和导向块 9 之间的装配关系，俯视图采用局部剖视图，反映了铜螺母 4 和主体 1 之间的固定方式。局部放大图反映了螺杆的螺纹结构。

机用虎钳的工作原理是当螺杆 3 转动时，内六角圆柱头螺钉 8 带动滑块 2 做轴向移动，使钳口张开或闭合，将工件夹紧或放松。机用虎钳的装配关系是螺杆 3 由铜螺母 4 和内六角圆柱头螺钉 8 支承，使螺杆只能在铜螺母 4 上转动。铜螺母 4 用两个内六角圆柱头螺钉 7 固定在主体 1 的孔中，在螺杆 3 转动的过程中铜螺母 4 不能转动。导向块 9 通过内六角圆柱头螺钉 8

和内六角圆柱头螺钉 10 固定在滑块 2 上，保证滑块 2 只能在主体 1 的槽内滑动。

机用虎钳各零件及装配立体图，如图 8-12 所示。

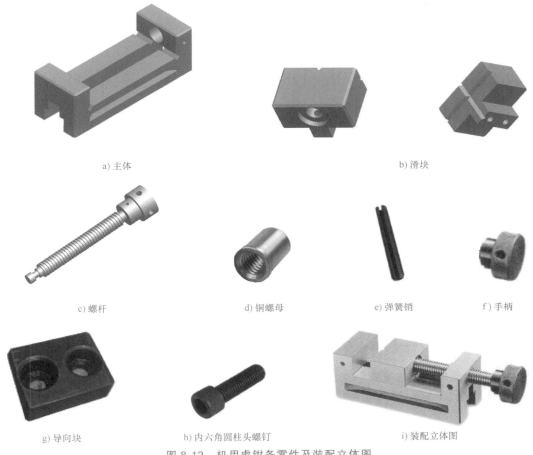

a) 主体　　　　　　　　　　　　　b) 滑块

c) 螺杆　　　　d) 铜螺母　　　　e) 弹簧销　　　　f) 手柄

g) 导向块　　　　h) 内六角圆柱头螺钉　　　　i) 装配立体图

图 8-12　机用虎钳各零件及装配立体图

143

3. 分析尺寸和技术要求

机用虎钳装配图中标注有规格尺寸 0~86mm，装配尺寸 9.5mm、8.5mm 等，配合尺寸 19H7/h6mm，总体尺寸 205mm、73mm 和 69mm。

机用虎钳装配图中的技术要求是"平行度 0.005mm/100mm，垂直度 0.005mm/100mm"。

4. 分析装拆顺序

机用虎钳的装配顺序是：

1）将铜螺母 4 用两个内六角圆柱头螺钉固定在主体 1 的孔中。

2）将手柄 6 用弹簧销 5 安装在螺杆 3 上。

3）将滑块 2 放入主体 1 的槽中，注意滑块 2 有孔的一端朝向铜螺母 4。

4）将螺杆 3 旋入铜螺母 4，进入滑块 2 的孔中。

5）用内六角圆柱头螺钉 8 和内六角圆柱头螺钉 10 将导向块 9 固定在滑块 2 上。注意两个内六角圆柱头螺钉的公称尺寸一样，但长度不一样，内六角圆柱头螺钉 8 末端一定要插入螺杆 3 的槽中。

项目9

中望CAD应用基础与环境设置

本项目将介绍中望 CAD 的最基本的使用操作方法，包括软件和硬件要求、界面、命令执行方式等内容。每个人的工作性质、环境、所属专业均不相同，要使中望 CAD 满足每个人的要求、习惯，应对中望 CAD 进行必要的设置。本项目主要讲述启动对话框的使用、定制绘图环境、设置图形范围和绘图单位。

中望 CAD 提供多种观察图形的工具，如利用鸟瞰视图进行平移和缩放、视图处理和视口创建等，利用这些命令学习者可以轻松自如地控制图形的显示来满足各种绘图需求以及提高工作效率。

任务 9.1　中望 CAD 软硬件要求

在安装和运行中望 CAD 的时候，软件和硬件必须达到的配置要求见表 9-1。

表 9-1　中望 CAD 对软件和硬件配置要求

硬件与软件	要求
处理器	Intel ® Core™ i3 CPU M 308 @ 2.53GHz 以上
内存	4.00GB 以上
显示器	1024×768 VGA 真彩色（最低要求）
硬盘	机械硬盘 256GB 以上（固态硬盘效果最佳）
DVD-ROM	任意速度（仅用于安装）
定点设备	鼠标、轨迹球或其他设备
操作系统	Windows7 64 位

对于现阶段计算机的配置来说，以上的要求不高。在条件允许的情况下，尽量把计算机的内存容量提高，这样在绘图过程中会提高绘图效率。

任务 9.2　中望 CAD 安装和启动

双击中望 CAD 软件安装程序 ，待安装程序启动后按照安装程序的提示进行一键式安装，程序安装完毕后，将在桌面上建立中望 CAD 软件启动快捷图标 （不同的发行版本名称可能会有所不同）。双击该快捷图标即可启动中望 CAD。中望 CAD 软件安装完成后，可以提供试用 30 天的免费服务体验，如图 9-1 所示。

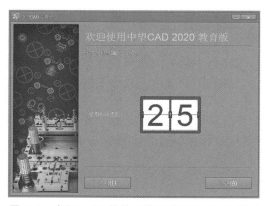

图 9-1　中望 CAD 软件安装完成试用 30 天界面

下面截取了中望 CAD 软件开机动画界面，如图 9-2 所示，可以选择的中望 CAD 软件二维草图与注释界面，如图 9-3 所示，中望 CAD 软件经典界面如图 9-4 所示。

图 9-2 中望 CAD 软件开机动画界面

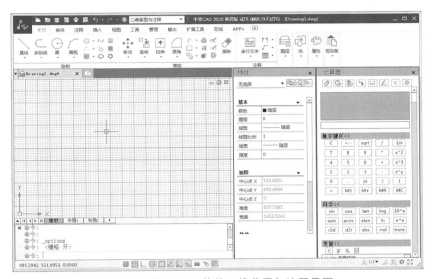

图 9-3 中望 CAD 软件二维草图与注释界面

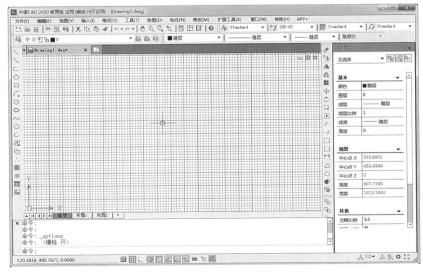

图 9-4 中望 CAD 软件经典界面

任务9.3　工作界面

中望CAD的主界面采用美观、灵活的Ribbon界面，类似于Office的界面，如图9-5所示。相比于经典版本，如图9-6所示Ribbon界面对于学习者来说更友好，使学习者能更轻松地上手使用。同时软件也支持Ribbon界面与经典界面之间互换，使之更符合设计师的使用习惯。

中望CAD的Ribbon界面主要有标题栏区域、Ribbon界面功能区绘图区、命令提示区、状态栏区，工具选项板、绘图工具栏、修改工具栏等可自行设定的工具栏。

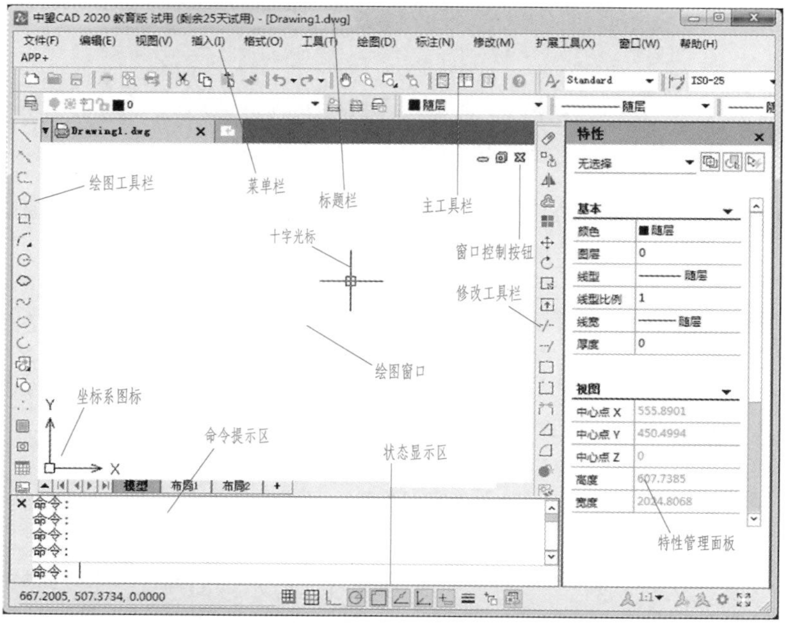

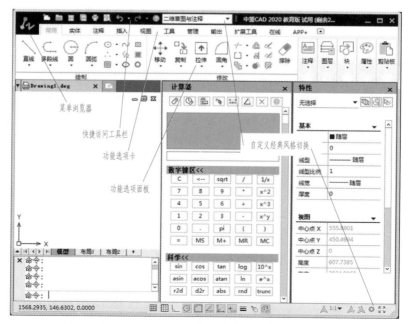

图9-5　中望CAD经典界面主要工作界面及功能分布

图9-6　中望CAD Ribbon界面主要工作界面及功能分布

9.3.1 标题栏区域

标题栏区域包括三部分内容：

（1）菜单浏览器 单击软件界面左上角中望CAD的图标即可进入菜单浏览器界面，如图9-7所示，此功能类似于Office系列软件。

图9-7 菜单浏览器及快速访问工具栏

（2）快速访问工具栏

此处提供了中望CAD部分常用工具的快捷访问方式，包括新建文件、保存/另存为文件、打印、撤消/恢复操作等。

（3）窗口控制按钮  与Windows的功能完全相同。可以利用右上角的控制按钮将窗口最小化、最大化或关闭。

9.3.2 绘图栏和修改栏功能区

绘图栏（从左至右）包括"直线""构造线""多段线""多边形""矩形""圆""云线""样条曲线""椭圆""圆弧""插入块""创建块""点""填充图案""面域""表格"等功能图标，如图9-8上图所示。

修改栏（从左至右）其中包括"删除""复制""镜像""偏移""阵列""移动""旋转""缩放""拉伸""修剪""延伸""打断于点""打断""合并""倒角""圆角""分解"等功能图标，如图9-8下图所示。

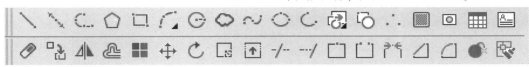

图9-8 绘图栏和修改栏功能区

9.3.3 功能区选项卡

功能区是显示基于任务的命令和控件的选项卡。在创建或打开文件时，会自动显示功能区，这里提供一个包括创建文件所需的所有工具的小模型选项板。中望CAD的Ribbon界面共包括"常用""实体""注释""插入""视图""工具""管理""输出""扩展工具""在线"十个功能选项卡，如图9-9所示。

图9-9 Ribbon界面功能区选项卡

9.3.4 功能区选项面板

每个功能选项卡下有个展开的面板，即功能选项面板。这些面板依照其功能进行标记在相应选项卡中，功能面板包含很多的工具和控件与工具栏和对话框中的相同。如图9-10所示是"常用"功能选项面板，其中包括"直线""多段线""圆""圆弧"等功能图标。

图9-10 Ribbon界面功能区选项面板

147

9.3.5 功能面板下拉菜单

在功能选项面板中，很多命令还有可展开的下拉菜单，可选择更详细的功能命令。如图 9-11 所示，单击"圆"下面的图钉标记，显示"圆"的下拉菜单。

图 9-11　功能选项面板下拉菜单

9.3.6 绘图区域

绘图区域位于屏幕中央的空白区域，如图 9-12 所示。所有的绘图操作都是在该区域中完成的。在绘图域区域的左下角显示了当

前坐标系图标，向右为 X 轴正方向，向上为 Y 轴正方向。绘图区域没有边界，无论多大的图形都可置于其中。将鼠标移动到绘图区域中，会变为十字光标，执行选择对象的时候，鼠标会变成一个方形的拾取框。

图 9-12　绘图区

9.3.7 命令提示区（命令栏）

命令栏位于工作界面的下方，此处显示了曾输入的命令记录以及中望 CAD 对命令所进行的提示，如图 9-13 所示。

当命令栏中显示"命令："提示的时候，表明软件等待输入命令。当软件处于命令执行过程中，命令栏中显示各种操作提示。在绘图的整个过程中，要密切留意命令栏中的提示内容。

图 9-13　命令栏

9.3.8 状态显示区（状态栏）

状态栏位于软件界面的最下方，如图 9-14 所示，显示了当前十字光标在绘图区所处的绝对坐标位置。同时还显示了常用的控制按钮，如"捕捉""栅格""正交"等，单击一次按钮，表示启用该功能，再单击则关闭功能。

图 9-14　状态栏

9.3.9 自定义工具栏

工具选项板、绘图工具栏、修改工具栏等这些是读者根据自身的使用习惯及需要来自行调用的一系列工具栏，可根据实际情况自由选择。在中望 CAD 中，共提供了二十多个已命名的工具栏。默认情况下，"绘图"和"修改"工具栏处于打开状态。如果要显示当前隐藏的工具栏，可在任意工具栏上右击，此时将弹出一个快捷菜单，如图 9-15 所示，通过选择相应命令可以显示或关闭相应

的工具栏。

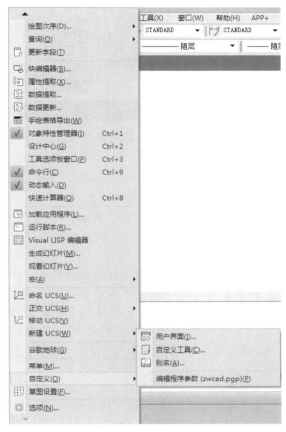

图 9-15 自定义工具栏菜单

如果希望使用经典风格的中望 CAD，可单击状态栏右下角的 ⚙，再单击"二维草图与注释"，界面显示为 Ribbon 界面；单击"ZWCAD 经典"则为经典风格，如图 9-16 所示。

图 9-16 切换两种界面的方式

任务 9.4 命令执行方式

在中望 CAD 中，命令的执行方式有多种，例如可以通过单击工具栏上的命令按钮、下拉菜单或在命令行输入命令等。当读者在绘图的时候，应根据实际情况选择最佳的命令执行方式，提高工作效率。

1. 以键盘方式执行

通过键盘方式执行命令是最常用的一种绘图方法，当学生要使用某个工具进行绘图时，只需在命令行中输入该工具的命令形式，然后根据提示一步一步完成绘图即可，如图 9-17 所示。中望 CAD 提供动态输入的功能，在状态栏中单击"动态输入"按钮 後，通过键盘输入的内容会显示在十字光标附近，如图 9-18 所示。

图 9-17 通过键盘方式执行命令

图 9-18 动态输入执行命令

2. 以命令按钮的方式执行

在工具栏上单击要执行命令对应的工具按钮，然后按照提示完成绘图工作。

3. 以菜单命令的方式执行

通过选择下拉菜单中的相应命令来执行操作，执行过程与上面两种方式相同。中望 CAD 同时提供鼠标右键快捷菜单，在快捷菜单中会根据绘图的状态提示一些常用的命令，如图 9-19 所示。

图 9-19　鼠标右键菜单

4. 退出正在执行的命令

中望 CAD 可随时退出正在执行的命令。当执行某命令后，可按<Esc>键退出该命令，也可按<Enter>键结束某些操作命令。

5. 重复执行上一次操作命令

当结束了某个操作命令后，若要再一次执行该命令，可以按<Enter>键或空格键来重复上一次的命令。上下方向键可以翻阅前面执行的数个命令，然后选择执行。

6. 取消已执行的命令

绘图中若出现错误，要取消前次的命令，可以使用 Undo 命令，或单击工具栏中的 按钮，可回到前一步或几步的状态。

7. 恢复已撤消的命令

当撤消了命令后，又想恢复已撤消的命令，可以使用 Redo 命令或单击工具栏中的 按钮来恢复。

8. 使用透明命令

中望 CAD 中有些命令可以插入到另一条命令的期间执行，如当前在使用 Line 命令绘制直线的时候，可以同时使用 Zoom 命令放大或缩小视图范围，这样命令成为透明命令。只有少数命令为透明命令。在使用透明命令时，必须在命令前加一个单引号'，中望 CAD 才能识别到。

任务9.5　设置文件管理命令

中望 CAD 中常用的文件管理命令有 New、Open、Qsave/Saveas、Quit 等。

9.5.1　创建新图形

1. 以默认设置方式新建图形

在快速访问工具栏中，单击"新建" 图标，或在命令行中直接输入"New"，即可以默认设置方式创建一个新图形。该图已预先作好了一系列设置，例如绘图单位，文字尺寸及绘图区域等。可根据绘图需要保留或改变这些设置。

2. 使用"启动"对话框新建图形

执行 New 命令后，系统会弹出"启动"对话框。该对话框允许以三种方式创建新图形，即使用默认设置、使用样板图向导及使用设置向导。其操作与前面相同，这里不再重述。

注意：

当系统变量"Startup"的值为"1"时，执行 New 命令或单击"新建"图标都会弹出"启动"对话框；当"Startup"的值为"0"时，执行 New 命令或单击"新建"图标都以默认设置方式创建一个新图形。

9.5.2　打开图形文件

1. 运行方式

命令行：Open

工具栏："标准"→"打开"

Open 命令用于打开已经创建的图样。如果图样比较复杂，一次不能把它画完，可以把图样文件存盘，以后可用"打开"命令继续绘制该图。

2. 操作步骤

执行 Open 命令，系统弹出"选择文件"对话框，如图 9-20 所示。

对话框中各选项含义和功能说明如下：

查找范围：单击下拉式列表框，可以改变搜寻图样文件的目录路径。

图 9-20 "选择文件"对话框

名称: 当在文件列表框中单击某一图样文件时,图样的文件名自然会出现在"名称"文本框中;也可以直接在"名称"文本框中输入文件名,最后单击"打开"按钮。

文件类型: 显示文件列表框中文件的类型,单击下拉列表,中望 CAD 可选择标准图形文件(dwg)、图形交换格式(dxf)、模版图形(dwt)等文件类型。

预览: 选择图样后,可以从浏览窗口预览将要打开的图样。

以只读方式打开: 单击"打开"按钮旁的下拉箭头,选择"以只读方式打开"这个选项,表明文件以只读方式打开,不许对文件作任何修改,但可以编辑文件,最后将文件存盘时用另一文件名存盘。

"工具"下拉菜单中的查找: 单击此按钮,打开一个对话框,通过对话框可以找到自己要打开的文件。

"工具"下拉菜单中的定位: 通过单击此按钮,可以确定要打开的文件的路径。

9.5.3 保存文件

文件的保存在所有的软件操作中是最基本和常用的操作。在绘图过程中,为了防止意外情况造成死机,必须随时将已绘制的图形文件存盘,常用"保存""另存为"等命令存储图形文件。

1. 默认文件名保存

命令行:Qsave

工具栏:"标准"→"保存"

如果图样已经命名存储过,则此命令以

最快的方式用原名存储图形,而不显示任何对话框。如果将从未保存过的图样存盘,这时中望 CAD 将弹出图 9-21 所示的对话框,系统为该图形自动生成一个文件名,一般是"Drawing1"。

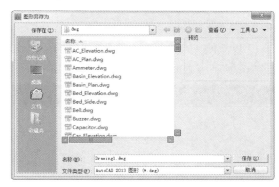

图 9-21 存储图形

2. 命名存盘

命令行:Saveas

Saveas 命令用于以新名称或新格式另外保存当前图形文件。执行该命令后,系统弹出图 9-22 所示对话框。

图 9-22 "图形另命名"对话框

对话框中各选项含义和功能说明如下:

保存在: 单击对话框右边的下拉箭头,选择文件要保存的目录路径。

名称: 在对已经保存过的文件另存时,在文本框中要自动出现该文件的文件名,这时单击"保存"按钮,系统会提示"是否替代原文件"。如果要另存为一个新文件,可以直接在此文本框中输入新文件名并单击"保存"按钮即可。

文件类型：将文件保存为不同的格式文件。可以单击"文件类型"右边的下拉箭头，选择其中的一种格式。

9.5.4　关闭图形文件

运行方式

命令行：Close

Close 命令用于关闭当前图形文件。关闭文件之前若未保存，系统会提示是否保存。

9.5.5　获得帮助

运行方式

命令行：Help

工具栏："标准"→"帮助" ❓

该命令用于显示帮助信息。可以直接按<F1>键来打开帮助窗口。

9.5.6　退出程序

运行方式

命令行：Quit 或 Exit

该命令用于退出中望 CAD。若尚未储存

图形，程序会提示是否要储存图形。退出程序也可直接单击软件界面右上角的"关闭"按钮。

任务 9.6　定制中望 CAD 绘图环境

在新建了图纸以后，还可以通过下面的设置来修改之前一些不合理的地方和其他辅助设置选项。

9.6.1　图形范围

1. 运行方式

命令行：Limits

Limits 命令用于设置绘图区域大小，相当于手工制图时图纸的选择。

2. 操作步骤

用 Limits 命令将绘图界限范围设定为 A4 图纸（210mm×297mm）的操作步骤如下。

命令：Limits　　　　　　　　　执行 Limits 命令
重新设置模型空间界限：
指定左下角点或［开(ON)/关(OFF)］<0.0000,0.0000>：
　　　　　　　　　　　　　设置绘图区域左下角坐标
指定右上角点<420.0000,297.0000>：297,210
　　　　　　　　　　　　　设置绘图区域右上角坐标
命令：Limits　　　　　　　　　重复执行 Limits 命令
重新设置模型空间界限：
指定左下角点或［开(ON)/关(OFF)］<0.0000,0.0000>：on
　　　　　　　　　打开绘图界限检查功能

⚙ 各选项说明如下：

关闭（OFF）：关闭绘图界限检查功能

打开（ON）：打开绘图界限检查功能

确定左下角点后，系统继续提示"右上点<420，297>："，以指定绘图范围的右上角点。默认为 A3 图纸的范围，如果设置其他图幅，只要改成相应的图幅尺寸就可以。

注意：

1）在中望 CAD 中，总是用真实的尺寸绘图，在打印出图时，再考虑比例尺。另外，用 Limits 限定绘图范围，不如用图线画

出图框更加直观。

2）当绘图界限检查功能设置为 ON 时，如果输入或拾取的超出绘图界限，则操作将无法进行。

3）绘图界限检查功能设置为 OFF 时，绘制图形不受绘图范围的限制。

4）绘图界限检查功能只限制输入点坐标不能超出绘图边界，而不能限制整个图形。例如圆，当它的定形定位点（圆心和确定半径的点）处于绘图边界内，它的一部分圆弧可能会位于绘图区域之外。

9.6.2 绘图单位

1. 运行方式

命令行：Units/Ddunits

Ddunits命令用于设置长度单位和角度单位的制式、精度。

一般地，用中望CAD绘图使用实际尺寸（1：1），然后在打印出图时，设置比例因子。在开始绘图前，需要弄清绘图单位和实际单位之间的关系。例如，可以规定一个线性单位代表1in、1ft、1m或1km，另外，也可以规定程序的角度测量方式，对于线性单位和角度单位，都可以设定显示数值精度。例如，显示小数的位数，精度设置仅影响距离、角度和坐标的显示。中望CAD总是用浮点精度存储距离、角度和坐标。

2. 操作步骤

执行Ddunits命令后，系统将弹出图9-23所示的"图形单位"对话框。

图9-23 "图形单位"对话框

⚙对话框中各选项的含义和功能说明如下：

长度类型：设置测量单位当前的类型，包括小数、工程、建筑、科学和分数五种类型，长度类型见表9-2。

长度精度：设置线型测量值显示的小数位数或分数大小。

角度类型：设置当前角度格式，包括百分度、度/分/秒、弧度、勘测单位、十进制度数五种类型，默认选择十进制度数，角度类型见表9-3。

表9-2 长度类型

单位类型	精度	举例	单位含义
小 数	0.000	5.948	我国工程界普遍采用的十进制表达方式
工 程	0'-0.0"	8'-2.6"	英尺与十进制英寸表达方式，其绘图单位为英寸
建 筑	0'-0 1/4"	1'-3 1/2"	欧美建筑业常用格式，其绘图单位为英寸
科 学	0.00E+01	1.08E+05	科学计数法表达方式
分 数	0 1/8	165/8	分数表达方式

表9-3 角度类型

单位类型	精度	举例	单位含义
百分度	0.0g	35.8g	十进制数表示梯度，以小写g为后缀
度/分/秒	0d00'00"	28d18'12"	用d表示度，'表示分，"表示秒
弧度	0.0r	0.9r	十进制数，以小写r为后缀
勘测单位	N0d00'00"E	N44d30'0"E S35d30'0"W	该例表示北偏东北44.5°，勘测角度表示从南（S）北（N）到东（E）西（W）的角度，其值总是小于90°，大于0°
十进制度数	0.00	48.48	十进制数，我国工程界多采用

角度精度：设置当前角度显示的精度。

顺时针：规定当输入角度值时角度生成的方向，默认逆时针方向角度为正；若勾选"顺时针"，则确定顺时针方向角度为正。

单位比例拖放内容：控制插入到当前图形中的块和图形的测量单位。

方向（D）：如图9-23所示，单击"方向（D）"按钮，出现"方向控制"对话框，如图9-24所示，规定0°的位置，例如，默认0°在"东"或"3点"的位置。

注意：

基准角的设置对勘测角度没有影响。

图 9-24　角度方向控制

任务 9.7　定制中望 CAD 操作环境

9.7.1　定制工具栏

命令行：Customize

功能区："管理"→"自定义"→"自定义工具"

中望 CAD 提供的工具栏可快速地调用命令，可通过增加、删除或重排列、优化等设置工具栏，以适应工作需求。也可以建立自己的工具栏。

执行 Customize 后，系统弹出图 9-25 所示"定制"对话框，选择"工具栏"选项卡。

图 9-25　"定制"对话框

组建一个新工具栏的工作，包括新建工具栏和在新工具栏中自定义工具按钮。

1. 新建工具栏

操作步骤如下：

1）单击"工具栏"选项卡中的"新建"按钮，系统提示自定义菜单组会导致升级新版时的移植问题，直接单击"是"按钮，开始新建工具栏，如图 9-26 所示。

图 9-26　自定义提示对话框

2）接着系统弹出新建工具栏对话框，如图 9-27 所示。

图 9-27　"新建工具栏"对话框

3）输入名称后确定，会在"定制"对话框的工具栏列表新增一个新的工具栏，同时在软件界面上也会生成一个空白的工具栏 。

2. 在工具栏中增加按钮

操作步骤如下：

1）首先确定要修改的工具栏是可见的，执行 Customize 命令，单击"工具栏"选项卡。

2）在对话框中"命令"标签页的"类别"列表中，选择一个工具栏后，在"按钮"区显示相关的工具按钮。

3）从"按钮"区拖动一个按钮到对话框外的某一工具栏上。

4）如果要修改工具按钮的提示、帮助字串和命令，可在执行 Customize 命令的前提下，选中要修改的按钮，右击选择"特性"选项，弹出"按钮特性"对话框，即可修改工具按钮的提示、帮助字符和命令，如图 9-28 所示。

图 9-28 "按钮特性"对话框

5）若再增加另一个工具按钮，重复步骤 3）。

6）当完成时则单击"关闭"按钮。

3. 在工具栏中删除按钮

操作步骤如下：

1）如果想删除工具栏中的一个按钮，首先确定要修改的工具栏是是可见的，然后执行 Customize 命令。

2）在工具栏中右击想要删除的工具按钮，在弹出的右键菜单中单击"删除"选项，如图 9-29 所示。

图 9-29 "工具栏"右键快捷菜单

9.7.2 定制学生界面

1. 运行方式

命令行：Cui

功能区："管理"→"自定义"→"学习者界面"

执行 Cui 命令，系统弹出"自定义"对话框，如图 9-30 所示。自定义界面是一种基于 XML 的文件，替代了早期版本中的 MNS 和 MNU。产品中自定义的界面元素（例如工作空间、功能区面板、快速访问工具栏）均可在此对话框中进行管理。

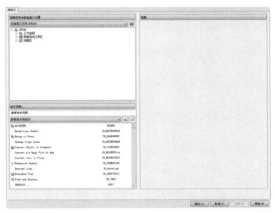

图 9-30 "自定义"对话框

2. 新建功能区选项卡

在中望 CAD 中可以在 Ribbon 界面创建新的选项卡，将常用面板的命令都添加到一个选项卡中。操作步骤如下：

1）单击功能区中"管理"→"自定义"→"学生界面"，启动自定义学生界面命令。

2）在"主自定义文件（ZWCAD）"面板中，单击"功能区"旁边的加号（+）将其展开。

3）选中"选项卡"右击，在系统弹出的快捷菜单中选择"新建选项卡"，如图 9-31 所示 。

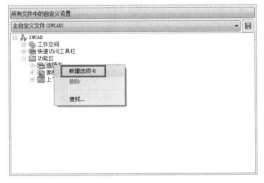

图 9-31 填入新下拉菜单的名称

4）输入新选项卡的名称，如"常用命令"，如果要在学生界面也显示相关的名称，要在"特性"面板的"显示文字"框中输入相关名称，如图9-32所示。

5）单击"应用"按钮。

图9-32　填入新下拉菜单的名称

3. 在选项卡中添加面板

新建的选项卡是没有任何面板命令的，学生可以根据日常工作习惯，将常用的面板命令添加到新建的选项卡中，添加面板步骤如下：

1）单击"主自定义文件（ZWCAD）"→"功能区"→"面板"旁边的加号（+）将其展开。

2）选中要复制的面板，右击，在系统弹出的快捷菜单中选择"复制"选项，如图9-33所示。

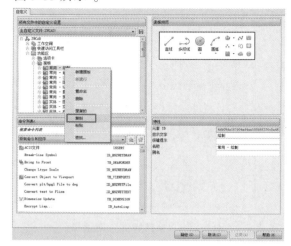

图9-33　复制面板

3）选中要添加面板命令的选项卡，右击，在系统弹出的快捷菜单中选择"粘贴"选项，系统会将刚才复制的面板命令粘贴到选中的选项卡中，如图9-34所示。

4）重复第2）、3）步骤，继续添加面板命令。

5）添加完所需的命令后，单击"应用"按钮。

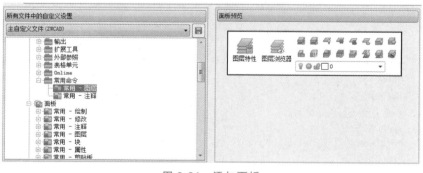

图9-34　添加面板

4. 删除功能区选项卡

删除功能区选项卡步骤如下：

1）单击功能区中"管理"→"自定义"→"学生界面"，启动学生界面命令。

2）在"主自定义文件（ZWCAD）"面板中，单击"功能区"旁边的加号（+）将其展开。

3）选中要删除的选项卡，右击，在系统弹出快捷菜单中选择"删除"选项，如图9-35所示。

4）此时系统提示是否要删除，如图9-36所示，单击"是"按钮。回到"自定义"对话框，单击"应用"按钮。

图 9-35 删除选项卡

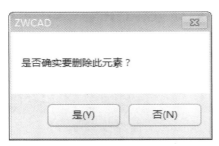

图 9-36 删除提示

5. 新建面板

如果现有的面板没有学生想要的命令组合，学生可以新建面板，将所需的命令添加到面板中。新建面板步骤如下：

1）选中"主自定义文件（中望 CAD）"→"功能区"→"面板"选项。

2）右击，在系统弹出快捷菜单中选择"新建面板"选项，如图 9-37 所示。

3）输入新面板的名称，单击"应用"按钮。

6. 在面板中添加命令

在面板中添加命令步骤如下：

1）在"命令列表"→"所有命令和控件"中找到要添加到面板的命令。

2）选中要添加的命令后，右击，在系统弹出快捷菜单中选择"复制"选项，如图 9-38 所示。

3）选中要添加命令的面板，单击旁边的加号（+）将其展开。

图 9-37 新建面板

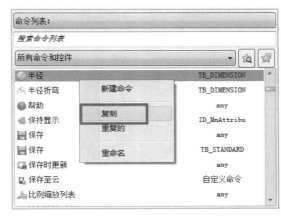

图 9-38 复制命令

4）选中"第 1 行"后，右击，在系统弹出快捷菜单中选择"粘贴"选项，如图 9-39 所示。

5）单击"应用"按钮。

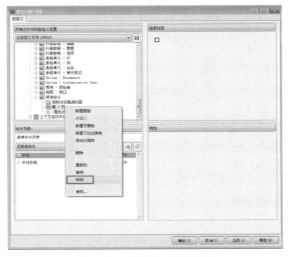

图 9-39 粘贴命令到面板

157

注意：

1）学生界面元素的删除操作是无法撤消的，因此删除时要特别小心。如果删错了学生界面元素，最佳方法是单击"取消"按钮，不保存更改。

2）Cui命令不能在经典工作界面中使用。

9.7.3 定制键盘快捷键

中望CAD提供了键盘快捷键以便能访问经常使用的命令。读者可以定制这些快捷键，并采用"定制"对话框添加新的快捷键。

执行Customize命令，系统弹出"定制"对话框，选择"键盘"选项卡，如图9-40所示。

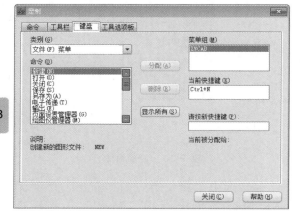

图9-40 "键盘"选项卡

1. 创建一个新的键盘快捷方式

具体操作步骤如下：

1）在"命令"区选择要创建新的键盘快捷方式的命令，如果当前类别中没找到相关的命令，可以切换到其他类别。

2）在"请按新快捷键"编辑框中输入新的键盘快捷方式的组合（如按<Ctrl+B>），系统会自动检测该快捷方式是否已分配给其他命令。

3）确定当前键盘快捷方式的组合没分配给其他命令后，单击"分配"按钮。

4）单击"关闭"按钮，退出"定制"

对话框。

2. 删除键盘快捷方式

具体操作步骤如下：

1）在"命令"区中选择要删除键盘快捷方式的命令，在"当前快捷键"编辑框中会显示当前命令的键盘快捷方式组合。

2）单击"删除"按钮。

3）单击"关闭"按钮。

3. 重新定义已存在的键盘快捷方式

具体操作步骤如下：

1）在"命令"区中选择要重定义的命令，选中"当前快捷键"编辑框中的快捷命令。

2）可以先删除原有的快捷方式，再新建一个快捷方式，删除的方法可参考上文。

任务9.8 设置中望CAD坐标系

9.8.1 笛卡儿坐标系

中望CAD使用了多种坐标系以方便绘图，如：笛卡儿坐标系CCS、世界坐标系WCS和学生坐标系UCS等。

任何一个物体都是由三维点所构成的，有了一点的三维坐标值，就可以确定该点的空间位置。中望CAD采用三维笛卡儿坐标系（CCS）来确定点的位置。学生执行自动进入笛卡儿坐标系的第一象限（即世界坐标系WCS）。在屏幕显示状态栏中显示的三维数值即为当前十字光标所处的空间点在笛卡儿坐标系中的位置。由于在默认状态下的绘图区窗口中，只能看到XOY[⊖]平面，因而只有X和Y轴的坐标在不断地变化，而Z轴的坐标值一直为0。在默认状态下，要把它看成是一个平面直角坐标系。

在XOY平面上绘制、编辑图形时，只需输入X、Y轴的坐标，Z轴坐标由CAD自动赋值为0。

9.8.2 世界坐标系

世界坐标系（WCS）是中望CAD绘制

⊖ 中望CAD部分X、Y、Z及英文字母均为正体。

和编辑图形过程中的基本坐标系，也是进入中望 CAD 后的默认坐标系。世界坐标系 WCS 由三个正交于原点的坐标轴 X、Y、Z 组成。WCS 的坐标原点和坐标轴是固定的，不会随操作而发生变化。

世界坐标系的坐标轴默认方向是 X 轴正方向水平向右，Y 轴正方向垂直向上，Z 轴正方向垂直于屏幕指向学生。坐标原点在绘图区的左下角，系统默认的 Z 坐标值为 0，如果学生没有另外设定 Z 坐标值，所绘图形只能是 XY 平面的图形，如图 9-41 所示，图 a 是中望 CAD 坐标系的图标，而图 b 是原来 2007 版之前的世界坐标系，图标上有一个"W"，World（世界）的第一个字母。

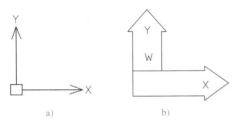

a)　　　　　　　b)

图 9-41　世界坐标系

任务 9.9　重画与重新生成图形

图形重画（Redraw/Redrawall）和图形重生（Regen/Regenall）命令都能够实现视图的重新显示。

9.9.1　图形的重画

1. 运行方式

命令行：Redraw/Redrawall

该命令用于快速访问计算机内存中的虚拟屏幕，称为重画（Redraw 命令）。

在绘图过程中有时会留下一些无用的标记，重画命令用来刷新当前视口中的显示，清除残留的点痕迹，如删除多个对象图样中的一个对象，但有时看上去被删除的对象还存在，在这种情况下可以使用重画命令来刷新屏幕显示，以显示正确的图形。图形中某一图层被打开或关闭，或者栅格被关闭后系统自动对图形刷新并重新显示。栅格的密度

会影响刷新的速度。

9.9.2　重新生成

1. 运行方式

命令行：Regen/Regenall

功能区："视图"→"定位"→"重生成"

该命令用于重新计算整个图形的过程，称为重生成命令。

重生成命令不仅删除图形中的点记号、刷新屏幕，而且更新图形数据库中所有图形对象的屏幕坐标，使用该命令通常可以准确地显示图形数据。

注意：

1）从表 9-4 可以看出，Redraw 命令比 Regen 命令快得多。

2）Redraw 和 Regen 只刷新或重生成当前视口；Redraw all 和 Regen all 可以刷新或重生成所有视口。

表 9-4　Redraw 和 Regen 命令的对比

命令	Redraw 命令	Regen 命令
作用	快速刷新显示 清除所有的图形轨迹点，例如：亮点和零散的像素	重新生成整个图形 重新计算屏幕坐标

9.9.3　图形的缩放

1. 运行方式

命令行：Zoom（Z）

功能区："视图"→"定位"

工具栏："缩放"

在绘图过程中，为了方便地进行对象捕捉、显示局部细节，需要使用缩放工具放大或缩小当前视图或放大局部。当绘制完成后，再使用缩放工具缩小图形来观察图形的整体效果。使用 Zoom 命令并不影响实际对象的尺寸大小。

2. 操作步骤

以某一图纸为例，使用 Zoom 的三种方式来观察图样的不同显示效果，按如下步骤操作，如图 9-42 所示。

a) 打开图样效果

b) 范围缩放后效果

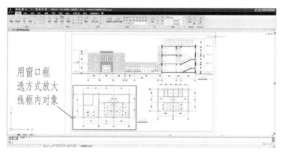

c) 对象缩放后效果

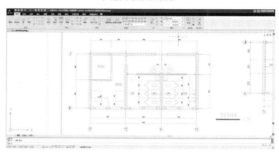

d) 窗口缩放后效果

图 9-42　使用 Zoom 观察图线不同效果

命令:Zoom 指定窗口的角点,输入比例因子(nX 或 nXP),或者[全部(A)/中心(C)/动态(D)/范围(E)/上一个(P)/比例(S)/窗口(W)/对象(O)]<实时>:e	执行 Zoom 命令
	输入 E,以范围方式缩放图样,如图 9-42b 所示
命令:Zoom 指定窗口的角点,输入比例因子(nX 或 nXP),或者[全部(A)/中心(C)/动态(D)/范围(E)/上一个(P)/比例(S)/窗口(W)/对象(O)]<实时>:o	执行 Zoom 命令
	输入 O,以对象方式缩放图样
选择对象:找到 1 个 选择对象	选择边框,提示找到 1 个对象 按<Enter>键结束命令,如图 9-42c 所示
命令:Zoom 指定窗口的角点,输入比例因子(nX 或 nXP), 或者[全部(A)/中心(C)/动态(D)/范围(E)/上一个(P)/比例(S)/窗口(W)/对象(O)]<实时>:w	执行 Zoom 命令
	输入 W,以窗口方式缩放图纸
指定第一个角点: 指定对角点:	拾取图框的一个对角点 拾取图框的另一个对角点,如图 9-42d 所示

缩放命令的选项介绍如下：

全部（A）：在 Limits 命令所设置的绘图范围内，缩放整张图样。

中心（C）：定义中心点与缩放比例或高度来观察窗口。

动态（D）：以视图框缩放显示图形的已生成部分。视图框大小可改变并可在图形中移动。移动视图框的位置并改变其大小，将其中的图像平移或缩放，以充满整个视口。

范围（E）：缩放显示图形的范围并使所有对象在图形范围内以最大显示。

上一个（P）：缩放显示上一个视图。

比例（S）：以指定的比例来缩放显示当前图形。

窗口（W）：缩放观察指定的矩形窗口。

对象（O）：缩放指定的对象，使这些被选取的对象尽可能大地显示在绘图区域的中心。

9.9.4　实时缩放

1. 运行方式

命令行：Rtzoom

功能区："视图"→"定位"→"实时平移"

工具栏："标准"→"实时缩放"

2. 操作步骤

执行实时缩放命令，按住鼠标左键，屏幕出现一个放大镜图标，移动放大镜图标即可实现即时动态缩放。按住鼠标左键向下移动，图形缩小显示；按住鼠标左键向上移动，图形放大显示；按住鼠标左键水平左右移动，图形无变化。按<Esc>键退出命令。

通过滚动鼠标中键（滑轮），即可实现缩放图形。除此之外，鼠标中键还有其他功能，见表9-5。

表9-5　鼠标中键功能

鼠标中键（滑轮）操作	功能描述
滚动滑轮	放大（向前）或缩小（向后）
双击滑轮按钮	缩放到图形范围
按住滑轮按钮并拖动鼠标	实时平移 （等同于 Pan 命令功能）

9.9.5　平移

1. 运行方式

命令行：Pan（P）

工具栏："标准"→"实时缩放"

平移命令用于指定位移来重新定位图形

的显示位置。在有限的屏幕中，显示屏幕外的图形使用 Pan 命令要比 Zoom 快很多，操作直观且简便。

2. 操作步骤

执行该命令，实时平移屏幕上图形，操作过程中，右击以显示快捷菜单，如图9-43所示，可直接切换为缩放、三维动态观察器、窗口缩放、回到最初的缩放状态和范围缩放方式，这种切换方式称为"透明命令"。透明命令指能在其他命令执行过程中执行的命令，透明命令前有一单引号。

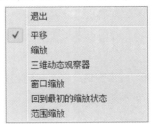

图 9-43　执行 Pan 命令时，右键快捷菜单

注意：

按住鼠标中键（滑轮）即可实现平移，不需要按<Esc>键或者按<Enter>键即可退出平移模式。

任务9.10　设置平铺视口

中望 CAD 提供了模型空间（Model Space）和布局空间（Paper Space）。

模型空间可以绘制二维图形和三维模型，并带有尺寸标注。用 Vports 命令创建视口和设置视口，并可以保存起来，以备日后使用；并且只能打印激活的视口，如果 UCS 图标为显示状态，该图标就会出现在激活的视口中。

布局空间是提供了真实的打印环境，可以即时预览打印出图的整体效果，布局空间只能是二维显示。在布局空间中可以创建一个或多个浮动视口，每个视口的边界是实体，可以删除、移动、缩放、拉伸编辑；可以同时打印多个视口及其内容。

1. 运行方式

命令行：Vports

工具栏："布局"→"视口"

平铺视口可以将屏幕分割为若干个矩形视口，与此同时，可以在不同视口中显示不同角度、不同显示模式的视图。

2. 操作步骤

用平铺视口将图样在模型空间中建立三个视口，如图9-44所示。

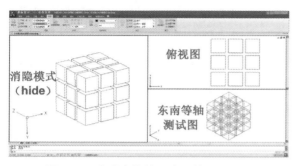

图9-44 魔术方块的三个平铺视口分别
显示的三种不同效果

操作步骤如下：

1）执行Vports命令，系统弹出"视口"对话框，如图9-45所示。

2）选择视口的数量和排列方式，如"三个：左"。

3）单击"确定"按钮。

图9-45 "视口"对话框

另外，还可以用Vports命令的提示创建平铺视口，调用方法如下：

命令:Vports 执行Vports命令
输入选项[保存(S)/恢复(R)/删除(D)/合并(J)/单个(SI)/? /2/3/4]<3>:3
输入3,设置平铺视口数量
输入配置选项[水平(H)/垂直(V)/上(A)/下(B)/左(L)/右(R)]<右>:1
输入L,配置视口方式

视口命令的选项介绍如下：

保存（S）：将当前视口配置以指定的名称保存，以备日后调用。

恢复（R）：恢复先前保存过的视口。

删除（D）：删除已命名保存的视口设置。

合并（J）：将两个相邻视口合并成一个。

单个（SI）：将当前的多个视口合并为单一视口。

2/3/4/：分别在模型空间中建立2、3、4个视口。

项目10

图 形 绘 制

中望 CAD 提供了丰富的创建二维图形工具。本项目主要介绍中望 CAD 中基本的二维绘图命令，常用二维绘图命令有 Point、Line、Circle 等。

本项目的目的在于让学生掌握中望 CAD 每个绘图命令的使用，同时分享一些绘图过程中的经验与技巧。

任务 10.1　绘制直线

1. 运行方式

命令行：Line（L）

功能区："常用"→"绘制"→"直线"

工具栏："绘图"→"直线"

直线的绘制方法最简单，也是各种绘图中最常用的二维对象之一，可绘制任何长度的直线，可输入点的 X、Y、Z 坐标，以指定二维或三维坐标的起点与终点。

2. 操作步骤

绘制一个菱形，按如下步骤操作，结果如图 10-1 所示。

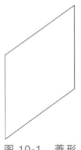

图 10-1　菱形

命令:Line	执行 Line 命令
指定第一个点:100,100	输入绝对直角坐标:(X,Y),确定第 1 点
指定下一点或[角度(A)/长度(L)/放弃(U)]:A	输入 A,以角度和长度来确定第 2 点
指定角度:90	输入角度值 90
指定长度:100	输入长度值 100
指定下一点或[角度(A)/长度(L)/放弃(U)]:@ 80,60	输入相对直角坐标:@(X,Y),确定第 3 点
指定下一点或[角度(A)/长度(L)/闭合(C)/放弃(U)]:@ 100<-90	输入相对极坐标:@"距离"<"角度",确定第 4 点
指定下一点或[角度(A)/长度(L)/闭合(C)/放弃(U)]:C	输入 C,闭合二维线段

以上通过了解相对坐标和极坐标方式来　　确定直线的定位点，目的是掌握中望 CAD 的

精确绘图。

⚙ 直线命令的选项介绍如下：

角度（A）：指直线段与当前 UCS 的 X 轴之间的角度。

长度（L）：指两点间直线的距离。

放弃（U）：撤消最近绘制的一条直线段。在命令行中输入 U，按<Enter>键，则重新指定新的终点。

闭合（C）：将第一条直线段的起点和最后一条直线段的终点连接起来，形成一个封闭区域。

终点：按<Enter>键后，命令行默认最后一点为终点，无论该二维线段是否闭合。

注意：

1）由直线组成的图形，每条线段都是独立对象，可对每条直线段进行单独编辑。

2）在结束 Line 命令后，再次执行 Line 命令，根据命令行提示，直接按<Enter>键，

则以上次最后绘制的线段或圆弧的终点作为当前线段的起点。

3）在命令行提示下输入三维点的坐标，则可以绘制三维直线段。

任务 10.2　绘制圆

1. 运行方式

命令行：Circle（C）

功能区："常用"→"绘制"→"圆"

工具栏："绘图"→"圆"

圆是工程制图中常用的对象之一，圆可以代表孔、轴和柱等对象。学生可根据不同的已知条件，创建所需圆，中望 CAD 默认情况下提供了六种不同已知条件下创建圆的方式。

2. 操作步骤

下面介绍其中的四种方法创建圆，按如下步骤操作，如图 10-2 所示。

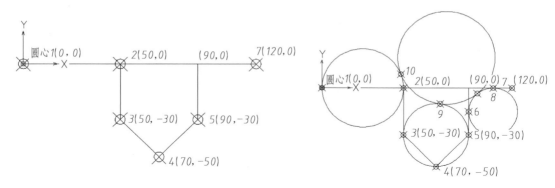

图 10-2　通过使用对象捕捉来确定以上圆对象

命令：Circle	执行 Circle 命令
指定圆的圆心或［三点（3P）/两点（2P）/切点、切点、半径（T）］：2P	
	输入 2P，指定圆直径上的两个点绘制圆
指定圆的直径的第一个端点：	拾取端点 1
指定圆的直径的第二个端点：	拾取端点 2

再次按<Enter>键，执行 Circle 命令，看到"指定圆的圆心或［三点（3P）/两点（2P）/切点、切点、半径（T）］："提示后，在命令行里输入"3P"，按<Enter>键，指定圆上第一点为 3，第二点为 4，第三点为 5，以三点方式完成圆的创建。

重复执行 Circle 命令，看到"指定圆的圆心或［三点（3P）/两点（2P）/切点、切点、半径（T）］："提示后，在命令行里输入"T"，按<Enter>键，指定对象与圆的第一个切点为 6、第二切点为 8，看到"指定圆的半径："提示后，输入"15"，按<Enter>键，

结束第三个圆的绘制。

在"常用"→"绘制"里找到 ，以"中心点，半径"命令方式画圆，单击此命令后，可以在命令行看到"指定圆的半径或直径（D）"提示，输入半径值"20"，或在命令行里输入"D"，输入直径值"40"。

同理，在"常用"→"绘制"里找到 ，以"中心点，直径"命令方式画圆，单击此命令后，可以在命令行看到"指定圆的半径或直径（D）"提示，输入半径值"20"，或在命令行里输入"D"，输入直径值"40"。

在"常用"→"绘制"里找到 ，以"相切、相切、相切（A）"命令方式画圆，单击此命令后，可以在命令行看到"指定圆上的第一点：_tan 到"提示后，拾取切点8，再依次拾取切点9和10，第四个圆绘制完毕。

圆命令的选项介绍如下：

两点（2P）：通过指定圆直径上的两个点绘制圆。

三点（3P）：通过指定圆周上的三个点来绘制圆。

切点、切点、半径（T）：通过指定相切的两个对象和半径来绘制圆。

注意：

1）如果放大圆对象或者放大相切处的切点，有时看起来不圆滑或者没有相切，这其实只是一个显示问题，只需在命令行输入Regen（RE），按<Enter>键，圆对象即变为光滑；也可以把Viewres的数值调大，画出的圆就更加光滑了。

2）绘图命令中嵌套着撤消命令"Undo"，如果画错了不必立即结束当前绘图命令、重新再画，只需在命令行输入"U"，按<Enter>键软件则会自动撤消上一步操作。

任务 10.3　绘制圆弧

1. 运行方式

命令行：Arc（A）

功能区："常用"→"绘制"→"圆弧"

工具栏："绘图"→"圆弧"

圆弧也是工程制图中常用的对象之一。创建圆弧的方法有多种，有指定三点画弧，还可以指定弧的起点、圆心和端点来画圆弧，或是指定圆弧的起点、圆心和角度画圆弧，另外也可以指定圆弧的角度、半径、方向和弦长等方法来画圆弧。中望CAD提供了十一种画圆弧的方式，如图10-3所示。

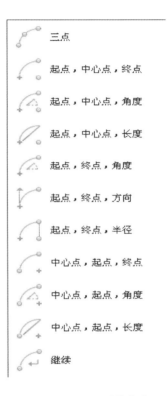

图 10-3　画圆弧的方式

2. 操作步骤

下面介绍一种绘制圆弧方式：三点画圆弧，按如下步骤操作，如图10-4所示。

图 10-4　三点画圆弧

命令：Arc	执行 Arc 命令
指定圆弧的起点或[圆心（C）]：	指定第 1 点
指定圆弧的第二个点或[圆心（C）/端点（E）]：	指定第 2 点
指定圆弧的端点：	指定第 3 点

以下介绍利用直线和圆弧绘制单门的步骤，如图 10-5 所示。

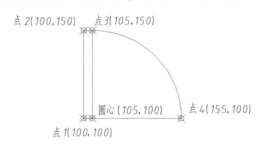

图 10-5　单门

命令：Line	执行 Line 命令
指定第一个点：100,100	输入绝对直角坐标：(X,Y)，确定第 1 点
指定下一点或[角度（A）/长度（L）/放弃（U）]：A	
	输入 A，以角度和长度来确定第 2 点
指定角度：90	输入角度值 90
指定长度：50	输入长度值 50
指定下一点或[角度（A）/长度（L）/放弃（U）]：A	
	输入 A，以角度和长度来确定第 3 点
指定角度：0	输入角度值 0
指定长度：5	输入长度值 5
指定下一点或[角度（A）/长度（L）/放弃（U）]：A	
	输入 A，以角度和长度来确定第 4 点
指定角度：-90	输入角度值-90
指定长度：50	输入长度值 50
指定下一点或[角度（A）/长度（L）/闭合（C）/放弃（U）]：C	
	输入 C，闭合二维线段
命令：Arc	执行 Arc 命令
指定圆弧的起点或[圆心（C）]：	指定第 4 点
指定圆弧的第二个点或[圆心（C）/端点（E）]：C	指定圆心
指定圆弧的端点：	指定第 3 点
命令：Line	执行 Line 命令
指定第一个点：	指定圆心
指定下一点或[角度（A）/长度（L）/放弃（U）]：	指定第 4 点

另外，还可以有以下三种方式创建所需圆弧对象，如图 10-6 所示。

⚙ 圆弧命令的选项介绍如下：　　　　　　三点：指定圆弧的起点、终点以及圆弧上任意一点。

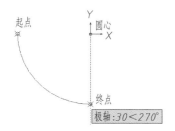

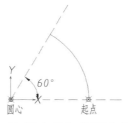

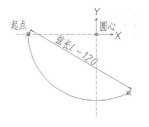

a)"起点-圆心-终点"方式　　　b)"起点-圆心-角度"方式　　　c)"起点-圆心-弦长"方式

图 10-6　其他创建圆弧方法

起点：指定圆弧的起点。

半径：指定圆弧的半径。

终点（E）：指定圆弧的终点。

圆心（C）：指定圆弧的圆心。

弦长（L）：指定圆弧的弦长。

方向（D）：指定圆弧的起点切向。

角度（A）：指定圆弧包含的角度。默认情况下，顺时针方向为负，逆时针方向为正。

注意：

圆弧的角度与半径值均有正、负之分。默认情况下中望CAD在逆时针方向上绘制出较小的圆弧，如果输入负数半径值，则绘制出较大的圆弧。同理，指定角度时从起点到终点的圆弧方向，输入角度值则是逆时针方向，如果输入负数角度值，则是顺时针方向。

任务 10.4　绘制椭圆和椭圆弧

1. 运行方式

命令行：Ellipse（EL）

功能区："常用"→"绘制"→"椭圆"

工具栏："绘图"→"椭圆"

椭圆对象包括圆心、长轴和短轴。椭圆是一种特殊的圆，它的中心到圆周上的距离是变化的，而部分椭圆就是椭圆弧。

2. 操作步骤

图 10-7a 所示是以椭圆中心点为椭圆圆心，分别指定椭圆的长、短轴；图 10-7b 所示是以椭圆轴的两个端点和另一轴半长来绘制椭圆。以图 10-7 所示为例，绘制椭圆，按如下步骤操作：

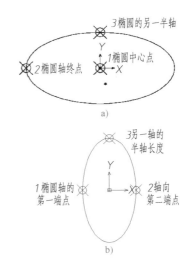

图 10-7　绘制椭圆

命令：Ellipse	执行 Ellipse 命令
指定椭圆的轴端点或[圆弧（A）/中心点（C）]：C	以椭圆圆心作为中心点
指定椭圆的中心点：	指定椭圆圆心
指定轴的端点：	指定点2
指定另一条半轴长度或[旋转（R）]：	指定点3

如图 10-8 所示，利用所学到的直线、圆、椭圆和椭圆弧命令绘制脸盆的步骤如下：

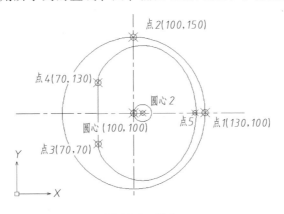

图 10-8　脸盆

命令：Ellipse	执行 Ellipse 命令
指定椭圆的轴端点或［圆弧（A）/中心点（C）]C：	以中心点作为圆心
指定椭圆的中心点：	指定椭圆圆心
指定轴的端点：	指定点 1
指定另一条半轴长度或［旋转（R）]：	指定点 2
命令：Ellipse	执行 Ellipse 命令，绘制椭圆弧
指定椭圆的轴端点或［圆弧（A）/中心点（C）]C：	确定椭圆弧的圆心
指定椭圆的中心点：	指定圆心 2
指定轴的端点：	指定点 5
指定另一条半轴长度或［旋转（R）]：	35
指定起始角度或［参数（P）]：	指定点 3
指定终止角度或［参数（P）/包含角度（I）]：	指定点 4
命令：Line	执行 Line 命令
指定第一个点：	指定点 3
指定下一点或［角度（A）/长度（L）/放弃（U）]：	指定点 4
	输入 A，以角度和长度来确定第 2 点
命令：Circle	执行 Circle 命令
指定圆的圆心或［三点（3P）/两点（2P）/切点、切点、半径（T）]：	
	以圆心 2 作为小圆的圆心
指定圆的半径或［直径（D）]：	选择椭圆圆心

椭圆命令的选项介绍如下：

中心点（C）：通过指定中心点来创建椭圆或椭圆弧对象。

圆弧（A）：绘制椭圆弧。

旋转（R）：用长短轴线之间的比例来确定椭圆的短轴。

参数（P）：以矢量参数方程式来计算椭

圆弧的端点角度。

包含角度（I）：指所创建的椭圆弧从起始角度开始包含的角度值。

注意：

1）Ellipse 命令绘制的椭圆同圆一样，不能用 Explode、Pedit 等命令修改。

2）通过系统变量 Pellipse 控制 Ellipse 命令创建的对象是真的椭圆还是以多段线表

示的椭圆；当 Pellipse 设置 "0" 时，即默认值，绘制的椭圆是真的椭圆；当该变量设置为 "1" 时，绘制的椭圆对象由多段线组成。

3) "旋转（R）" 选项可输入的角度值取值范围是 0°~89.4°。若输入 0，则绘制的为圆；输入值越大，椭圆的离心率就越大。

任务 10.5 绘制点

1. 运行方式

命令行：Point

功能区："常用"→"绘制"→"点"

工具栏："绘图"→"点"

点不仅表示一个小的实体，而且通过点作为绘图的参考标记。中望 CAD 提供了二十种类型的点样式，如图 10-9 所示。

⚙ 设置点样式的选项介绍如下：

相对于屏幕设置大小：以屏幕尺寸的百分比设置点的显示大小。在进行缩放时，点的显示大小不随其他对象的变化而改变。

按绝对单位设置大小：以指定的实际单位值来显示点。在进行缩放时，点的大小也将随其他对象的变化而变化。

图 10-9 "点样式"设置对话框

2. 操作步骤

如图 10-10 所示，为等边三角形的三个顶点创建点标记，按如下步骤操作：

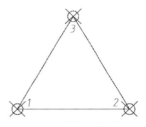

图 10-10 点标记符号显示

命令:Point	执行 Point 命令
指定一点或[设置(S)/多次(M)]:	输入 M，以多点方式创建点标记
指定一点或[设置(S)]:	拾取端点 1
指定一点或[设置(S)]:	拾取端点 2
指定一点或[设置(S)]:	拾取端点 3

（1）分割对象　利用"定数等分"（Divide）命令，沿着直线或圆周方向均匀间隔一段距离排列点实体或块。以圆为对象，用块名为 C1 的。分割为三等份，如图 10-11 所示。

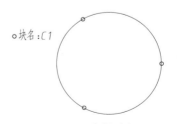

图 10-11 分割对象

命令:Divide	执行 Divide 命令
选择要定数等分的对象:	选取圆对象
输入线段数目或[块(B)]:B	输入 B

输入要插入的块名:C1	输入图块名称
是否将块与对象对齐？[是(Y)/否(N)]<是(Y)>:Y	输入 Y
输入线段数目:3	输入 3

（2）测量对象　利用"定距等分"（Measure）命令，在实体上按测量的间距排列点实体或块。把周长为550mm的圆，用块名为 C1 的对象，以 100mm 弧长为分段长度，测量圆对象，如图10-12所示。

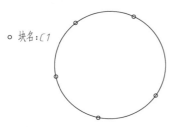

图 10-12　测量对象

命令:Measure	
	执行 Measure 命令
选择要定距等分的对象:	
	选取圆对象
指定线段长度或[块(B)]:	
	输入 B
输入要插入的块名:C1	
	输入图块名称
是否将块与对象对齐？[是(Y)/否(N)]<是	
(Y)>:Y	输入 Y
指定线段长度:100	输入 100

注意：

1）可通过在屏幕上拾取点或者输入坐标值来指定所需的点。在三维空间内，也可指定 Z 坐标值来创建点。

2）创建好参考点对象，可以使用节点（Node）对象捕捉来捕捉修改点。

3）用 Divide 或 Measure 命令插入图块时，先定义图块。

任务 10.6　徒手画线

1. 运行方式

命令行：Sketch

徒手画线对于创建不规则边界或使用数字化仪追踪

非常有用，可以使用 Sketch 命令徒手绘制图形、轮廓线及签名等。

在中望 CAD 中 Sketch 命令没有对应的菜单或工具按钮，因此要使用该命令，必须在命令行中输入 Sketch，按<Enter>键，即可启动徒手画线的命令。输入分段长度，屏幕上出现了一支铅笔，鼠标轨迹变为线条。

2. 操作步骤

执行此命令，并根据命令行提示指定分段长度后，将显示如下提示信息：

命令:Sketch
记录增量<1.0000>:
徒手画…画笔(P)/退出(X)/结束(Q)/记录
(R)/删除(E)/连接(C)
<笔 落><笔 提>……:

绘制草图时，定点设备就像画笔一样。单击定点设备将把"画笔"放到屏幕上以进行绘图，再次单击将收起画笔并停止绘图。徒手画由许多条线段组成，每条线段都可以是独立的对象或多段线。可以设置线段的最小长度或增量。使用较小的线段可以提高精度，但会明显增加图形文件的大小，因此，要尽量少使用此工具。

任务 10.7　绘制圆环

1. 运行方式

命令行：Donut（DO）

功能区："常用"→"绘制"→"圆环"

工具栏："绘图"→"圆环"

圆环是由相同圆心、不相等直径的两个圆组成的。控制圆环的主要参数是圆心、内直径和外直径。如果内直径为 0，则圆环为填充圆。如果内直径与外直径相等，则圆环为普通圆。圆环经常用在电路图中来代表一些元件符号。

2. 操作步骤

以图 10-13a 为例，绘制圆环，按如下步骤操作：

170

命令:Fill	执行 Fill 命令
FILLMODE 已经关闭:打开(ON)/切换(T)/<关闭>:ON	输入 ON,打开填充设置
命令:Donut	执行 Donut 命令
指定圆环的内径<10.0000>:10	指定圆环内直径为 10mm
指定圆环的外径<20.0000>:15	输入圆环外直径为 15mm
指定圆环的中心点或<退出>:	指定圆环的中心为坐标原点

⚙ 圆环命令的选项介绍如下:

圆环的内径:指圆环体内圆直径。

圆环的外径:指圆环体外圆直径。

注意:

1) 圆环对象可以使用编辑多段线（Pedit）命令编辑。

2) 圆环对象可以使用分解（Explode）命令转化为圆弧对象。

3) 开启填充（Fill = on）时,圆环显示为填充模式,如图 10-13a 和图 10-13b 所示。

4) 关闭填充（Fill = off）时,圆环显示为填充模式,如图 10-13c 和图 10-13d 所示。

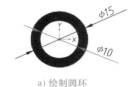
a) 绘制圆环

b) 圆环体内直径为0

c) 关闭圆环填充

d) 圆环体内直径为0

图 10-13　绘制圆环

任务 10.8　绘制矩形

1. 运行方式

命令行：Rectangle（REC）

功能区："常用"→"绘制"→"矩形"

工具栏："绘图"→"矩形"

该命令通过确定矩形对角线上的两个点来绘制矩形。

2. 操作步骤

绘制矩形,按如下步骤操作,如图 10-14a 所示。

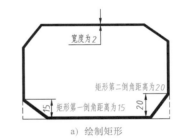
a) 绘制矩形

b) 通过左视图或右视图查看标高值和厚度

图 10-14　绘制矩形

命令:Rectang	执行 Rectang　命令
指定第一个角点或[倒角(C)/标高(E)/圆角(F)/厚度(T)/宽度(W)]:C	输入 C,设置倒角参数
指定矩形的第一个倒角距离<0.0000>:15	输入第一倒角距离 15mm
指定矩形的第二个倒角距离<15.0000>:20	输入第二倒角距离 20mm
指定第一个角点或[倒角(C)/标高(E)/圆角(F)/厚度(T)/宽度(W)]:E	输入 E,设置标高值
指定矩形的标高<0.0000>:10	输入标高值为 10mm
指定第一个角点或[倒角(C)/标高(E)/圆角(F)/厚度(T)/宽度(W)]:T	输入 T,设置厚度值
指定矩形的厚度<0.0000>:5	输入厚度值为 5mm

指定第一个角点或[倒角（C）/标高（E）/圆角（F）/厚度（T）/宽度（W）]:W	
	输入 W，设置宽度值
指定矩形的线宽<0.0000>:2	设置宽度值为 2mm
指定第一个角点或[倒角（C）/标高（E）/圆角（F）/厚度（T）/宽度（W）]:	
	拾取第 1 对角点
指定其他的角点或[面积（A）/尺寸（D）/旋转（R）]:	拾取第 2 对角点

⚙ 矩形命令的选项介绍如下：

倒角（C）：设置矩形角的倒角距离。

标高（E）：确定矩形在三维空间内的基面高度。

圆角（F）：设置矩形角的圆角大小。

厚度（T）：设置矩形的厚度，即 Z 轴方向的高度。

宽度（W）：设置矩形的线宽。

面积（A）：如已知矩形面积和其中一边的长度值，就可以使用面积方式创建矩形。

尺寸（D）：如已知矩形的长度和宽度即可使用尺寸方式创建矩形。

旋转（R）：通过输入旋转角度选取另一对角点来确定显示方向。

注意：

1）矩形选项中，除了面积一项以外，都会将所作的设置保存为默认设置。

2）矩形的属性其实是多段线对象，也可通过"分解"（Explode）命令把多段线转化为多条直线段。

任务 10.9 绘制正多边形

1. 运行方式

命令行：Polygon（POL）

功能区："常用"→"绘制"→"正多边形"

工具栏："绘图"→"正多边形" ⬠

在中望 CAD 中，绘正多边形的命令是 Polygon。它可以精确绘制 3~1024 条边的正多边形。

2. 操作步骤

绘制正六边形，按如下步骤操作，如图 10-15 所示。

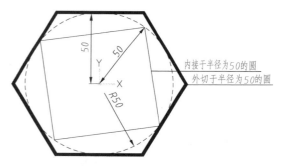

图 10-15　以外切于圆和内接于圆绘制六边形

命令:Polygon	执行 Polygon 命令
[多个（M）/线宽（W）] 或 输入边的数目<4>:W	输入 W
多段线宽度<0> :2	输入宽度值为 2mm
[多个（M）/线宽（W）] 或 输入边的数目<4>:6	输入多边形的边数为 6
指定正多边形的中心点或[边（E）]:	拾取坐标原点
输入选项[内接于圆（I）/外切于圆（C）]<I>:C	输入 C
指定圆的半径:50	输入外切圆的半径为 50mm
命令:Polygon	再次执行 Polygon 命令
[多个（M）/线宽（W）] 或 输入边的数目<4>:4	输入多边形的边数为 4
指定正多边形的中心点或[边（E）]:	拾取坐标原点
输入选项[内接于圆（I）/外切于圆（C）]<I>:I	输入 I
指定圆的半径:50	输入外切圆的半径为 50mm

正多边形命令的选项介绍如下：

多个（M）：如果需要创建同样属性的正多边形，在执行Polygon（POL）命令后，首先输入M，输入完所需参数值后，就可以连续指定位置放置正多边形。

线宽（W）：指定正多边形的多段线宽度值。

边（E）：通过指定边缘第一端点及第二端点，可确定正多边形的边长和旋转角度。

<正多边形中心>：指定正多边形的中心点。

内接于圆（I）：指定外接圆的半径，正多边形的所有顶点都在此圆周上。

外切于圆（C）：指定从正多边形中心点到各边中心的距离。

注意：

用Polygon命令绘制的正多边形是一条多段线，可用Pedit命令对其进行编辑。

任务10.10　绘制多段线

1. 运行方式

命令行：Pline（PL）

功能区："常用"→"绘制"→"多段线"

工具栏："绘图"→"多段线"

多段线由直线段或圆弧连接组成，作为单一对象使用。通过"多段线"命令可以绘制直线箭头和弧形箭头。

2. 操作步骤

如图10-16所示，使用"多段线"命令绘制，按如下步骤操作：

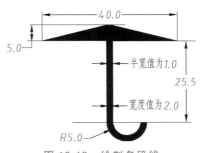

图10-16　绘制多段线

命令:Pline	执行Pline命令
指定起点:100,100	以(100,100)作为起点
指定下一个点或[圆弧(A)/半宽(H)/长度(L)/放弃(U)/宽度(W)]:W	输入W,设置宽度值
指定起点宽度<0.0000>:0	输入起始宽度值为0mm
指定端点宽度<0.0000>:40	输入端点宽度值为40mm
指定下一个点或[圆弧(A)/半宽(H)/长度(L)/放弃(U)/宽度(W)]:5	
直接输入:5	即长度为5mm
指定下一点或[圆弧(A)/闭合(C)/半宽(H)/长度(L)/放弃(U)/宽度(W)]:H	
指定起点半宽<20.0000>:1	输入起始半宽
指定端点半宽<1.0000>:1	输入终端半宽
指定下一点或[圆弧(A)/闭合(C)/半宽(H)/长度(L)/放弃(U)/宽度(W)]:L	
指定直线的长度:25.5	设置长度值
指定下一点或[圆弧(A)/闭合(C)/半宽(H)/长度(L)/放弃(U)/宽度(W)]:A	
输入A	选择画弧方式
指定圆弧的端点或[角度(A)/圆心(CE)/闭合(CL)/方向(D)/半宽(H)/直线(L)/半径(R)/第二个点(S)/放弃(U)/宽度(W)]:R	输入R
指定圆弧的半径:5	输入半径值为5mm
指定圆弧的端点或[角度(A)]:	指定圆弧的终点

多段线命令的选项介绍如下：

圆弧（A）：指定弧的起点和终点绘制圆弧段。

角度（A）：指定圆弧从起点开始所包含的角度。

圆心（CE）：指定圆弧所在圆的圆心。

方向（D）：指定圆弧的起点切向。

半宽（H）：指定从宽多段线线段的中心到其一边的宽度。

直线（L）：退出"弧"模式，返回绘制多段线的主命令行，继续绘制线段。

半径（R）：指定弧所在圆的半径。

第二个点（S）：指定圆弧上的点和圆弧的终点，以三个点来绘制圆弧。

宽度（W）：指定带有宽度的多段线。

闭合（CL）：通过在上一条线段的终点和多段线的起点间绘制一条线段来封闭多段线。

长度（L）：指定分段距离。

注意：

系统变量 Fillmode 控制圆环和其他多段线的填充显示，设置 Fillmode 为关闭（值为 0 时），创建的多段线就为二维线框对象。

任务 10.11　绘制迹线

1. 运行方式

命令行：Trace

"迹线" Trace 命令用于绘制具有一定宽度的实体线。

2. 操作步骤

如图 10-17 所示，使用"迹线"命令绘制一个边长为 10mm、宽度为 2mm 的正方形，按如下步骤操作：

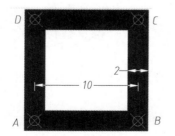

图 10-17　使用"迹线"命令绘制正方形

命令：Trace	执行 Trace 命令
指定宽线宽度<1.0000>：2	
	输入迹线宽度值 2mm
指定起点：	拾取点 A
指定下一点	拾取点 B
指定下一点	拾取点 C
指定下一点	拾取点 D

注意：

1）Trace 命令不能自动封闭图形，即没有闭合（Close）选项，也没有放弃（Undo）选项。

2）系统变量 Tracewid 可以设置默认迹线的宽度值。

任务 10.12　绘制射线

1. 运行方式

命令行：Ray

功能区："常用"→"绘制"→"射线"

工具栏："绘图"→"射线"

"射线"命令用于绘制从一个指定点开始并且向一个方向无限延伸的直线。

2. 操作步骤

如图 10-18 所示，使用"射线"命令平分等边三角形的角，按如下步骤操作：

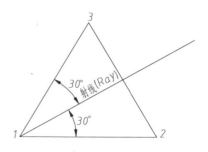

图 10-18　使用"射线"命令
平分等边三角形的角

命令：Ray	执行 Ray 命令
射线：[等分（B）/水平（H）/竖直（V）/角度（A）/偏移（O）]<射线起点>：B	
	输入 B，选择以等分形式引出射线
对象（E）/<顶点>：	拾取顶点 1
平分角起点：	拾取顶点 2
平分角终点：	拾取顶点 3
按<Enter>键	自动生成射线

射线命令的选项介绍如下：

等分（B）：垂直于已知对象或平分已知对象绘制等分射线。

水平（H）：平行于当前 UCS 的 X 轴绘制水平射线。

竖直（V）：平行于当前 UCS 的 Y 轴绘制垂直射线。

角度（A）：指定角度绘制带有角度的射线。

偏移（O）：以指定距离将选取的对象偏移并复制，使对象副本与源对象平行。

任务 10.13 绘制构造线

1. 运行方式

命令行：Xline（XL）

功能区："常用"→"绘制"→"构造线"

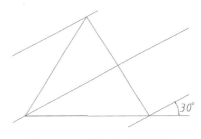

工具栏："绘图"→"构造线"

"构造线"命令用于绘制没有起点和终点的无穷延伸的直线。

2. 操作步骤

如图 10-19 所示，通过对象捕捉节点（Node）方式来确定构造线，按如下步骤操作：

图 10-19 通过角度和通过点绘制构造线

命令：Xline	执行 Xline 命令
指定点或[水平(H)/垂直(V)/角度(A)/二等分(B)/偏移(O)]：A	
	选择以指定角度绘制构造线
输入构造线的角度(0)或[参照(R)]：30	指定构造线的角度为30°
指定通过点：	依次指定三角形的三个顶点

构造线命令的选项介绍如下：

水平（H）：平行于当前 UCS 的 X 轴绘制水平构造线。

垂直（V）：平行于当前 UCS 的 Y 轴绘制垂直构造线。

角度（A）：指定角度绘制带有角度的构造线。

二等分（B）：垂直于已知对象或平分已知对象绘制等分构造线。

偏移（O）：以指定距离将选取的对象偏移并复制，使对象副本与原对象平行。

注意：

构造线作为临时参考线用于辅助绘图，参照完毕，应记住将其删除，以免影响图形的效果。

任务 10.14 绘制样条曲线

1. 运行方式

命令行：Spline（SPL）

功能菜："常用"→"绘制"→"样条曲线"

工具栏："绘图"→"样条曲线"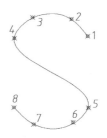

样条曲线是由一组点定义的一条光滑曲线。使用"样条曲线"命令生成一些地形图中的地形线、盘形凸轮轮廓曲线以及作为局部剖面的分界线等。

2. 操作步骤

如图 10-20 所示，使用"样条曲线"命令绘制一个 S 形曲线，按如下步骤操作：

图 10-20　使用"样条曲线"命令绘制 S 形曲线

命令:Spline	执行 Spline 命令
指定第一个点或[对象(O)]:	拾取第 1 点
指定下一点:	拾取第 2 点
指定下一点或[闭合(C)/拟合公差(F)]<起点切向>:	拾取第 3 点
……	拾取第 4、5、6、7 点
指定下一点或[闭合(C)/拟合公差(F)]<起点切向>:	拾取第 8 点
指定起点切向:	右击
指定端点切向:	右击

⚙ 样条曲线命令的选项介绍如下：

闭合（C）：生成一条闭合的样条曲线。

拟合公差（F）：键入曲线的偏差值。值越大，曲线相对越平滑。

起点切向：指定起始点切线。

端点切向：指定终点切线。

任务 10.15　绘制云线

1. 运行方式

命令行：Revcloud

菜单："常用"→"绘制"→"云线"

工具栏："绘图"→"修订云线" ☁

云线是由连续圆弧组成的多段线。"云线"命令用于检查阶段时提醒学生注意图形中圈阅部分。

2. 操作步骤

使用"云线"命令绘制一棵树，将图 10-21a 所示图形转化为图 10-21b 所示图形，按如下步骤操作：

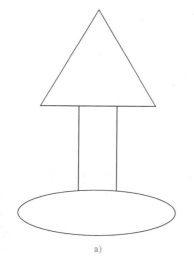

a)

b)

图 10-21　绘制云线

命令:Revcloud	执行 Revcloud 命令
指定起点或[弧长(A)/对象(O)/样式(S)]<对象>:A	输入 A
指定最小弧长<0.5>:	输入最小弧长 0.5mm
指定最大弧长<1.5>:	输入最大弧长 1.5mm
指定起点或[弧长(A)/对象(O)/样式(S)]<对象>:O	输入 O
选择对象:	选取图 10-21a 所示三角形对象
反转方向[是(Y)/否(N)]<否>:N	输入 N
命令:Revcloud	再次执行 Revcloud 命令
最小弧长:0.5 最大弧长:1.5 样式:普通	
指定起点或[弧长(A)/对象(O)/样式(S)]<对象>:A	输入 A
指定最小弧长<0.5>:	输入最小弧长 0.2mm
指定最大弧长<1.5>:	输入最大弧长 0.6mm
指定起点或[弧长(A)/对象(O)/样式(S)]<对象>:O	输入 O
选择对象:	选取图 10-21a 所示长方形对象
反转方向[是(Y)/否(N)]<否>:N	输入 N
命令:Revcloud	再次执行 Revcloud 命令
最小弧长:0.2 最大弧长:0.6 样式:普通	
指定起点或[弧长(A)/对象(O)/样式(S)]<对象>:A	输入 A
指定最小弧长<0.5>:	空格默认
指定最大弧长<0.6>:	空格默认
指定起点或[弧长(A)/对象(O)/样式(S)]<对象>:O	输入 O
选择对象:	选取图 10-21a 所示椭圆对象
反转方向[是(Y)/否(N)]<否>:Y	输入 Y,云线绘制完成

⚙ 云线命令的选项介绍如下:

弧长（A）：指定云线上凸凹的圆弧弧长。

对象（O）：选择已知对象作为云线路径。

样式（S）：云线的显示样式，包括普通（N）和手绘（C）选项。

注意：

云线对象实际上是多段线，可用多段线编辑（Pedit）命令编辑。

177

项目11

编辑对象

图形编辑就是对图形对象进行移动、旋转、复制、缩放等操作。中望 CAD 提供强大的图形编辑功能，可以帮助学生合理地构造和组织图形，以获得准确的图样。合理地运用编辑命令可以极大地提高绘图效率。

本项目内容与绘图命令结合的非常紧密。通过该项目的学习，学生应该掌握编辑命令的使用方法，能够利用绘图命令和编辑命令绘制复杂的图形。

任务 11.1　选择对象

在图形编辑前，首先要选择需要进行编辑的图形对象，然后对其进行编辑加工。中望 CAD 会将所选择的对象以虚线显示，这些所选择的对象被称为选择集。选择集可以包含单个对象，也可以包含更复杂的多个对象。

中望 CAD 具有多种方法选择对象，如图 11-1 所示，室内有很多家具，可以直接选择一部分。

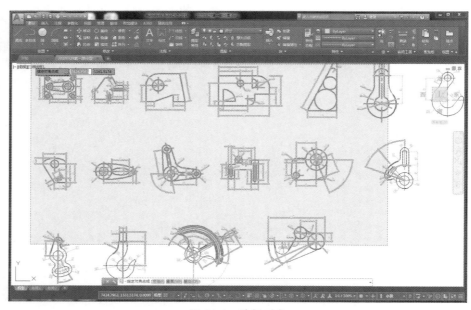

图 11-1　选择对象

或者在执行某些命令时候，命令栏提示"选择对象"，此时在命令行输入"?"，将显示如下提示信息：

> 需要点或窗口（W）/最后（L）/相交（C）/框（BOX）/全部（ALL）/围栏（F）/圈围（WP）/圈交（CP）/组（G）/添加（A）/删除（R）/多个（M）/上一个（P）/撤消（U）/自动（AU）/单个（SI）

⚙ 以上各项提示的含义和功能说明如下：

需要点或窗口（W）：选取第一角点和对角点区域中所有对象。

最后（L）：选取在图形中最近创建的对象。

相交（C）：选取与矩形选取窗口相交或包含在矩形窗口内的所有对象。

框（BOX）：选择有两点定义的矩形内与之相交的所有对象。当矩形由右至左指定时，则框选与相交等效，若矩形由左至右则与窗选等效。

全部（ALL）：在当前图中选择所有对象。

围栏（F）：选取与选择框相交的所有对象。

圈围（WP）：选取完全在多边形选取窗中的对象。

圈交（CP）：选取多边形选取窗口所包含或与之相交的对象。

组（G）：选定制定组中的全部对象。

添加（A）：新增一个或以上的对象到选择集中。

删除（R）：从选择集中删除一个或以上的对象。

多个（M）：选择多个对象并亮显选取的对象。

上一个（P）：选取包含在上个选择集中的对象。

撤消（U）：取消最近添加到选择集中的对象。

自动（AU）：自动选择模式，学习者指向一个对象即可选择该对象。若指向对象内部或外部的空白区，将形成框选方法定义的选择框的第一个角点。

单个（SI）：选择"单个"选项后，只能选择一个对象，若要继续选择其他对象，需要重新执行选择命令。

对以上几种可选命令总结了下面几种选择对象的方法：

（1）直接选择对象　只需将拾取框移动到希望选择的对象上单击即可。对象被选择后，会以虚线形式显示。

（2）选择全部对象　在"选择对象"提示下输入"ALL"后按<Enter>键，将自动选中屏幕上的所有对象，如图11-2所示。

选择全部

图11-2　全部（ALL）

（3）窗口选择方式　将拾取框移动到图中空白地方单击，会提示"指定对角点："，在该提示下将光标移到另一个位置后单击，系统自动以这两个拾取点为对角点确定一个矩形拾取窗口。如果矩形窗口是从左向右定义的，那么窗口内部的对象均被选中，而窗口外部以及与窗口边界相交的对象不被选中；如果窗口是从右向左定义的，那么不仅窗口内部的对象被选中，与窗口边界相交的那些对象也被选中。

（4）矩形窗口选择方式　在"选择对象"提示下输入"W"后并按<Enter>键，系统会依次提示学生确定矩形拾取窗口内所有对象。在使用矩形窗口拾取方式时，无论是从左向右还是从右向左定义窗口，被选中的对象均为位于窗口内的对象，如图11-3所示。

（5）交叉矩形窗口选择方式　在"选择对象"提示下输入"C"并按<Enter>键，系统会依次提示确定矩形拾取窗口的两个角

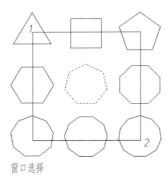

图 11-3 窗口（W）

点，确定后所选对象不仅包括位于矩形窗口内的对象，而且也包括与窗口边界相交的所有对象，如图 11-4 所示。

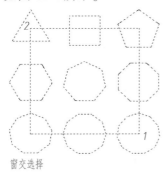

图 11-4 相交（C）

（6）围栏选择方式 在"选择对象"提示下输入"F"后按<Enter>键，系统提示"第一个栏选点："，确定第一点后指定直线的端点或放弃选择（输入"U"然后按<Enter>键），按照接下来的提示确定其他各点后按<Enter>键，则与这些点确定的围线相交的对象被选中，如图 11-5 所示。

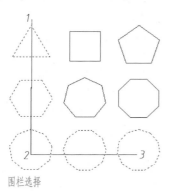

图 11-5 围栏（F）

（7）多边形选择方式 在"选择对象"提示下输入"WP"后按<Enter>键，系统提示"第一个圈围点："，确定第一点后指定直线的端点或放弃选择，接下来选择 1、2、3，则完全在三角形窗口里的对象被选中，如图 11-6 所示。

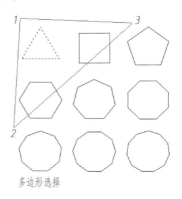

图 11-6 圈围（WP）

在"选择对象"提示下输入"CP"后按<Enter>键，系统提示"第一个圈围点："，确定第一点后指定直线的端点或放弃选择，接下来选择 1、2、3，除了三角形窗口内的对象，与窗口边界相交的对象也会被选中，如图 11-7 所示。

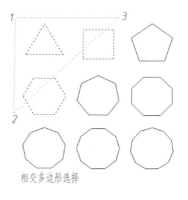

图 11-7 圈交（CP）

注意：

除了上述方法，还可以根据某一特殊性质来选择实体，如特定层中或特定颜色的所有实体，可以自动使用一些选择方法，无需显示提示框。如可以单击选择对象，或单击两点确定矩形选择框来选择对象。

180

任务 11.2 夹点编辑

11.2.1 夹点编辑概述

如果在未启动命令的情况下，单击选中某图形对象，那么被选中的图形对象就会以虚线显示，而且被选中图形的特征点（如端点、圆心、象限点等）将显示为蓝色的小方框，如图 11-8 所示，这样的小方框称为夹点。

夹点有两种状态：未激活状态和被激活状态。如图 11-8 所示，选择某图形对象后出现的蓝色小方框，就是未激活状态的夹点。如果单击某个未激活夹点，该夹点就被激活，称为热夹点，以红色小方框显示。以被激活的夹点为基点，可以对图形对象执行拉伸、平移、拷贝、缩放和镜像等基本修改操作。

要使用夹点来编辑，先选取对象以显示夹点，再单击夹点来使用。所选的夹点视所修改对象类型与所采用的编辑方式而定。如要移动直线对象，拖动直线中点处的夹点；要拉伸直线，拖动直线端点处的夹点。在使用夹点时，不需输入命令。

11.2.2 夹点拉伸

拉伸是夹点编辑的默认操作，不需要再输入"拉伸"命令 Stretch。当激活某个夹点以后，命令行提示如下：

> 命令：
> ＊＊拉伸＊＊
> 指定拉伸点或［基点（B）/复制（C）/放弃（U）/退出（X）］：
> 此时直接拖动鼠标,就可以将热夹点拉伸到需要位置

如果不直接拖动鼠标，还可以选择中括号里的选项：

基点（B）：选择其他点为拉伸的基点，而不是以选中的夹点为基准点，如图 11-9 所示。

复制（C）：可以对某个夹点进行连续多次拉伸，而且每拉伸一次，就会在拉伸后的位置复制留下该图形，如图 11-10 所示，该操作实际上是拉伸和复制两项功能的结合。

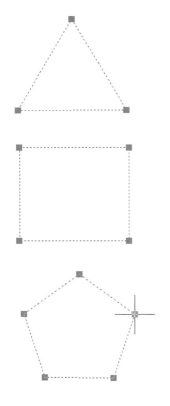

图 11-8　夹点位置图例

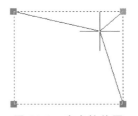

图 11-9　夹点拉伸图

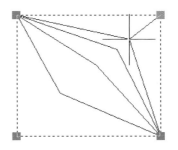

图 11-10　拉伸和复制的结合

11.2.3 夹点平移

激活图形对象上的某个夹点，在命令行输入"平移"命令的简写 MO，就可以平移该对象。命令行提示如下：

> 命令：
> ＊＊拉伸＊＊
> 指定拉伸点或［基点（B）/复制（C）/放弃（U）/退出（X）]:MO 切换到移动方式
> ＊＊移动＊＊
> 指定移动点或［基点（B）/复制（C）/放弃（U）/退出（X）]:拖动鼠标移动图形,如图 11-11所示,单击把图形放在合适位置

如果不直接拖动鼠标，还可以选择中括号里的选项：

基点（B）：选择其他点为平移的基点，而不是以选中的夹点为基准点。

复制（C）：可以对某个夹点进行连续多次平移，而且每平移一次，就会在平移后的位置复制留下该图形，如图 11-12 所示，该操作实际上是平移和复制两项功能的结合。

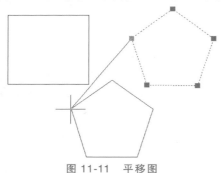

图 11-11　平移图

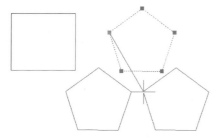

图 11-12　平移与复制结合

11.2.4 夹点旋转

激活图形对象上的某个夹点，在命令行

输入"旋转"命令的简写 RO，就可以绕着热夹点旋转该对象。命令行提示如下：

> 命令：
> ＊＊拉伸＊＊
> 指定拉伸点或［基点（B）/复制（C）/放弃（U）/退出（X）]:RO 切换到旋转方式
> ＊＊旋转＊＊
> 指定旋转角度或［基点（B）/复制（C）/放弃（U）/参照（R）/退出（X）]:拖动鼠标旋转图形,如图 11-13 所示,通过单击或输入角度的办法把图形转到需要位置

如果不直接拖动鼠标，还可以选择中括号里的选项：

基点（B）：选择其他点为旋转的基点，而不是以选中的夹点为基准点。

复制（C）：可以对某个夹点进行连续多次旋转，而且每旋转一次，就会在旋转后的位置上复制留下该图形，如图 11-14 所示，该操作实际上是旋转和复制两项功能的结合。

参照（R）：将对象从指定的角度旋转到新的绝对角度。

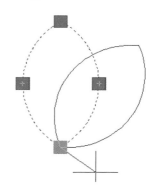

图 11-13　旋转图形

图 11-14　旋转与复制结合

11.2.5　夹点镜像

激活图形对象上的某个夹点，在命令行输入"镜像"命令的简写 MI，可以对图形进行镜像操作。其中热夹点已经被确定为对称轴上的一点，只需要确定另外一点，就可以确定对称轴位置。命令行提示如下：

> 命令：
> ＊＊拉伸＊＊
> 指定拉伸点或［基点（B）/复制（C）/放弃（U）/退出（X）]：MI切换到镜像方式
> ＊＊镜像＊＊
> 指定第二点或［基点（B）/复制（C）/放弃（U）/退出（X）]：指定镜像轴的第二点，从而得到镜像图形，如图11-15所示

如果不直接拖动鼠标，还可以选择中括号里的选项：

基点（B）：选择其他点为镜像的基点，而不是以选中的夹点为基准点。

复制（C）：可以绕某个夹点进行连续多次镜像，而且每镜像一次，就会在镜像后的位置复制留下该图形，如图11-16所示，该操作实际上是镜像和复制两项功能的结合。

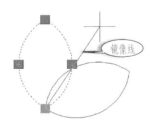

图 11-15　旋转图形

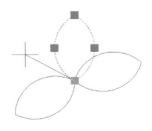

图 11-16　旋转与复制结合

任务 11.3　常用编辑命令

在中望 CAD 中，学生不仅可以使用夹点来编辑对象，还可以通过"修改"菜单中的相关命令来实现。

11.3.1　删除

1. 运行方式

命令行：Erase（E）

功能区："常用"→"修改"→"擦除"

工具栏："修改"→"删除"

该命令用于删除图形文件中选取的对象。

2. 操作步骤

使用"删除"命令删除图 11-17a 所示圆形，结果如图 11-17b 所示。操作如下：

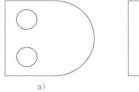

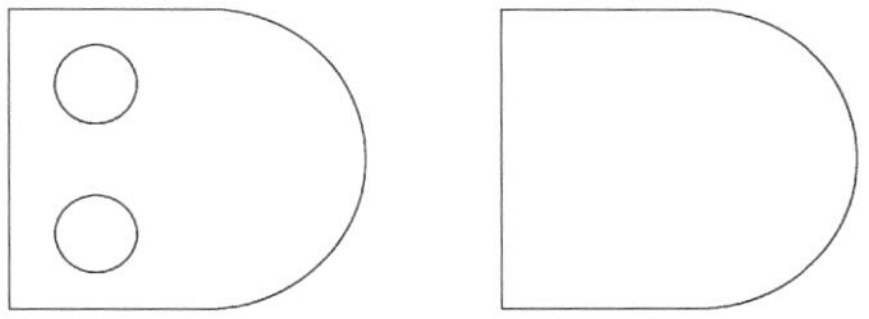

a)　　　　　　　b)

图 11-17　使用 Erase 命令删除图形

> 命令：Erase　　执行 Erase 命令
> 选择对象：找到 1 个
> 　　　　　　单击圆选取删除对象，提示选中数量
> 选择对象：找到 1 个，共计 2 个
> 　　　　　　单击圆选取删除对象，提示选中数量
> 　　　　　　按<Enter>键删除对象

注意：

使用 Oops 命令，可以恢复最后一次使用"删除"命令删除的对象。如果要连续向前恢复被删除的对象，则需要使用"取消"命令 Undo。

11.3.2　移动

1. 运行方式

命令行：Move（M）

功能区："常用"→"修改"→"移动"

工具栏："修改"→"移动" ✥

该命令用于将选取的对象以指定的距离从原来位置移动到新的位置。

2. 操作步骤

使用 Move 命令将图 11-18a 中上面三个圆向上移动一定的距离，结果如图 11-18b 所示。操作如下：

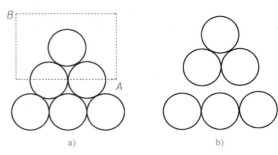

图 11-18　使用 Move 命令移动图形

命令：Move	执行 Move 命令
选择对象：	单击点 A,指定窗选对象的第一点
指定对角点：找到 3 个	单击点 B,指定窗选对象的第二点
选择对象：	按<Enter>键结束对象选择
指定基点或[位移(D)]<位移>：	指定移动的基点
指定第二点的位移或者<使用第一点当做位移>：	
	垂直向上指定另一点,移动成功

⚙ 以上各项提示的含义和功能说明如下：

基点：指定移动对象的开始点。移动对象距离和方向的计算会以起点为基准。

位移（D）：指定移动距离和方向的 X、Y、Z 值。

注意：

学生可借助目标捕捉功能来确定移动的位置。移动对象时最好将"极轴追踪"功能打开，则可以清楚看到移动的距离及方位。

11.3.3　旋转

1. 运行方式

命令行：Rotate（RO）

功能区："常用"→"修改"→"旋转"

工具栏："修改"→"旋转" ↻

该命令用于通过指定的点来旋转选取的对象。

2. 操作步骤

使用 Rotate 命令将图 11-19a 中正方形内的两个螺栓复制旋转 90°，使得正方形每个角都有一个螺栓，过程如图 11-19b 所示，结果如图 11-19c 所示。操作如下：

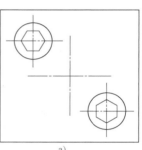

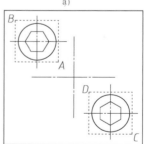

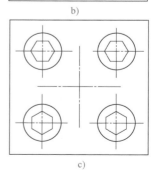

图 11-19　使用 Rotate 命令旋转图形

命令：Rotate	执行 Rotate 命令
UCS 当前的正角方向：ANGDIR = 逆时针	ANGBASE = 0
选择对象：	单击点 A，指定窗选对象的第一点
指定对角点：找到 9 个	单击点 B，指定窗选对象的第二点
选择对象：	单击点 C，指定窗选对象的第一点
指定对角点：找到 9 个，共 18 个	单击点 D，指定窗选对象的第二点
	提示已选择对象数，按<Enter>键
指定基点：	选择正方形的中点为基点
指定旋转角度或[复制(C)/参照(R)]<270>:C	
	选择复制旋转
指定旋转角度或[复制(C)/参照(R)]<270>:90	
	指定旋转 90°，按<Enter>键，旋转并复制图形成功

以上各项提示的含义和功能说明如下：

旋转角度：指定对象绕指定的点旋转的角度。旋转轴通过指定的基点，并且平行于当前学生坐标系的 Z 轴。

复制（C）：在旋转对象的同时创建对象的旋转副本。

参照（R）：将对象从指定的角度旋转到新的绝对角度。

注意：

对象相对于基点的旋转角度有正负之分，正角度表示沿逆时针方向旋转，负角度表示沿顺时针方向旋转。

11.3.4 复制

1. 运行方式

命令行：Copy(CO/CP)

功能区："常用"→"修改"→"复制"

工具栏："修改"→"复制"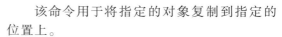

该命令用于将指定的对象复制到指定的位置上。

2. 操作步骤

使用 Copy 命令复制图 11-20a 所示床上的枕头，结果如图 11-20b 所示。操作如下：

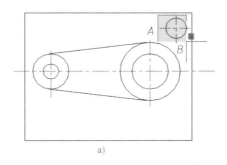

a)

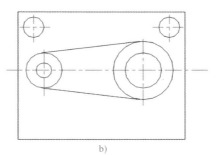

b)

图 11-20 使用 Copy 命令复制图形

命令：Copy	执行 Copy 命令
选择对象：	单击点 A，指定窗选对象的第一点
指定对角点：找到 1 个	单击点 B，指定窗选对象的第二点
选择对象：	按<Enter>键结束对象选择
当前设置：复制模式 = 多个	
指定基点或[位移(D)/模式(O)]<位移>：	指定复制的基点
指定第二点的位移或者<使用第一点当作位移>：	水平向左指定另一点，复制成功

⚙ 以上各项提示的含义和功能说明如下：

基点：通过基点和放置点来定义一个矢量，指示复制的对象移动的距离和方向。

位移（D）：通过输入一个三维数值或指定一个点来指定对象副本在当前 X、Y、Z 轴的方向和位置。

模式（O）：控制复制的模式为单个或多个，确定是否自动重复该命令。

注意：

1）Copy 命令支持对简单的单一对象（集）的复制，如直线/圆/圆弧/多段线/样条曲线和单行文字等，同时也支持对复杂对象（集）的复制，例如关联填充、块/多重插入快，多行文字，外部参照，组对象等。

2）使用 Copy 命令在一个图样文件进行多次复制，如果要在图样之间进行复制，应采用 Copyclip 命令<Ctrl+C>，它将对象复制到 Windows 的剪贴板上，然后在另一个图样文件中用 Pasteclip 命令<Ctrl+V>将剪贴板上的内容粘贴到图样中。

11.3.5　镜像

1. 运行方式

命令行：Mirror（MI）

功能区："常用"→"修改"→"镜像"

工具栏："修改"→"镜像"🔔

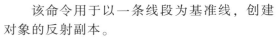

该命令用于以一条线段为基准线，创建对象的反射副本。

2. 操作步骤

使用 Mirror 命令使零件另一边也有同样的部分，结果如图 11-21 所示。操作如下：

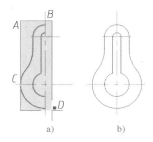

图 11-21　用 Mirror 命令镜像图形

命令：Mirror	执行 Mirror 命令
选择对象：	单击点 A，指定窗选对象的第一点
指定对角点：找到 5 个	单击点 B，提示已选中数量
指定镜像线的第一点：	单击点 C，指定镜像线第一点
指定镜像线的第二点：	单击点 D，指定镜像线第二点
是否删除源对象？[是(Y)/否(N)]<否(N)>:N	按<Enter>键结束命令

注意：

若选取的对象为文本，可配合系统变量 Mirrtext 来创建镜像文字。当 Mirrtext 的值为 1（ON）时，文字对象将同其他对象一样被镜像处理。当 Mirrtext 设置为 0（OFF）时，创建的镜像文字对象方向不作改变。

11.3.6　阵列

1. 运行方式

命令行：Array（AR）

功能区："常用"→"修改"→"阵列"

工具栏："修改"→"阵列"▦

该命令用于复制选定对象的副本，并按指定的方式排列。除了可以对单个对象进行阵列的操作，还可以对多个对象进行阵列。在执行该命令时，系统会将多个对象视为一个整体对象来对待。

2. 操作步骤

将图 11-22a 所示图形用 Array 命令进行阵列复制，得到如图 11-22b 所示零件。操作如下：

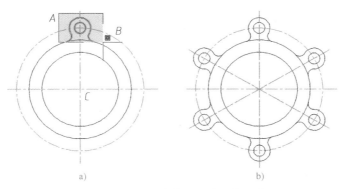

图 11-22　用 Array 命令进行阵列复制出图形

命令:Array	执行 Array 命令,打开图 11-23 所示对话框
中心点:	单击 C,指定环形阵列中心
项目总数:6	指定阵列项数
填充角度:360	指定阵列角度
选择对象:	单击点 A,指定窗选对象的第一点
指定对角点:	单击点 B,指定窗选对象的第二点
找到 5 个	提示已选择对象数
确定	单击"确定"按钮,阵列完成

图 11-23　"阵列"对话框

⚙ "阵列"对话框中关于矩形阵列和环形阵列的含义和功能说明如下:

矩形阵列（R）:复制选定的对象后,为其指定行数和列数创建阵列,如图 11-24 所示。

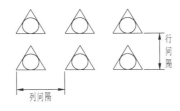

图 11-24　矩形阵列示意

环形阵列（P）:通过指定圆心或基准点来创建环形阵列。系统将以指定的圆心或基准点来复制选定的对象,创建环形阵列,如图 11-25 所示。

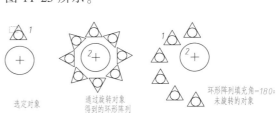

图 11-25　环形阵列示意

注意:

环形阵列时,阵列角度值若输入正值,则以逆时针方向旋转;若为负值,则以顺时针方向旋转。阵列角度值不允许为 0°,选项间角度值可以为 0°,但当选项间角度值为 0°时,将看不到阵列的任何效果。

11.3.7　偏移

1. 运行方式

命令行:Offset（O）

功能区:"常用"→"修改"→"偏移"

工具栏："修改"→"偏移"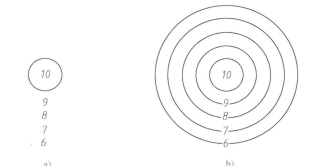

该命令用于以指定的点或指定的距离将选取的对象偏移并复制，使对象副本与原对象平行。

2. 操作步骤

如图 11-26a 所示，使用 Offset 命令偏移一组同心圆，结果如图 11-26b 所示。操作如下：

图 11-26　用 Offset 命令偏移对象

命令：Offset	执行 Offset 命令
指定偏移距离或［通过（T）］＜通过＞：2	指定偏移距离
选择要偏移的对象或＜退出＞：	选择圆 10
指定在边上要偏移的点：	选圆外点 9 的位置，偏移出与原圆同心的一个圆
选择要偏移的对象或＜退出＞：	选择圆 9
指定在边上要偏移的点：	选圆外点 8 的位置
选择要偏移的对象或＜退出＞：	选择圆 8
指定在边上要偏移的点：	选圆外点 7 的位置
选择要偏移的对象或＜退出＞：	选择圆 7
指定在边上要偏移的点：	选圆外点 6 的位置，按＜Enter＞键结束命令

以上各项提示的含义和功能说明如下：

偏移距离：在距离选取对象的指定距离处创建选取对象的副本。

通过（T）：以指定点创建通过该点的偏移副本。

注意：

"偏移"命令是一个对象编辑命令，在使用过程中，只能以直接拾取方式选择对象。

11.3.8　缩放

1. 运行方式

命令行：Scale（SC）

功能区："常用"→"修改"→"缩放"

工具栏："修改"→"缩放"

该命令用于以一定比例放大或缩小选取的对象。

2. 操作步骤

使用 Scale 命令将图 11-27a 所示左边的五角星放大，如果如图 11-27b 所示。操作如下：

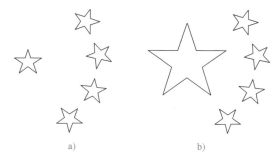

图 11-27　使用 Scale 命令放大图形

命令：Scale	执行 Scale 命令
选择对象：找到 1 个	选择图 11-27a 所示左边五角星作为对象
指定基点：	单击五角星中心点

指定缩放比例或[复制(C)/参照(R)]<1.0000>:3	指定缩放比例

⚙ 以上各项提示的含义和功能说明如下：

缩放比例：以指定的比例值放大或缩小选取的对象。当输入的比例值大于1时，则放大对象，若为0~1之间的小数，则缩小对象；或指定的距离小于原来对象大小时，缩小对象；指定的距离大于原对象大小，则放大对象。

复制（C）：在缩放对象时，创建缩放对象的副本。

参照（R）：按照参照长度和指定的新长度缩放所选对象。

注意：

Scale命令与Zoom命令有区别，前者可改变实体的尺寸大小，后者只是缩放显示实体，并不改变实体的尺寸值。

11.3.9 打断

1. 运行方式

命令行：Break（BR）

功能区："常用"→"修改"→"打断"

工具栏："修改"→"打断"📓

该命令用于将选取的对象在两点之间打断。

2. 操作步骤

使用Break命令删除图11-28a所示圆的一部分，使图形成为一个螺母，结果如图11-28b所示。操作如下：

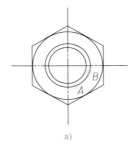
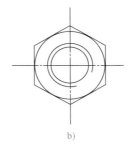

a)   b)

图11-28 使用Break命令删除图形

命令:Break	执行Break命令
选择对象:	选择点A到B的弧,确定要打断的对象
指定第二个打断点或者[第一个点(F)]:F	
选择指定第一、第二打断点	单击点A,以点A作为第一打断点
指定第二个打断点:	以点B作为第二打断点

⚙ 以上各项提示的含义和功能说明如下：

第一个点（F）：在选取的对象上指定要切断的起点。

第二打断点：在选取的对象上指定第二切断点。若学生在命令行输入Break命令后，第一条命令提示"选择第二打断点"，则系统将以选取对象时指定的点为默认的第一切断点。

注意：

1）系统在使用Break命令切断被选取的对象时，一般是切断两个切断点之间的部分。当其中一个切断点不在选定的对象上时，系统将选择离此点最近的对象上的一点为切断点之一来处理。

2）若选取的两个切断点在一个位置，可将对象切开，但不删除某个部分。除了可以指定同一点，还可以在选择第二切断点时，在命令行提示下输入@字符，这样可以达到同样的效果。但这样的操作不适合圆，要切断圆，必须选择两个不同的切断点。

3）在切断圆或多边形等封闭区域对象时，系统默认以逆时针方向切断两个切断点之间的部分。

11.3.10 合并

1. 运行方式

命令行：Join

功能区："常用"→"修改"→"合并"

工具栏："修改"→"合并"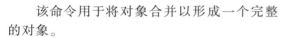

该命令用于将对象合并以形成一个完整的对象。

2. 操作步骤

使用 Join 命令连接图 11-29a 所示两段直线，结果如图 11-29b 所示。操作如下：

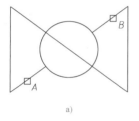 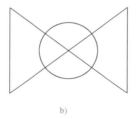

a)　　　　　　　　　b)

图 11-29　用 Join 命令连接图形

```
命令:Join          执行 Join 命令
选择连接的圆弧,直线,开放多段线,椭圆弧:
                单击直线 A
选择要连接的线:找到 1 个
                单击直线 B,提示选中数量
选择要连接的线:
                按<Enter>键结束对象选择
```

注意：

1）圆弧：选取要连接的弧。要连接的弧必须都为同一圆的一部分。

2）直线：要连接的直线必须是处于同一直线上，它们之间可以有间隙。

3）开放多段线：被连接的对象可以是直线、开放多段线或圆弧，对象之间不能有间隙，并且必须位于与 UCS 的 XY 平面平行的同一平面上。

4）椭圆弧：选择的椭圆弧必须位于同一椭圆上，它们之间可以有间隙。"闭合"选项可将源椭圆弧闭合成完整的椭圆。

5）开放样条曲线：连接的样条曲线对象之间不能有间隙。最后对象是单个样条曲线。

11.3.11 倒角

1. 运行方式

命令行：Chamfer（CHA）

功能区："常用"→"修改"→"倒角"

工具栏："修改"→"倒角"

该命令用于在两线交叉、放射状线条或无限长的线上建立倒角。

2. 操作步骤

使用 Chamfer 命令将图 11-30a 所示螺栓前端进行倒角，结果如图 11-30b 所示。

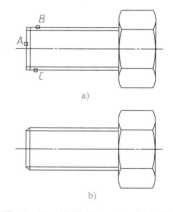

a)

b)

图 11-30　使用 Chamfer 命令倒角

```
命令:Chamfer                          执行 Chamfer 命令
("修剪"模式)当前倒角距离 1=0.0000,距离 2=0.0000
选择第一条直线或[多段线(P)/距离(D)/角度(A)/修剪(T)/方式(M)/多个(U)]:D
                                输入 D,选择倒角距离
```

指定第一个倒角距离<0.0000>:1	设置的倒角距离
指定第二个倒角距离<1.0000>:	按<Enter>键接受默认距离
选择第一条直线或[多段线(P)/距离(D)/角度(A)/修剪(T)/方式(M)/多个(U)]:U	
	输入U,选择多次倒角
选择第一条直线或[多段线(P)/距离(D)/角度(A)/修剪(T)/方式(M)/多个(U)]:	
	单击直线A,选取第一个倒角对象选择第二条直线:单击直线B
选择第一条直线或[多段线(P)/距离(D)/角度(A)/修剪(T)/方式(M)/多个(U)]:	
	单击直线A,再选第一个倒角对象
选择第二条直线:	单击直线C
选择第一条直线或[多段线(P)/距离(D)/角度(A)/修剪(T)/方式(M)/多个(U)]:	
	按<Enter>键,结束命令

⚙ 以上各项提示的含义和功能说明如下:

选择第一条直线:选择要进行倒角处理的对象的第一条边,或要倒角的三维实体边中的第一条边。

多段线(P):为整个二维多段线进行倒角处理。

距离(D):创建倒角后,设置倒角到两个选定边的端点的距离。

角度(A):指定第一条线的长度和第一条线与倒角后形成的线段之间的角度值。

修剪(T):自行选择是否对选定边进行修剪,直到倒角线的端点。

方式(M):选择倒角方式。倒角处理的方式有两种,"距离-距离"和"距离-角度"。

多个(U):可为多个两条线段的选择集进行倒角处理。

注意:

1)若要创建倒角的对象没有相交,系统会自动修剪或延伸到可以创建倒角的情况。

2)若为两个倒角距离指定的值均为0,选择的两个对象将自动延伸至相交。

3)选择"放弃"时,使用"倒角"命令为多个选择集进行的倒角处理将全部被取消。

11.3.12　圆角

1. 运行方式

命令行:Fillet(F)

功能区:"常用"→"修改"→"圆角"

工具栏:"修改"→"圆角"

该命令用于为两段圆弧、圆、椭圆弧、直线、多段线、射线、样条曲线或构造线以及三维实体创建以指定半径的圆弧形成的圆角。

2. 操作步骤

使用Fillet命令将图11-31a所示的槽钢进行倒圆角,结果如图11-31b所示。操作如下:

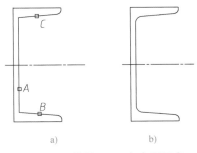

图11-31　使用Fillet命令倒圆角

命令:Fillet	执行Fillet命令
当前设置:模式=修剪,半径=0.0000	
选择第一个对象或[多段线(P)/半径(R)/修剪(T)/多个(U)]:R	
	输入R,选择圆角半径

指定圆角半径<0.0000>:10	设置的圆角半径
选择第一个对象或［多段线（P）/半径（R）/修剪（T）/多个（U）］：U	
	输入U,选择多次倒角
选择第一个对象或［多段线（P）/半径（R）/修剪（T）/多个（U）］：	
	单击直线A,选取第一个倒角对象
选择第二个对象：	单击B直线
选择第一个对象或［多段线（P）/半径（R）/修剪（T）/多个（U）］：	
	单击直线A,再选取第一个倒角对象
选择第二个对象：	单击直线C
选择第一个对象或［多段线（P）/半径（R）/修剪（T）/多个（U）］：	
	按<Enter>键,结束命令

⚙ 以上各项提示的含义和功能说明如下：

选取第一个对象：选取要创建圆角的第一个对象。

多段线（P）：在二维多段线中的每两条线段相交的顶点处创建圆角。

半径（R）：设置圆角弧的半径。

修剪（T）：在选定边后，若两条边不相交，选择此选项确定是否修剪选定的边使其延伸到圆角弧的端点。

多个（U）：为多个对象创建圆角。

注意：

1）若选定的对象为直线、圆弧或多段线，系统将自动延伸这些直线或圆弧直到它们相交，然后再创建圆角。

2）若选取的两个对象不在同一图层，系统将在当前图层创建圆角线。同时，圆角的颜色、线宽和线型的设置也是在当前图层中进行。

3）若选取的对象是包含弧线段的单个多段线，创建圆角后，新多段线的所有特性（如图层、颜色和线型）将继承所选的第一个多段线的特性。

4）若选取的对象是关联填充（其边界通过直线线段定义），创建圆角后，该填充的关联性不再存在。若该填充的边界以多段线来定义，将保留其关联性。

5）若选取的对象为一条直线和一条圆弧或一个圆，可能会有多个圆角的存在，系统将默认选择最靠近作为中点的端点来创建圆角。

11.3.13 修剪

1. 运行方式

命令行：Trim（TR）

功能区："常用"→"修改"→"修剪"

工具栏："修改"→"修剪" ╱

该命令用于清理所选对象超出指定边界的部分。

2. 操作步骤

使用 Trim 命令将图 11-32a 所示的五角星内的直线剪掉，结果如图 11-32b 所示。操作如下：

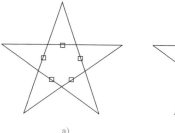

a)　　　　　　　　　b)

图 11-32　用 Trim 命令将直线部分剪掉

命令:Trim	执行 Trim 命令
当前设置:投影=UCS,边=无	
选择剪切边 ...	全选五角星

选择对象或<全部选择>：	按<Enter>键全选对象
选择要修剪的对象,或按住<Shift>键来选择要延伸的对象或[栏选(F)/窗交(C)/投影(P)/边缘模式(E)/删除(R)/撤消(U)]：	指定五角星的一条边剪切对象
选择要修剪的对象,或按住<Shift>键来选择要延伸的对象或[栏选(F)/窗交(C)/投影(P)/边缘模式(E)/删除(R)/撤消(U)]：	指定五角星的第二条边剪切对象
选择要修剪的对象,或按住<Shift>键来选择要延伸的对象或[栏选(F)/窗交(C)/投影(P)/边缘模式(E)/删除(R)/撤消(U)]：	指定五角星的第三条边剪切对象
选择要修剪的对象,或按住<Shift>键来选择要延伸的对象或[栏选(F)/窗交(C)/投影(P)/边缘模式(E)/删除(R)/撤消(U)]：	指定五角星的第四条边剪切对象
选择要修剪的对象,或按住<Shift>键来选择要延伸的对象或[栏选(F)/窗交(C)/投影(P)/边缘模式(E)/删除(R)/撤消(U)]：	指定五角星的最后一条边剪切
选择要修剪的对象,或按住<Shift>键来选择要延伸的对象或[栏选(F)/窗交(C)/投影(P)/边缘模式(E)/删除(R)/撤消(U)]：	按<Enter>键结束命令

⚙ 以上各项提示的含义和功能说明如下：

要修剪的对象：指定要修剪的对象。

边缘模式（E）：修剪对象的假想边界或与之在三维空间相交的对象。

栏选（F）：指定围栏点，将多个对象修剪成单一对象。

窗交（C）：通过指定两个对角点来确定一个矩形窗口，选择该窗口内部或与矩形窗口相交的对象。

投影（P）：指定在修剪对象时使用的投影模式。

删除（R）：在执行修剪命令的过程中将选定的对象从图形中删除。

撤消（U）：撤消使用 Trim 最近对对象进行的修剪操作。

注意：

在按<Enter>键结束选择前，系统会不断提示指定要修剪的对象，所以可指定多个对象进行修剪。在选择对象的同时按<Shift>键可将对象延伸到最近的边界，而不修剪它。

11.3.14　延伸

1. 运行方式

命令行：Extend（EX）

功能区："常用"→"修改"→"延伸"

工具栏："修改"→"延伸" ─/

该命令用于延伸线段、弧、二维多段线或射线，使之与另一对象相切。

2. 操作步骤

使用 Extend 命令延伸图 11-33a 所示图形，使之成为 11-33b 所示的图形。操作如下：

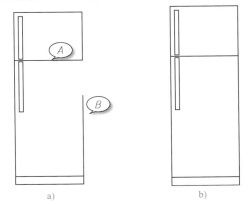

图 11-33　使用 Extend 命令延伸图形

命令:Extend	执行 Extend 命令
当前设置:投影=UCS,边=无	
选择边界的边 ...	
选择对象或<全部选择>:找到 1 个	单击点 A,提示找到一个对象
选择要延伸的对象,或按住<Shift>键选择要修剪的对象,或[栏选(F)/窗交(C)/投影(P)/边(E)/撤消(U)]:	单击点 B,指定延伸对象
选择要延伸的对象,或按住<Shift>键选择要修剪的对象,或[栏选(F)/窗交(C)/投影(P)/边(E)/撤消(U)]:	按<Enter>键,结束命令

以上各项提示的含义和功能说明如下：

边界的边：选定对象，使之成为对象延伸边界的边。

延伸的对象：选择要进行延伸的对象。

边（E）：若边界对象的边和要延伸的对象没有实际交点，但又要将指定对象延伸到两对象的假想交点处，可选择"边"。

栏选（F）：进入"围栏"模式，可以选取围栏点，围栏点为要延伸的对象上的开始点，延伸多个对象到一个对象。

窗交（C）：进入"窗交"模式，通过从右到左指两个点定义选择区域内的所有对象，延伸所有的对象到边界对象。

投影（P）：选择对象延伸时的投影方式。

删除（R）：在执行 Extend 命令的过程中选择对象将其从图形中删除。

撤消（U）：放弃之前使用 Extend 命令对对象的延伸处理。

注意：

在选择时，可根据系统提示选取多个对

象进行延伸。同时，还可按住<Shift>键选定对象将其延伸到最近的边界边。若要结束选择，按<Enter>键即可。

11.3.15 拉长

1. 运行方式

命令行：Lengthen（LEN）

功能区："常用"→"修改"→"拉长"

工具栏："修改"→"拉长"

该命令用于为选取的对象修改长度和为圆弧修改包含角。

2. 操作步骤

使用 Lengthen 命令延长图 11-34a 所示圆弧的长度，结果如图 11-34b 所示。操作如下：

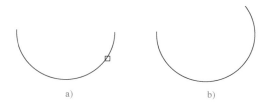

a)   b)

图 11-34 使用 Lengthen 命令延长圆弧长度

命令：Lengthen	执行 Lengthen 命令
选择对象或［增量（DE）/百分数（P）/全部（T）/动态（DY）］：P	输入 P，选择拉长方式
输入长度百分比<100.0000>：130	输入拉长后的百分比
选择要修改的对象或［放弃（U）］：	单击圆弧，指定拉长对象
选择要修改的对象或［放弃（U）］：	按<Enter>键，结束命令

以上各项提示的含义和功能说明如下：

增量（DE）：以指定的长度为增量修改对象的长度，该增量从距离选择点最近的端点处开始测量。

百分数（P）：指定对象总长度或总角度的百分比来设置对象的长度或弧包含的角度。

全部（T）：指定从固定端点开始测量的总长度或总角度的绝对值来设置对象长度或弧包含的角度。

动态（DY）：开启"动态拖动"模式，通过拖动选取对象的一个端点来改变其长度。其他端点保持不变。

注意：

使用增量方式拉长时，若选取的对象为弧，增量就为角度。若输入的值为正，则延长扩展对象；若为负值，则修剪缩短对象的长度或角度。

11.3.16 分解

1. 运行方式

命令行：Explode（X）

功能区："常用"→"修改"→"分解"

工具栏："修改"→"分解"

该命令用于将由多个对象组合而成的合成对象（例如图块、多段线等）分解为独立对象。

2. 操作实例

使用 Explode 命令分解图 11-35 所示图形，令其成为 8 条直线和 2 条弧。操作如下：

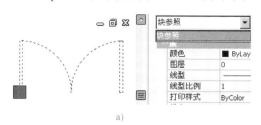

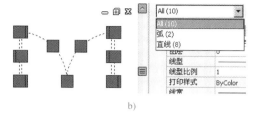

图 11-35　使用 Explode 命令分解图形

命令：Explode	执行 Explode 命令
选择对象：单击图形	指定分解对象
指定对角点：找到 1 个	提示选择对象的数量
	按 \<Enter\> 键，结束命令

注意：

1）系统可同时分解多个合成对象，并将合成对象中的多个部件全部分解为独立对象。但若使用的是脚本或运行时扩展函数，则一次只能分解一个对象。

2）分解后，除了颜色、线型和线宽可能会发生改变，其他结果将取决于所分解的合成对象的类型。

3）将块中的多个对象分解为独立对象，但一次只能删除一个。若块中包含一个多段线或嵌套块，那么对该块的分解是首先分解为多段线或嵌套块，然后再分别分解该块中的各个对象。

11.3.17　拉伸

1. 运行方式

命令行：Stretch（S）

功能区："常用"→"修改"→"拉伸"

工具栏："修改"→"拉伸"　

使用"拉伸"命令选取的图形对象，使其中一部分移动，同时维持与图形其他部分的关系。

2. 操作实例

使用 Stretch 命令把图 11-36a 所示零件的宽度拉伸，使之成为图 11-36b 所示的效果。操作如下：

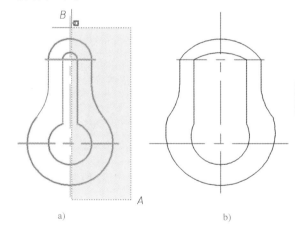

图 11-36　用 Stretch 拉伸门的宽度

命令：Stretch	执行 Stretch 命令
以交叉窗口或交叉多边形选择要拉伸的对象…	
选择对象：	单击点 A，指定第一点
指定对角点：找到 18 个	单击点 B，指定第二点
	提示选中对象数量
选择对象：	按 \<Enter\> 键结束选择
指定基点或[位移(D)]\<位移\>：	单击一点，指定拉伸基点
指定第二点的位移或者\<使用第一点当作位移\>：	水平向右单击一点，指定拉伸距离

以上各项提示的含义和功能说明如下：

指定基点：使用 Stretch 命令拉伸选取窗口内或与之相交的对象，其操作与使用 Move 命令移动对象类似。

位移（D）：进行向量拉伸。

注意：

可拉伸的对象包括与选择窗口相交的圆弧、椭圆弧、直线、多段线线段、二维实体、射线、宽线和样条曲线。

11.3.18　编辑多段线

1. 运行方式

命令行：Pedit（PE）

功能区："常用"→"修改"→"编辑多段线"

工具栏："修改Ⅱ"→"编辑多段线"

该命令用于编辑二维多段线、三维多段线或三维网格。

2. 操作实例

使用 Pedit 命令编辑图 11-37a 所示的多段线。操作如下：

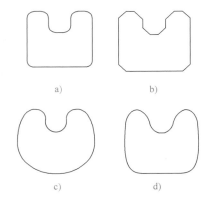

图 11-37　用 Pedit 命令编辑图所示的多段线

命令:Pedit	执行 Pedit 命令
选择多段线或[多条(M)]:	单击对象,以指定编辑对象
输入选项[闭合(C)/合并(J)/宽度(W)/编辑顶点(E)/拟合(F)/样条曲线(S)/非曲线化(D)/线型生成(L)/反转(R)/锥形(T)/放弃(U)]:D	
	输入 D,执行结果如图 11-37b 所示
输入选项[闭合(C)/合并(J)/宽度(W)/编辑顶点(E)/拟合(F)/样条曲线(S)/非曲线化(D)/线型生成(L)/反转(R)/锥形(T)/放弃(U)]:F	
	输入 F,执行结果如图 11-37c 所示
输入选项[闭合(C)/合并(J)/宽度(W)/编辑顶点(E)/拟合(F)/样条曲线(S)/非曲线化(D)/线型生成(L)/反转(R)/锥形(T)/放弃(U)]:S	
	输入 S,执行结果如图 11-37d 所示
输入选项[闭合(C)/合并(J)/宽度(W)/编辑顶点(E)/拟合(F)/样条曲线(S)/非曲线化(D)/线型生成(L)/反转(R)/锥形(T)/放弃(U)]:	按<Enter>键,结束命令

以上各项提示的含义和功能说明如下：

多条（M）：选择多个对象同时进行编辑。

编辑顶点（E）：对多段线的各个顶点逐个进行编辑。

闭合（C）：将选取的处于打开状态的三维多段线以一条直线段连接起来，成为封闭的三维多段线。

非曲线化（D）：删除"拟合"选项所建立的曲线拟合或"样条"选项所建立的样条曲线，并拉直多段线的所有线段。

拟合（F）：在顶点间建立圆滑曲线，创建圆弧拟合多段线。

合并（J）：从打开的多段线的末端新建直线、圆弧或多段线。

线型生成（L）：改变多段线的线型模式。

反转（R）：改变多段线的方向。

样条曲线（S）：将选取的多段线对象改变成样条曲线。

锥形（T）：通过定义多段线起点和终点的宽度来创建锥状多段线。

宽度（W）：指定选取的多段线对象中所有直线段的宽度。

放弃（U）：撤消上一步操作，可一直返回到使用 Pedit 命令之前的状态。

退出（X）：退出 Pedit 命令。

注意：

选择多个对象同时进行编辑时要注意，不能同时选择多段线对象和三维网格进行编辑。

任务 11.4　编辑对象属性

对象属性包含一般属性和几何属性。对象的一般属性包括对象的颜色、线型、图层及线宽等，几何属性包括对象的尺寸和位置。学生可以直接在"属性"窗口中设置和修改对象的这些属性。

图 11-38　"属性"窗口

11.4.1　使用"属性"窗口

"属性"窗口中显示了当前选择集中对象的所有属性和属性值，当选中多个对象时，将显示它们共有属性。学生可以修改单个对象的属性，快速选择集中对象共有的属性以及多个选择集中对象的共同属性。

命令行：Properties

功能区："工具"→"选项板"→"属性"

工具栏："标准"→"特性"

这三种方法都可以打开"属性"窗口，如图 11-38 所示，使用它可以浏览、修改对象的属性，也可以浏览、修改满足应用程序接口标准的第三方应用程序对象。

11.4.2　属性修改

1. 运行方式

命令行：Change

该命令用于修改选取对象的特性。

2. 操作实例

使用 Change 命令改变圆形对象的线宽，如图 11-39 所示。操作如下：

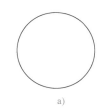
a)

b)

图 11-39　使用 Change 命令改变圆形线宽

命令:Change	执行 Change 命令
选择对象:	单击对象,以指定编辑对象
指定修改点或[特性(P)]:P	选择编辑对象特征
输入要改变的特性[颜色(C)/标高(E)/图层(LA)/线型(LT)/线型比例(S)/ 线宽(LW)/厚度(T)]:LW	输入 LW,选择线宽
输入新的线宽<Bylayer>:2	指定对象线宽
输入要改变的特性[颜色(C)/标高(E)/图层(LA)/线型(LT)/线型比例(S)/ 线宽(LW)/厚度(T)]:	按<Enter>键,结束命令

⚙ 以上各项提示的含义和功能说明如下：

修改点：通过指定改变点来修改选取对象的特性。

特性（P）：修改选取对象的特性。

颜色（C）：修改选取对象的颜色。

标高（E）：为对象上所有的点都具有相同 Z 坐标值的二维对象设置 Z 轴标高。

图层（LA）：为选取的对象修改所在图层。

线型（LT）：为选取的对象修改线型。

线型比例（S）：修改选取对象的线型比例因子。

线宽（LW）：为选取的对象修改线宽。

厚度（T）：修改选取的二维对象在 Z 轴上的厚度。

注意：

选取的对象除了线宽为 0 的直线外，其他对象都必须与当前学生坐标系（UCS）平行。若同时选择了直线和其他可变对象，由于选取对象顺序的不同，结果可能也不同。

任务 11.5　清理及核查

11.5.1　清理

1. 运行方式

命令行：Purge（PU）

功能区："图标"→"图形实用工具"→"清理"

工具栏："修改"→"清理"

该命令用于清除当前图形文件中未使用的已命名项目。例如图块、图层、线型、文字形式，或自己所定义但不使用于图形的恢复标注样式。

11.5.2　核查

1. 运行方式

命令行：Recover

功能区："图标"→"图形实用工具"→"核查"

该命令用于修复损坏的图形文件。

注意：

Recover 命令只对 DWG 文件执行修复或核查操作。对 DXF 文件执行修复将仅打开文件。

辅助绘图工具与图层

绘图参数设置是进行绘图之前的必要准备工作。它可指定在多大的图纸上进行绘制；指定绘图采用的单位、颜色、线宽等。中望 CAD 提供了强大的精确绘图功能，其中包括对象捕捉、对象追踪、极轴、栅格、正交等，通过绘图工具参数的设置，可以精确、快速地进行图形定位。

利用精确绘图可以进行图形处理和数据分析，数据结果的精度能够达到工程应用所需的程度，以减少工作量，提高设计的效率。

任务 12.1　设置栅格

栅格由一组规则的点组成，如图 12-1 所示，虽然栅格在屏幕上可见，但它既不会打印到图形文件上，也不影响绘图位置。栅格只在绘图范围内显示，帮助辨别图形边界，安排对象以及对象之间的距离。可以按需要打开或关闭栅格，也可以随时改变栅格的尺寸。

GRID（栅格）命令可按学生指定的 X、Y 轴方向间距在绘图界限内显示一个栅格点阵。栅格显示模式的设置可让学生在绘图时

图 12-1　打开栅格显示结果

有一个直观的定位参照。当栅格点阵的间距与光标捕捉点阵的间距相同时，栅格点阵就形象地反映出光标捕捉点阵的形状，同时直观地反映出绘图界限。

1. 运行方式

命令行：Grid

该命令用于在当前视口显示小圆点状的栅格，作为视觉参考点。

2. 操作步骤

中望 CAD 可以通过执行 GRID 命令来设定栅格间距，并打开栅格显示，结果如图 12-1 所示，其操作步骤如下：

命令：Grid	执行 Grid 命令
指定栅格间距（X）或［打开（ON）/关闭（OFF）/捕捉（S）/纵横向间距（A）］<10.0000>:A	
	输入 A，设置间距
指定水平间距（X）<10.0000>:10	设置水平间距
指定垂直间距（Y）<10.0000>:10	设置垂直间距

命令：Grid

指定栅格间距（X）或［开（ON）/关闭（OFF）/捕捉（S）/纵横向间距（A）］<10.0000>：S

再执行 Grid 命令

输入 S，设置栅格间距

与捕捉间距相同

⚙ 提示选项介绍如下：

关闭（OFF）：选择该项后，系统将关闭栅格显示。

打开（ON）：选择该项后，系统将打开栅格显示。

捕捉（S）：设置栅格间距与捕捉间距相同。

纵横向间距（A）：设置栅格 X 轴方向间距和 Y 轴方向间距，一般用于设置不规则的间距。

栅格间距的设置可通过执行 Dsettings 命令在"草图设置"中设置，也可以在状态栏上的"栅格"或"捕捉"按钮上右击，弹出快捷菜单选择"设置"选项，都会弹出"草图设置"对话框，如图 12-2 所示。

栅格 X 轴间距：指定 X 轴方向栅格点的间距。

栅格 Y 轴间距：指定 Y 轴方向栅格点的间距。

注意：

1）在任何时间切换栅格的打开或关闭，可双击状态栏中的"栅格"按钮，或单击工具栏的"栅格"工具或按<F7>键。

2）栅格就像是坐标纸，可以大大提高作图效率。

3）栅格中的点只是作为一个定位参考点被显示，它不是图形实体，改变 Point 点的形状、大小对栅格点不会起作用，它不能用编辑实体的命令进行编辑，也不会随图形输出。

图 12-2　"草图设置"对话框

任务 12.2　设置捕捉

SNAP（捕捉）命令可以用栅格捕捉光标，使光标只能落在某个栅格点上，通过光标捕捉模式的设置，可以很好地控制绘图精度，加快绘图速度。

1. 运行方式

命令行：Snap（SN）

2. 操作步骤

执行 Snap 命令后，系统提示：

指定捕捉间距或［开（ON）/关（OFF）/纵横向间距（A）/旋转（R）/样式（S）/类型（T）］<10.0000>：

⚙ 提示选项介绍如下：

开（ON）/关（OFF）：打开/关闭栅格捕捉命令。

纵横向间距（A）：设置栅格 X 轴方向间距和 Y 轴方向间距，一般用于设置不规则的栅格捕捉。

旋转（R）：该选项可指定一个角度，使栅格绕指定点旋转一定角度，而且十字光标也进行相同角度的旋转。

样式（S）：确定栅格捕捉的方式，有标准（S）、等轴测（I）两个选项。

*标准（S）：在该样式下，捕捉栅格为矩形栅格。

*等轴测（I）：选择此项，可以使绘制方式为三维的等轴测方式，此时十字光标也不再垂直。

类型（T）：确定栅格的方式，有极轴（P）、栅格（G）两个选项。

栅格捕捉的设置也可通过执行 Dsettings 命令，在"草图设置"对话框完成，如图 12-3 所示。

图 12-3　栅格捕捉的设置

注意：

1）学生可将光标捕捉点视为一个无形的点阵，点阵的行距和列距为指定的 X、Y 轴方向间距，光标的移动将锁定在点阵的各个点位上，因而拾取的点也将锁定在这些点位上。

2）设置栅格的捕捉模式可以很好地控制绘图精度。例如：一幅图形的尺寸精度是精确到十位数。这时，学生可将光标捕捉设置为沿 X、Y 轴方向间距为 10mm，打开 SNAP 命令后，光标精确地移动 10 或 10 的整数倍距离，学生拾取的点也就精确地定位在光标捕捉点上。如果是建筑图纸，可设为 500、1000 或更大值。

3）栅格捕捉模式不能控制由键盘输入坐标来指定的点，它只能控制由鼠标拾取的点。

4）可以单击状态栏中的"捕捉模式"按钮或按<F9>键，切换栅格捕捉的开关。

任务 12.3　设置正交

正交是指两个对象互相垂直相交。打开正交绘图模式后，通过限制光标只在水平或垂直轴上移动，来达到直角或正交模式下的绘图目的。

1. 运行方式

命令行：Ortho

直接按<F8>键，<F8>键是正交开启和关闭的切换键。

例如在默认 0°方向时（0°为"3 点位置"或"东"向），打开正交绘图模式，线的绘制将严格地限制为 0°、90°、180°或 270°，在画线时生成的线是水平或垂直的取决于哪根轴离光标远。当激活等轴测"捕捉和栅格"选项时，光标移动将在当前等轴测平面上等价地进行。

2. 操作步骤

打开正交绘图模式操作步骤如下：

```
命令:Ortho          执行 Ortho 命令
输入模式［开(ON)/关(OFF)]<关闭(OFF)
>:ON
                    打开正交绘图模式
```

命令行提示各选项介绍如下：

打开（ON）：打开正交绘图模式。

关闭（OFF）：关闭正交绘图模式。

在设置了栅格捕捉和栅格显示的绘图区后，采用正交绘图模式绘制图 12-4 所示图形（500mm×250mm）。该图形与 X 轴方向呈 45°角。其操作步骤如下：

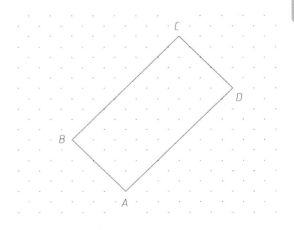

图 12-4　用正交绘图模式绘制图形

命令:Ortho	执行 Ortho 命令
输入模式[开(ON)/关(OFF)]<关闭(OFF)>:ON	打开正交绘图模式
命令:Snap	执行 Snap 命令
指定捕捉间距或[开(ON)/关(OFF)/纵横向间距(A)/旋转(R)/样式(S)/类型(T)]	
<10.0000>:50	将捕捉间距改为 50mm
命令:Snap	再执行 Snap 命令
指定捕捉间距或[开(ON)/关(OFF)/纵横向间距(A)/旋转(R)/样式(S)/类型(T)]	
<50.0000>:r	输入 R 改变角度
指定基点<0.0000,0.0000>:	直接按<Enter>键
指定旋转角度<0>:45	输入旋转角度 45°
命令:Line	执行画线命令
Line 指定第一个点:	拾取 A 点,指定线段的起点
[角度(A)/长度(L)/放弃(U)]:	在-45°方向距 A 点 5 个单位间距处拾取 B 点
[角度(A)/长度(L)/放弃(U)]:	在 45°方向上距 B 点 10 个单位间距处拾取 C 点
[角度(A)/长度(L)/闭合(C)/放弃(U)]:	同理拾取 D 点
[角度(A)/长度(L)/闭合(C)/放弃(U)]:C	输入 C,闭合图形

注意:

1）任意时候切换正交绘图模式,可单击状态栏的"正交"按钮,或按<F8>键。

2）中望 CAD 在从命令行输入坐标值或使用对象捕捉时将忽略正交绘图模式。

3）Ortho 正交方式与 Snap 捕捉方式相似,它只能限制鼠标拾取点的方位,而不能控制由键盘输入坐标确定的点位。

4）Snap 命令中"旋转"选项的设置对正交方向同样起作用。例如,当学生将光标捕捉旋转 30°,打开正交绘图模式后,正交方向也旋转 30°,系统将限制鼠标在相对于前一拾取点是呈 30°或呈 120°的方向上拾取点。该设置对于具有一定倾斜角度的正交对象的绘制非常有用。

5）当栅格捕捉设置了旋转角度后,无论栅格捕捉、栅格显示、正交模式是否打开,十字光标都将按旋转了的角度显示。

任务 12.4　设置对象捕捉

对象捕捉用于绘图时指定已绘制对象的几何特征点,利用对象捕捉功能可以快速捕捉各种特征点。

12.4.1　"对象捕捉"工具栏

在中望 CAD 中打开"对象捕捉"工具栏,里面包含了多种目标捕捉工具,如图 12-5 所示。

对象捕捉工具是临时运行捕捉模式,它只能执行一次。在绘图过程中,可以在命令栏输入捕捉方式的英文简写,然后根据系统提示进行相应操作即可准确捕捉到相关的特征点;也可以在操作过程中右击,在快捷菜单中选择对象捕捉点。"对象捕捉"工具栏中各按钮的含义及功能见表 12-1。

图 12-5　"对象捕捉"工具栏

表 12-1　对象捕捉类型

按钮	类型	简写	功能
	临时追踪点	TK	启用后,指定一临时追踪点,其上将出现一个小的加号(+)。移动光标时,将相对于这个临时点显示自动追踪对齐路径,学生在路径上以相对于临时追踪点的相对坐标取点。在命令行输入 TT 也可捕捉临时追踪点
	捕捉自	From	建立一个临时参照点作为偏移后续点的基点,输入自该基点的偏移位置作为相对坐标,或使用直接距离输入。也可在命令中途用 From 调用
	捕捉到端点	End	利用端点捕捉工具可捕捉其他对象的端点,这些对象可以是圆弧、直线、复合线、射线、平面或三维面,若对象有厚度,端点捕捉也可捕捉对象边界端点
	捕捉到中点	Mid	利用中点捕捉工具可捕捉另一对象的中间点,这些对象可以是圆弧、线段、复合线、平面或辅助线(infinite line),当为辅助线时,中点捕捉第一个定义点,若对象有厚度也可捕捉对象边界的中间点
	捕捉到交点	Int	利用交点捕捉工具可以捕捉三维空间中任意相交对象的实际交点,这些对象可以是圆弧、圆、直线、复合线、射线或辅助线,如果靶框只选到一个对象,程序会要求选取有交点的另一个对象,利用它也可以捕捉三维对象的顶点或有厚度对象的交点
	捕捉到外观交点	App	平面视图交点捕捉工具可以捕捉当前 UCS 下两对象投射到平面视图时的交点,此时对象的 Z 坐标可忽略,交点将用当前标高作为 Z 坐标,当只选取到一对象时,程序会要求选取有平面视图交点的另一对象
	捕捉到延长线	Ext	当光标经过对象的端点时,显示临时延长线,以便学生使用延长线上的点绘制对象
	捕捉到圆心点	Cen	利用圆心点捕捉工具可捕捉一些对象的圆心点,这些对象包括圆、圆弧、多维面、椭圆、椭圆弧等,捕捉中心点,必须选择对象的可见部分
	捕捉到象限点	Qua	利用象限捕捉工具,可捕捉圆、圆弧、椭圆、椭圆弧的最近四分圆点
	捕捉到切点	Tan	利用切点捕捉工具可捕捉对象切点,这些对象为圆或圆弧,当和切点相连时,形成对象的切线
	捕捉到垂足点	Per	利用垂直点捕捉工具可捕捉到圆弧、圆、椭圆、椭圆弧、直线、多线、多段线、射线、面域、实体、样条曲线或参照线的垂足
	捕捉到平行线	Par	在指定矢量的第一个点后,如果将光标移动到另一个对象的直线段上,即可获得第二点。当所创建对象的路径平行于该直线段时,将显示一条对齐路径,可以用它来创建平行对象
	捕捉到插入点	Ins	利用插入点捕捉工具可捕捉外部引用、图块、文字的插入点
	捕捉到节点	Nod	设置点捕捉,利用该工具捕捉点

（续）

按钮	类型	简写	功能
	捕捉到最近点	Nea	捕捉到圆弧、圆、椭圆、椭圆弧、直线、多线、点、多段线、射线、样条曲线或参照线的最近点
	清除对象捕捉		利用清除对象捕捉工具，可关掉对象捕捉，而不论该对象捕捉是通过菜单、命令行、工具栏或"草图设置"对话框设定的
	对象捕捉设置		捕捉方式的设置，即 OSNAP 命令的对话框

中望 CAD 默认的 Ribbon 界面中没有对象捕捉工具栏，可以通过 Customize 命令调出"定制"对话框，选择"对象捕捉"就调出"定制"工具栏，如图 12-6 所示，学生还可以在此调出其他工具栏。

图 12-6 "定制工具栏"对话框

12.4.2 自动对象捕捉功能

在绘图的过程中，使用对象捕捉的频率非常高，因此中望 CAD 还提供了一种自动对象捕捉模式。当光标放在某个对象上时，系统自动捕捉到对象上所有符合条件的几何特征点。

学生可以根据需要事先设置好对象的捕捉方式，在状态栏上的"对象捕捉"按钮上右击，弹出快捷菜单选择"设置"选项，在"草图设置"中设置；或者执行 Dsettings 命令，都会弹出"草图设置"对话框，选项需要捕捉的几何特征点．如图 12-7 所示。

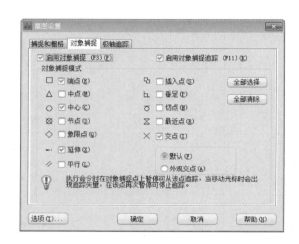

图 12-7 "对象捕捉"设置对话框

1. 运行方式

命令行：Osnap（OS）

2. 操作步骤

用中点捕捉方式绘制矩形各边中点的连线，如图 12-8 所示，其具体命令及操作如下：

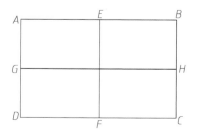

图 12-8 绘制中点的连线

命令:Rectangle(或 Rec)　　　　　　　　　　　启动矩形命令
指定第一个角点或[倒角(C)/标高(E)/圆角(F)/厚度(T)/宽度(W)]:
　　　　　　　　　　　　　　　　　　　　　　　指定 A 点为第一点
指定其他的角点或[面积(A)/尺寸(D)/旋转(R)]:　指定 C 点绘制一个矩形

命令:Osnap　　　　　　　　　　　　　　　　　打开对象设置对话框,
　　　　　　　　　　　　　　　　　　　　　　　打开中点捕捉

命令:Line　　　　　　　　　　　　　　　　　　启动矩形命令
指定第一个点:　　　　　　　　　　　　　　　　捕捉矩形 AB 边的中点 E
指定下一点或[角度(A)/长度(L)/放弃(U)]:　　　捕捉矩形 DC 边的中点 F
指定下一点或[角度(A)/长度(L)/放弃(U)]:　　　按<Enter>键结束命令
命令:Line　　　　　　　　　　　　　　　　　　再次启动矩形命令
指定第一个点:　　　　　　　　　　　　　　　　捕捉矩形 AD 边的中点 G
指定下一点或[角度(A)/长度(L)/放弃(U)]:　　　捕捉矩形 BC 边的中点 H
指定下一点或[角度(A)/长度(L)/放弃(U)]:　　　按<Enter>键结束命令

12.4.3　对象捕捉快捷方式

　　绘图时可以按<Ctrl>键或<Shift>键,右击打开对象捕捉快捷菜单,如图 12-9 所示。选择需要的捕捉点,把光标移到捕捉对象的特征点附近,即可捕捉到相应的特征点。

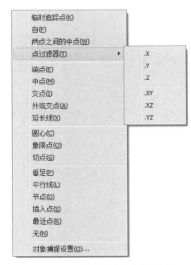

图 12-9　对象捕捉快捷菜单

注意:

1)绘图时可以单击状态栏的"对象捕捉"按钮,或按<F3>键打开和关闭对象捕捉。

2)程序在执行对象捕捉时,只能识别可见对象或对象的可见部分,所以不能捕捉关闭图层的对象或虚线的空白部分。

任务 12.5　设置靶框

　　当定义了一个或多个对象捕捉时,十字光标将出现一个捕捉靶框,另外,在十字光标附近会有一个图标表明激活对象捕捉类型。当选择对象时,程序捕捉距离靶框中心最近的特征点。下面介绍捕捉标记和靶框的大小设置的方法。

1. 运行方式

命令行:Options

　　通过执行 Options 命令,弹出"选项"对话框,在"草图"选项卡中可以改变靶框大小、显示状态等,也可以设置捕捉标记的大小、颜色等,如图 12-10 所示。

　　系统默认的捕捉标记是浅黄色的,如图 12-10 所示,对黑色背景绘图区,反差大,比较好。但当把屏幕背景设置成白色后,浅黄色就看不清楚了(反差太小),这时可将捕捉小方框设成其他颜色,如经常要截图到 Word 文档,就要改成反差大的颜色。单击"自动捕捉标记颜色"的下拉箭头选择其他颜色,或者选择"选择颜色"项,在弹出的对话框中选择想要的颜色,如图 12-11 所示。

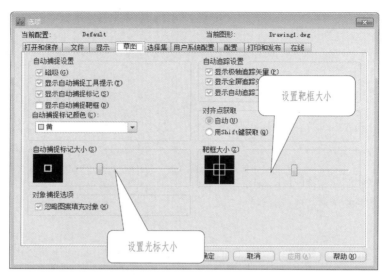

图 12-10　设置捕捉标记对话框

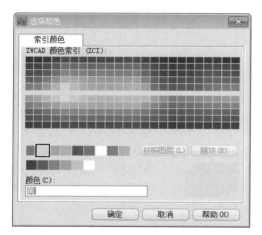

图 12-11　捕捉光标改变颜色

在"选项"对话框中还可以对一些系统环境进行设置，如十字光标长短、默认保存格式、文件自动保存时间、绘图区背景颜色等。

任务 12.6　设置极轴追踪

1. 运行方式

命令行：Dsettings

在"草图设置"对话框中除了提供捕捉和栅格、对象捕捉设置，还能设置极轴追踪。极轴追踪是用来追踪在一定角度上的点的坐标智能输入方法。

2. 操作步骤

执行 Dsettings 命令后，系统将弹出图 12-12 所示"草图设置"下的"极轴追踪"设置对话框，草图设置其实在项目中已用过多次，采用极轴追踪要先勾选上"启用极轴追踪"选项并设置增量角度，让系统在一定角度上进行追踪。

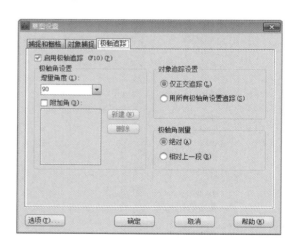

图 12-12　"极轴追踪"设置对话框

要追踪更多的角度，可以设置增量角，所有 0° 和增量角的整数倍数角度都会被追踪到，还可以设置附加角以追踪单独的极轴角。

当把极轴追踪增量角设置成 30°，勾选

"附加角"选项，添加45°时，如图12-13所示。

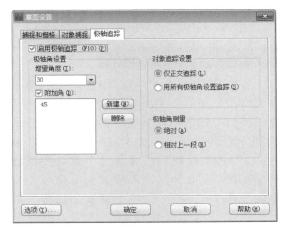

图 12-13　设置增量角，添加附加角

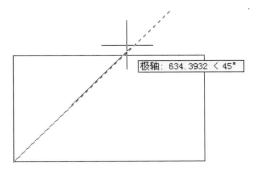

图 12-15　附加角的角度被追踪

启用极轴追踪功能后，当中望CAD提示学生确定点位置时，拖动鼠标，使鼠标接近预先设定的方向（即极轴追踪方向），中望CAD自动将橡皮筋线吸附到该方向，同时沿该方向显示出极轴追踪的矢量，并浮出一小标签，标签中说明当前鼠标位置相对于前一点的极坐标，所有0°和增量角的整数倍角度都会被追踪到，如图12-14所示。

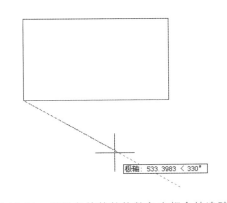

图 12-14　增量角的整数倍数角度都会被追踪到

由于设置的增量角为30°，凡是30°的整倍数角度都会被追踪到，如图12-14所示是追踪到330°。

当把极轴追踪附加角设置成某一角度，如45°时，当鼠标接近45°方向时被追踪到，如图12-15所示。

这里注意附加角只是追踪单独的极轴角，因此在135°等处，是不会出现追踪的。

任务 12.7　设置线型

1. 运行方式

命令行：Linetype

图形中的每个对象都具有其线型特性。Linetype命令可对对象的线型特性进行设置和管理。

线型是由沿图线显示的线、点和间隔组成的图样，可以使用不同线型代表特定信息，例如：正在画一个工地平面图，可利用一个连续线型画路，或使用含横线与点的界定线型画所有物线条。

每一个图面均预设至少有三种线型："Continuous""ByLayer""ByBlock"。这些线型不可以重新命名或删除。图面可能也含有无限个额外的线型，可以从一个线型库文件加载更多的线型，或新建并储存定义的线型。

2. 设置当前线型

通常情况下所创建的对象采用的是当前图层中的Bylayer线型，也可以对每一个对象分配自己的线型，这种分配可以覆盖原有图层线型设置。另一种做法是将Byblock线型分配给对象，借此可以使用此种线型直到将这些对象组成一个图块。当插入对象时，对象继承当前线型设置。设置当前线型的操作步骤：

1）执行Linetype命令，弹出图12-16所示线型管理器。这时可以选择一种线型作为当前线型。

2）当要选择另外的线型时，单击"加载"按钮，弹出图12-17所示线型列表。

3）选择相应的线型。

4）结束命令返回图形文件。

图 12-16　线型管理器

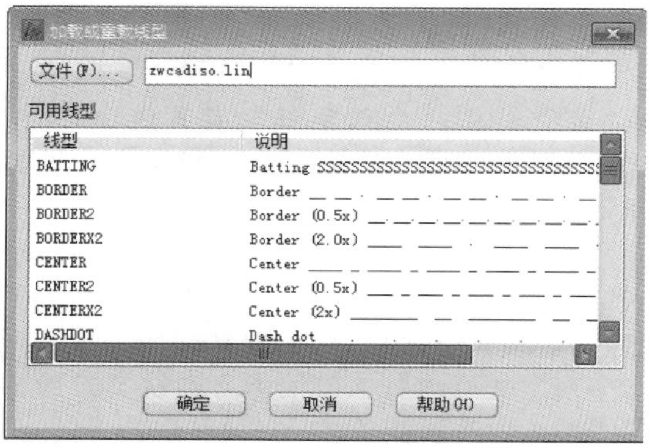

任务 12.8　设置图层

12.8.1　图层特性管理

在中望 CAD 中，系统对图层数量没有限制，对每一图层上的对象数量也没有任何限制，但每一图层都应有唯一的名字。当开始绘制一幅新图时，中望 CAD 自动生成层名为"0"的默认图层，并将这个默认图层置为当前图层。0 图层既不能被删除也不能重命名。除了层名为"0"的默认图层外，其他图层都是由学生根据自己的需要创建并命名。学生可以打开图层特性管理器来创建图层。

1. 运行方式

命令行：Layer（LA）

功能区："常用"→"图层"→"图层特性"

工具栏："图层"→"图层特性管理器"

如图 12-18 所示，在图层特性管理器中可为图形创建新图层，设置图层的线型、颜色和状态等特性。虽然一幅图可有多个图层，但学生只能在当前图层上绘图。

（1）图层状态　执行 LA 命令后，系统将弹出图 12-18 所示对话框，里面几个图层的状态介绍见表 12-2。

关闭和冻结的区别仅在于运行速度的快慢，后者比前者快。当学生不需要观察其他层上的图形时，利用"冻结"选项，以增加"Zoom""Pan"等命令的运行速度。

（2）设置图层颜色　不同的颜色可用来表示不同的组件、功能和区域，在图形中具有非常重要作用。图层的颜色实际上是图层中图形对象的颜色。每个图层都有自己的颜色，对不同的图层可以设置相同的颜色，也可以设置不同的颜色，绘制复杂图形时就可以很容易区分图形的各部分。

新建图层后，要改变图层的颜色，可在"图层特性管理器"对话框中单击图层的"颜色"列对应的图标，打开"选择颜色"对话框，在此可以选择所需的颜色，如图 12-19 所示。

图 12-17　线型列表

注意：

为了设置当前层的线型，既可以选择线型列表中的线型，也可以双击线型名称。

3. 加载附加线型

在选择一个新的线型到图形文件之前，必须建立一个线型名称或者从线型文件（*.lin）中加载一个已命名的线型。中望 CAD 有 ZWCADISO.lin、ZWCAD.lin 等线型文件，每个文件包含了很多已命名的线型，操作步骤如下：

1）执行 Linetype 命令，弹出"线型管理器"。

2）单击"加载"选项。

3）单击"文件"按钮，浏览系统已有的线型文件。

4）选择线型库文件，对其单击并打开。

5）选取要加载的线型。

6）单击"确定"按钮，关闭窗口。

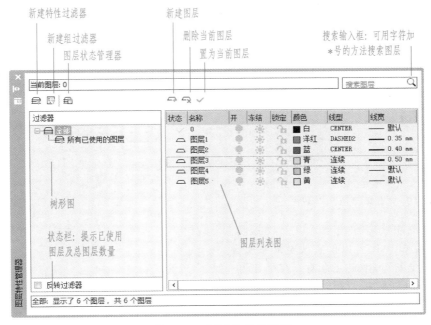

图 12-18　图层特性管理器

表 12-2　图层状态

按钮	选项	功能
新建	新建	该按钮用于创建新图层。单击该按钮,在图层列表中将出现一个名为"图层 1"的新图层。图层创建后可在任何时候更改图层的名称(0 层和外部参照依赖图层除外) 　选取某一个图层,再单击该图层名,图层名被执行为输入状态后,学生输入新层名,再按<ENTER>键即可
当前	当前	该按钮用于设置当前图层。虽然一幅图中可以定义多个图层,但绘图只能在当前图层进行。如果学生要在某一个图层上绘图,必须将该图层设置为当前图层 　选中该层后,单击该按钮即可将它设置为当前图层;双击图层显示框中的某一个图层名称也可将该图层设置为当前图层;在图层显示窗口中右击,在弹出的快捷菜单中单击"当前"选项,也可将此图层置为当前图层
关闭/打开	关闭/打开	被关闭图层上的对象不能显示或输出,但可随图形重新生成。在关闭一个图层时,该图层上绘制的对象就看不到,而当再开启该图层时,其上的对象又可显示出来。例如,正在绘制一个楼层平面,可以将灯具配置画在一个图层上,而配管线位置画在另一个图层上。选取图层开或关,可以从同一图形文件中打印出电工图与管路图
冻结/解冻	冻结/解冻	画在冻结图层上的对象,不会显示出来,不能打印,也不能重新生成。冻结一个图层时,其对象并不影响其他对象的显示或打印。不可以在一个冻结的图层上画图,直到解冻才可以,也不可将一个冻结的图层设为目前使用的图层,不可以冻结当前的图层,若要冻结当前的图层,需要先将别的图层置为当前层
锁定/解锁	锁定/解锁	锁定或解锁图层。锁定图层上的对象是不可编辑的,但图层若是打开并处于解冻状态的,则锁定图层上的对象是可见的。可以将锁定图层置为当前图层并在此图层上创建新对象,但不能对新建的对象进行编辑。在图层列表框中单击某一图层锁定项下的"是"或"否",可将该层锁定或解锁

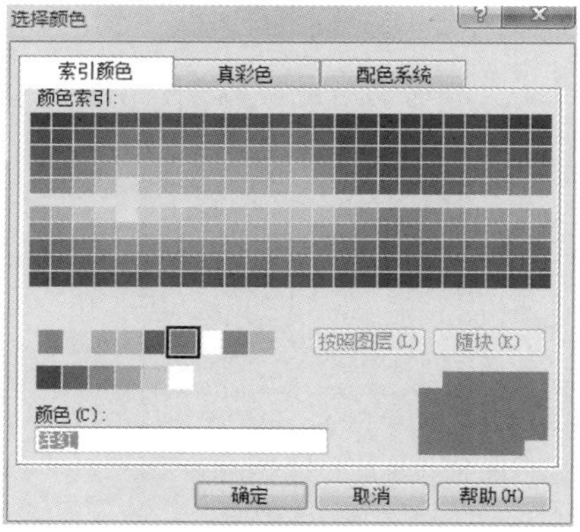

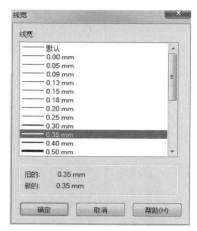

图 12-19 "选择颜色" 对话框

图 12-21 "线宽" 对话框

（3）设置图层线宽和线型　在"图层特性管理器"对话框中还可以设置线宽和线型，单击图层的"线型"相对应的项，在弹出的"选择线型"选择所需的线型，也可以单击"加载"按钮，加载更多线型，如图 12-20 所示。

图 12-20　线型管理器

单击图层的"线宽"相对应的项，还可以修改线宽，在弹出的"线宽"的对话框中，选择所需要的线宽宽度，如图 12-21 所示。

2. 操作步骤

新建两个图层，进行相应的图层设置，分别命名为"中心线"和"轮廓线"，用于绘制中心线和轮廓线。

根据中心线和轮廓线的特点，可将中心线设置为红色、DASHDOT 线型，将轮廓线设置为蓝色、Continuous 线型。

其具体命令及操作如下：

1）单击"常用"→"图层"→"图层特性"按钮，弹出"图层特性管理器"对

话框。

2）单击"新建"按钮，在"名称"框中输入"中心线"。

3）单击新建的图层"颜色"项，在打开的"选择颜色"对话框中选择"红色"，然后单击"确认"按钮。

4）再单击该图层"线型"项，在打开的"选择线型"对话框中选择"DASHDOT"线型，单击"确定"按钮。

5）回到"特性管理器"界面，再次单击"新建"按钮，创建另一图层。

6）在"名称"框中输入"轮廓线"。

7）单击该图层"颜色"项，在打开的"选择颜色"对话框中选择"蓝色"，然后单击"确定"按钮。

8）单击"确定"按钮。

由于系统默认线型为 Continuous，而"轮廓线"这一层也是采用连续线型，所以设置线型可省略，设置效果如图 12-22 所示。

图 12-22　图层对话框

注意:

1)学生可用前面所讲的 Color、Linetype 等命令为对象实体定义与其所在图层不同的特性值,这些特性相对于 Bylayer、Byblock 特性来说是固定不变的,它不会随图层特性的改变而改变。对象的 Byblock 特性,将在图块中介绍。

2)当学生绘制的图形较混杂,多重叠交叉,则可将妨碍绘图的一些图层冻结或关闭掉。如果不想输出某些图层上的图形,既可冻结或关闭这些图层,使其不可见;冻结图层和外部参照依赖图层不能被置为当前图层。

3)如果学生在创建新图层时,图层显示窗口中存在一个选定图层,则新建图层将沿用选定图层的特性。

4)线宽的设置有必要重新强调一下:一张图纸是否好看、是否清晰,其中重要的一个因素就是是否层次分明。一张图里有 0.13mm 的细线,有 0.25mm 的中等宽度线,有 0.35mm 的粗线,这样打印出来的图纸,一眼看上去就能够根据线的粗细来区分不同类型的对象。

12.8.2 图层状态管理器

通过图层管理,学生可以保存、恢复图层状态信息,同时还可以修改、恢复或重命名图层状态。

1. 运行方式

命令行:LAYERSTATE

功能区:"常用"→"图层"→"图层状态管理器"

工具栏:"图层"→"图层状态管理器"

图 12-23 "图层状态管理器"对话框

"图层状态管理器"对话框(图 12-23)中的按钮及选项介绍如下:

新建:打开图 12-24 所示的"要保存的新图层状态"对话框,创建图层状态的名称和说明。

图 12-24 "要保存的新图层状态"对话框

保存:保存某个图层状态。

编辑:编辑某个状态中图层的设置。

重命名:重命名某个图层状态和修改说明。

删除:删除某个图层状态。

输入:将先前输出的图层状态(.las)文件加载到当前图形,也可输入 DWG 文件中的图层状态。输入图层状态文件可能导致创建其他图层,但不会创建线型。

输出:以".las"形式保存某图层状态的设置。

恢复:恢复保存的某个图层状态。

保存的图层状态,还可以在"要恢复的图层特性"面板中修改图层状态的其他选项。如果没有看到这一部分,请单击对话框右下角的"更多恢复选项"箭头按钮。

12.8.3 图层相关的其他命令

在 Ribbon 界面的"常用"选项卡→"图层"面板中,中望 CAD 还提供一系列的与图层相关的功能,方便学生使用,如图 12-25 所示。

图 12-25 图层面板

图层特性管理器和图层状态管理器的功能上文已介绍过,这里就不再重复,其他命令的功能介绍见表 12-3。

表 12-3　图层面板命令

按钮	命令	命令行	功能
	隔离	Layiso	关闭其他所有图层使一个或多个选定的对象所在的图层与其他图层隔离
	取消隔离	Layuniso	打开使用 Layiso 命令隔离的图层
	关闭	Layoff	关闭选定对象所在的图层
	冻结	Layfrz	冻结选定对象所在的图层，并使其不可见，不能重新生成，也不能打印
	锁定	Laylck	执行该命令可锁定图层
	解锁	Layulk	将选定对象所在的图层解锁
	打开所有图层	Layon	打开全部关闭的图层
	解冻所有图层	Laythw	解冻全部被冻结的图层
	图层浏览	Laywalk	浏览图形中所包含的图层信息，动态显示选中的图层中的对象
	将对象的图层设为当前	Laymcur	将选定对象所在图层置设为当前图层
	移至当前层	Laycur	将一个或多个图层的对象移至当前图层
	上一个图层	Layerp	放弃对图层设置（例如颜色或线型）的上一个或上一组更改
	改层复制	Copytolayer	用来将指定的图形一次复制到指定的新图层中
	图层合并	Laymrg	将指定的图层合并到同一层
	图层匹配	Laymch	把源对象上的图层特性复制给目标对象，以改变目标对象的特性

学生除了可以单击按钮启动这些命令外，还可以在命令栏输入英文命令执行这些命令。

任务 12.9　查询命令操作

12.9.1　查距离与角度

1. 运行方式

命令行：Dist

工具栏："查询"→"距离"

Dist 命令可以计算任意选定两点间的距离，得到如下信息：

1）以当前绘图单位表示的点间距。

2）在 XY 平面上的角度。

3）与 XY 平面的夹角。

4）两点间在 X、Y、Z 轴上的增量 ΔX、ΔY、ΔZ。

2. 操作步骤

执行 Dist 命令后，系统提示：

距离起始点：指定所测线段的起始点。

终点：指定所测线段的终点。

用 Dist 命令查询图 12-26 所示的 BC 两点间的距离及夹角 D。

图 12-26　用 Dist 命令查询

命令：Dist	执行 DIST 命令
指定第一点：	捕捉起始点 B
指定第二点：	捕捉终点 C，按<Enter>键
距离 = 150,XY 平面中的倾角 = 30,与 XY 平面的夹角 = 0	BC 两点间的距离为 150mm
X 增量 = 129.9038,Y 增量 = 75,Z 增量 = 0.0000	夹角 D 为 30°,H 为 75mm

注意：

选择特定点，最好使用对象捕捉功能来精确定位。

12.9.2　查面积

1. 运行方式

命令行：Area

工具栏："查询"→"距离"

Area 命令可以测量：

1）用一系列点定义的一个封闭图形的面积和周长。

2）用圆、封闭样条线、正多边形、椭圆、或封闭多段线所定义的面积和周长。

3）由多个图形组成的复合面积。

2. 操作步骤

用 Area 命令测量图 12-27 所示带一个孔的垫圈的面积。

图 12-27　用 Area 命令测量面积

命令：Area	执行 AREA 命令
指定第一个角点或[对象(O)/加(A)/减(S)]<对象(O)>:a	键入 A,选择添加
指定第一个角点或[对象(O)/减(S)]:o	键入 O,选择对象模式
("加"模式)选择对象：	选取对象"矩形"
面积(A)= 15858.0687,周长(P)= 501.3463	系统显示矩形的面积
总面积(T)= 15858.0687	
("加"模式)选择对象：	按<Enter>键结束添加模式
指定第一个角点或[对象(O)/减(S)]:s	键入 S,选择减去
指定第一个角点或[对象(O)/加(A)]:o	键入 O,选择对象模式
("减"模式)选择对象：	选取对象"圆孔"
面积(A)= 1827.4450,圆周(C)= 151.5399	显示测量结果
总面积(T)= 14030.6237	
("减"模式)选择对象：	按<Enter>键结束命令

以上各项提示的含义和功能说明如下：

对象（O）：为选定的对象计算面积和周长，被选取的对象有圆、椭圆、封闭多段线、多边形、实体和平面。

加（A）：计算多个对象或选定区域的周长和面积总和，同时也可计算出单个对象或选定区域的周长和面积。

减（S）：与"加"类似，是减去选取的区域或对象的面积和周长。

<第一点>：可以对由多个点定义的封闭

区域的面积和周长进行计算。程序依靠连接每个点所构成的虚拟多边形围成的空间来计算面积和周长。

注意：

选择点时，可在已有图线上使用对象捕捉方式。

12.9.3 查图形信息

1. 运行方式

命令行：List（li）

```
命令：List                                              执行 List 命令
选择对象：找到 1 个                                     选择对象
选择对象：                                              系统列出对象相关的特征圆
图层："图层 1"
空间：模型空间
句柄 = 183
正中点，X = 150.0574    Y = 423.9168    Z = 0.0000
半径    100.0000
周长    628.3185
面积    31415.9265
```

任务 12.10 设置工具选项板

12.10.1 工具选项板的功能

中望 CAD 为学生提供了一个非常方便的工具——工具选项板，工具选项板以选项卡形式来组织、共享和放置块以及图案填充等，还可以包含由第三方开发人员提供的自定义工具。

"工具选项板"窗口与"特性"选项板类似，可以通过拖拽方式选择固定或悬浮在中望 CAD 程序中，但只支持将选项板附着到绘图区域左侧或右侧。"工具选项板"窗口标题栏上的"自动隐藏"按钮 ，可控制"工具选项板"是否自动隐藏。

1. 运行方式

命令行：TOOLPALETTES（Ctrl+3）

功能区："工具"→"选项板"→"工具选项板"

2. 操作步骤

执行 Toolpalettes 命令后，系统弹出

工具栏："查询"→"列表"

List 命令可以列出选取对象的相关特性，包括对象类型、所在图层、当前学生坐标系（UCS）的 X、Y、Z 位置等。信息显示的内容，视所选对象的种类而定，上述信息会显示于"ZWCAD 文本窗口"与命令行中。

2. 操作步骤

执行 List 命令后，系统提示：

图 12-28 所示窗口。学生可以将常用的命令、块和图案填充等放置在工具选项板上，需要时只需从工具选项板拖动至图形中，即可执行相关命令或添加相应对象到相关图形。

图 12-28　工具选项板

12.10.2 更改工具选项板设置

学生可以对工具选项板的选项和设置进行自定义，包括透明度、视图、图标位置等。

1. 透明度

工具选项板的窗口可以设置为透明，从

而不会遮挡住下面的对象。

1）将鼠标放在工具选项板窗口内，右击，在弹出的快捷菜单中选择"透明度"，如图12-29所示。

图 12-29　"工具选项板"右键快捷菜单

2）在弹出的"透明度"对话框中，调整所需的透明度级别，如图12-30所示。

图 12-30　"工具选项板"透明度

3）最后单击"确定"按钮结束命令，工具选项板窗口变透明后，后面的对象就会显现出来。

2. 视图

工具选项板上图标的显示样式和大小是可以更改的，具体步骤如下：

1）在工具选项板窗口内，右击，在弹出的快捷菜单中选择"视图选项"。

2）在弹出的"视图选项"对话框中，使用滑标调整图像显示的大小，如图12-31所示。

3）还可以指定视图样式的显示方式，有"仅图标""图标和文字""列表视图"三种选项。

4）单击"应用于"下拉选项，选择"当前工具选项板"或"所有工具选项板"，指定当前的设置应用到哪个选项板。

图 12-31　工具选项板"视图选项"

5）最后单击"确定"按钮结束命令，工具选项板窗口会按照相关的设定调整图标显示的方式。

3. 添加和删除选项板

学生可以根据需要，在工具选项板中添加新选项板，将自己常用的命令都放到新选项板中，提高绘图效率。

（1）新建选项板

1）在工具选项板内，右击，在弹出的快捷菜单中选择"新工具选项板"。

2）系统出现一个新的选项板，输入新选项板的名称，就成功建立一个空白的选项板，如图12-32所示。

图 12-32　新建工具选项板

（2）删除选项板　删除工具选项板的方法也十分简单，步骤如下：

1）在工具选项板要删除的选项卡内右击，在弹出的快捷菜单中选择"删除工具选项板"。

2）在弹出对话框中点"确定"按钮，即可删除当前选项板，如图12-33所示。

图12-33　删除工具选项板

4. 添加图标

学生可以根据日常工作需要，将一些经常使用的图标添加到新建的工具选项板中，需要时直接调用，提高工作效率。使用以下方法可以在工具选项板中添加图标。

1）将以下任意元素拖至工具选项板内：几何对象（如直线、圆和多段线等）、标注、图案填充、块。

2）使用"剪切""复制"和"粘贴"命令，可将选项卡中的图标移动或复制到另一个选项卡中。操作步骤如下：

① 将鼠标移到需要复制或剪切的工具图标上，右击，在弹出的快捷菜单中选择"复制"或者"剪切"选项，如图12-34所示。

图12-34　工具选项板图标快捷菜单

② 切换到需要粘贴的选项卡中，右击，在弹出的快捷菜单中选择"粘贴"选项，即可将图标粘贴到当前选项卡中，如图12-35所示。

3）利用设计中心添加图标到工具选项板中。

（1）直接添加

打开设计中心后，学生可以将图形、块、图案填充，甚至将整张的DWG图样从

图12-35　工具选项板"粘贴"选项

设计中心直接拖至工具选项板中。使用时，将已添加到工具选项板的图形直接拖到图样的绘图区域，图形将作为块插入。

学生还可以利用上文提到的在设计中心查找对象的方法查找目标图形，然后再添加到工具选项板中。

（2）创建工具选项板

在设计中心插入图标的同时创建新的选项卡，操作步骤如下：

1）打开"设计中心"页面，选择要插入的对象后，右击。

2）在弹出的快捷菜单中选择"创建工具选项板"选项，如图12-36所示。

图12-36　"创建工具选项板"

3）系统会自动在工具选项板中新建一个选项卡，并将刚才选中的对象添加到工具选项板中。

如果在设计中心里同时选中多个对象，然后右击，选择"创建工具选项板"选项，系统则会将所有选中的对象添加到一个新建的工具选项板中，如图12-37所示。

5. 调整位置

（1）选项卡位置　学生可以根据自己习惯调整工具选项板各选项卡的先后位置：将鼠标放到要调整的选项卡名称处，右击，选择"上移"或"下移"选项调整各选项卡的先后位置，如图12-38所示。

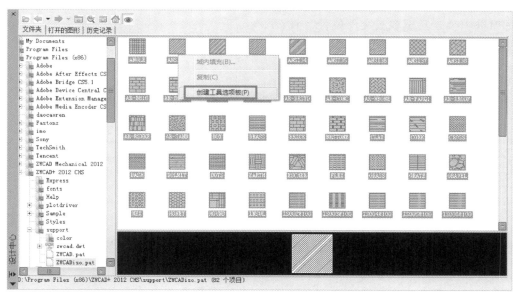

图 12-37 工具选项板中同时多选对象

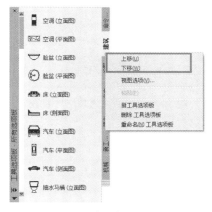

图 12-38 工具选项板"上移和下移"

（2）图标位置 在同一选项卡中，学生还能任意调整图标的位置，将鼠标放到要调整的图标上单击，即可将图标上下拖动。如果要将图标放置到其他选项卡，只能使用上文提到的复制或剪切的方法，不能直接拖动。

注意：

删除工具选项板的操作是永久性的，而且不可逆，要谨慎使用。

12.10.3 控制工具特性

通过控制工具特性可以更改工具选项板上图标工具的插入特性或图案特性。例如，

可以更改块插入比例或图案填充的角度。修改步骤如下：

1）在某个要修改的图标上右击，在弹出快捷菜单中单击"特性"选项。

2）系统弹出"工具特性"对话框，学生可以根据需求修改图标特性，如块的名称、旋转角度、比例、是否分解等，如图 12-39 所示。

图 12-39 工具选项板"工具特性"对话框

12.10.4 共享工具选项板

通过将工具选项板输出或输入为文件，可以保存和共享工具选项板。工具选项板文件默认保存在一个特定目录下，可以打开

"选项"对话框（输入 Options 命令），在"文件"选项卡中"工具选项板文件位置"查看或调整工具选项板路径，如图 12-40 所示。

图 12-40 "选项"对话框

输出工具选项板文件步骤如下：

1）在工具选项板内空白处右击，在弹出快捷菜单中单击"自定义"选项，如图 12-41 所示。

2）系统弹出"定制"对话框，选择"工具选项板"选项卡，然后选中要输出的选项板，右击，在弹出的快捷菜单中选择"输出"选项，如图 12-42 所示。

3）再指定输出路径，单击"保存"按钮即可输出工具选项板文件。也可以用类似的方法输入工具选项板文件。

图 12-41 工具选项板"自定义"

图 12-42 "工具选项板"输出

項目13

填充、面域与图像

在图样绘制过程中，学生经常要重复绘制某些图案来填充图形中的一个区域，以表达该区域的特征，这样的操作在中望 CAD 中称为图案填充。本项目主要介绍图案填充命令。

任务 13.1　图案填充

13.1.1　创建图案填充

在进行图案填充时，使用对话框的方式进行操作，非常直观和方便。

1. 运行方式

命令行：Bhatch/Hatch（H）

功能区："常用"→"绘制"→"填充"

工具栏："绘图"→"图案填充"

图案填充命令用于在指定的填充边界内填充一定样式的图案。图案填充命令以对话框设置填充方式，包括填充图案的样式、比例、角度，填充边界等。

2. 操作步骤

使用 Bhatch 命令将图 13-1a 所示图形填充成图 13-1b 所示的效果，操作步骤如下：

1）执行 Bhatch 命令，系统弹出"图案填充和渐变色"对话框，如图 13-2 所示。

2）在"填充"选项卡的"类型和图案"区中，"类型"选择"预定义"，然后在"图案"选项中选择一种需要的图案。

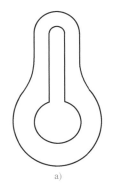 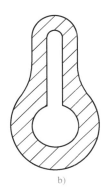

a) b)

图 13-1　填充界面

图 13-2　图案填充界面

3）在"角度和比例"区中，把"角度"设为 0，"比例"设为 1。

4）勾选上"动态预览"选项，可以实

时预览填充效果。

5）在"边界"选项中，单击"拾取点"按钮后，在要填充的区域内单击一点来选择填充区域，预览填充结果如图 13-3 所示。

6）比例为"1"时出现如图 13-3a 所示情况，说明比例太小；重新设定比例为

"10"，出现如图 13-3b 所示情况，说明比例太大；不断重复地改变比例，当比例为"3"时，出现图 13-3c 所示情况，说明此比例合适。

7）满意效果后点击"确定"按钮执行填充，填充得到图 13-1b 所示的效果。

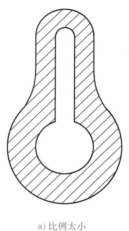 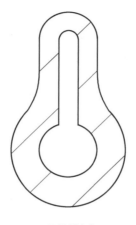 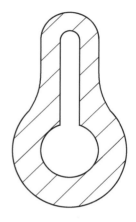

a）比例太小　　　　　　　　　b）比例太大　　　　　　　　　c）比例合适

图 13-3　预览填充结果

注意：

1）区域填充时，所选择的填充边界需要形成封闭的区域，否则中望 CAD 会提示警告信息"没找到有效边界"。

2）填充图案是一个独立的图形对象，填充图案中所有的线都是关联的。

3）如果有需要可以用 Explode 命令将填充图案分解成单独的线条，一旦填充图案被分解成单独的线条，那么它与原边界对象将不再具有关联性。

13.1.2　设置图案填充

执行图案填充命令后，弹出"图案填充和渐变色"对话框，下面对"填充"选项卡里面的各项分别讲述。

1. 类型和图案

类型：类型有三种，单击下拉箭头可选择方式，分别是预定义、学生定义、自定义，中望 CAD 默认选择预定义方式。

图案：显示填充图案文件的名称，用来选择填充图案。单击下拉箭头可选择填充图案。也可以单击列表后面的按钮 [...]，开启

"填充图案选项板"对话框，通过预览图像，选择需要的图案来进行填充，如图 13-4 所示。

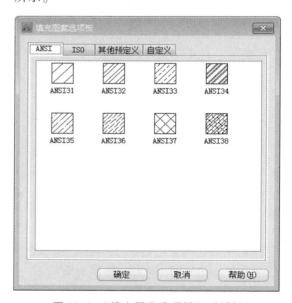

图 13-4　"填充图案选项板"对话框

样例：用于显示当前选中的图案样式。单击所选的图案样式，也可以打开"填充图

案选项板"对话框。

2. 角度和比例

角度：图样中剖面线的倾斜角度。默认值是0，可以输入值改变角度。

比例：图样填充时的比例因子。中望CAD提供的各图案都有默认的比例，如果此比例不合适（太密或太稀），可以输入值以设置新比例。

3. 图案填充原点

原点用于控制图案填充原点的位置，也就是图案填充生成的起点位置。

使用当前原点：以当前原点为图案填充的起点，一般情况下，原点设置为（0，0）。

指定的原点：指定一点，使其成为新的图案填充的原点。还可以进一步调整原点相对于边界范围的位置，共有五种情况：左下、右下、右上、左上、正中，如图13-5所示。

默认为边界范围：指定新原点为图案填充对象边界的矩形范围中的四个角点或中心点。

存储为默认原点：把当前设置保存成默认的原点。

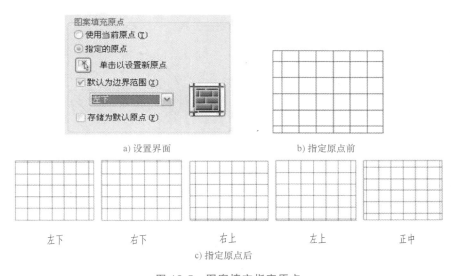

a) 设置界面　　　　　b) 指定原点前

　左下　　　　右下　　　　　右上　　　　　左上　　　　　正中

c) 指定原点后

图 13-5　图案填充指定原点

4. 确定填充边界

在中望CAD中为学生提供了两种指定图案边界的方法，分别是通过拾取点和选择对象来确定填充的边界。

拾取点：单击需要填充区域内一点，系统将寻找包含该点的封闭区域填充。

选择对象：用鼠标来选择要填充的对象，常用于多个或多重嵌套的图形。

删除边界：将多余的对象排除在边界集外，使其不参与边界计算，如图13-6所示。

重新创建边界：以填充图案自身补全其边界，采取编辑已有图案的方式，可将生成的边界类型定义为面域或多段线，如图13-7所示。

查看选择集：单击此按钮后，可在绘图区域亮显当前定义的边界集合。

5. 孤岛

封闭区域内的填充边界称为岛屿。可以指定填充对象的显示样式，有普通、外部和忽略三种孤岛显示样式，如图13-8所示。"普通"是默认的孤岛显示样式。

孤岛检测：用于控制是否进行孤岛检测，将最外层边界内的对象作为边界对象。

普通：从外向内隔层画剖面线。

外部：只将最外层画上剖面线。

忽略：忽略边界内的孤岛，全图面画上剖面线。

6. 预览

预览：可以在应用填充之前查看效果。单击"预览"按钮，将临时关闭对话框，在绘图区域预先浏览边界填充的结果，单击图形或按 < Esc > 键返回对话框。右击或按

<Enter>键接受填充。

动态预览：可以在不关闭"填充"对话框的情况下预览填充效果，以便动态地查看并及时修改填充图案。动态预览和预览选项不能同时选中，只能选择其中一种预览方法。

7. 其他高级选项

在默认的情况下，"其他选项"栏是被隐藏起来的，当单击"其他选项"的按钮 >> 时，将其展开后可以弹出图 13-9 所示的对话框。

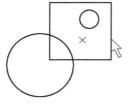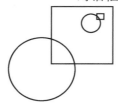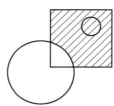

a) 选定内部点　　　　b) 删除对象　　　　c) 结果

图 13-6　删除边界

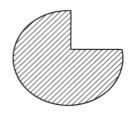

a) 无边界的填充图案　　　　b) 生成边界

图 13-7　重新创建边界

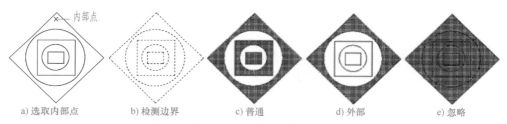

a) 选取内部点　　b) 检测边界　　c) 普通　　d) 外部　　e) 忽略

图 13-8　孤岛显示样式

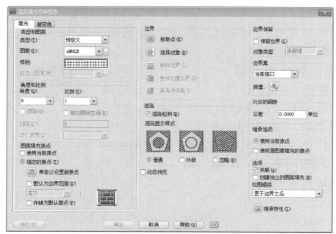

图 13-9　"其他选项"对话框

保留边界：此选项用于以临时图案填充边界创建边界对象，并将它们添加到图形中，在对象类型栏内选择边界的类型是面域或多段线。

边界集：可以指定比屏幕显示小的边界集，在一些相对复杂的图形中需要进行长时间分析操作时可以使用此项功能。

允许的间隙：一幅图形中有些边界区域并非是严格封闭的，接口处存在一定空隙，而且空隙往往比较小，不易观察到，造成边界计算异常，考虑到这种情况，中望 CAD 设计了此选项，使在可控制的范围内即使边界不封闭也能够完成填充操作。

继承选项：当使用"继承特性"创建图案填充时，将以这里的设置来控制图案填充原点的位置。"使用当前原点"选项表示以当前的图案填充原点设置为目标图案填充的原点；"使用源图案填充的原点"选项表示

以复制的源图案填充的原点为目标图案填充的原点。

关联：确定填充图样与边界的关系。若打开此项，那么填充图样与填充边界保持着关联关系，当填充边界被缩放或移动时，填充图样也相应跟着变化，系统默认是关联，如图 13-10a 所示。

如果取消勾选"关联"，就是关闭此开关，那么图案与边界不再关联，也就是填充图样不跟着变化，如图 13-10b 所示。

创建独立的图案填充：对于有多个独立封闭边界的情况下，中望 CAD 可以用两种方式创建填充，一种是将几处的图案定义为一个整体，另一种是将各处图案独立定义，如图 13-11 所示，通过显示对象夹点可以看出，在未选择此项时，创建的填充图案是一个整体，而选择此项时创建的是三个填充图案。

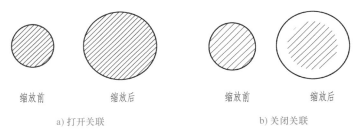

缩放前　　　　缩放后　　　　　缩放前　　　　缩放后

a) 打开关联　　　　　　　　　　b) 关闭关联

图 13-10　填充图样与边界的关联

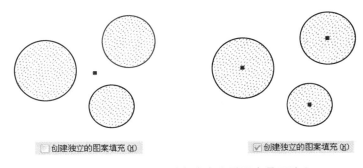

☐ 创建独立的图案填充(N)　　　　　☑ 创建独立的图案填充(N)

图 13-11　通过显示对象夹点查看图案是否独立

绘图次序：当填充图案发生重叠时，用此项设置来控制图案的显示层次。

继承特性：用于将源填充图案的特性匹配到目标图案上，并且可以在继承选项里指定继承的原点。

任务 13.2　绘制面域

面域是指内部可以含有孤岛的具体边界的平面，它不但包含了边的信息，还包含边界内

的面的信息。在中望 CAD 中，能够把由某些对象围成的封闭区域创建成面域，这些封闭区域可以是圆、椭圆、封闭的二维多段线等。

1. 运行方式

命令行：Region（REG）

命令:Region	执行 Region 命令
选择对象:	选择要创建面域的对象
找到 N 个	提示已选中 N 个对象
选择对象:	按<Enter>键完成命令或继续选择对象
N 循环提取;N 面域创建	提示已创建了 N 个面域

注意：

1）面域通常是以线框的形式来显示的。

2）自相交或端点不连接的对象不能转换成面域。

3）可以将面域通过拉伸、旋转等操作绘制成三维实体对象。

4）允许对面域进行并、差、交集等布尔运算，以创建更复杂的面域对象，并、差、交集等布尔运算的操作方法会在项目 12 中详细介绍。

任务 13.3　设置绘图顺序

1. 运行方式

命令行：Draworder

工具栏："绘图顺序"

默认情况下绘制对象的先后顺序决定了对象的显示顺序，Draworder 命令可修改对象的显示顺序，例如把一个对象移到另一个对象之后，当两个或更多对象相互覆盖时，调整图形顺序将保证正确的显示和打印输出。如果将光栅图像插入到现有对象上面，就会

功能区："常用"→"绘制"→"面域"

工具栏："绘图"→"面域"

Region 命令可以用于创建面域。

2. 操作步骤

遮盖现有对象，这时就有必要调整图形顺序。

2. 操作步骤

使用 Draworder 命令把图 13-12a 所示图形的绘图顺序改为图 13-12b 所示的显示效果，按如下步骤操作：

a) 先绘制实心填充的三角形后再绘制矩形

b) 使矩形置于三角形之下

图 13-12　更改图形绘制顺序

命令:Draworder	执行 Draworder 命令
选择对象:找到 1 个	选择矩形后,提示找到 1 个对象
选择对象:	按<Enter>键结束选择对象
输入对象排序选项[对象上(A)/对象下(U)/最前(F)/最后(B)]<最后>:U	输入 U,置于对象之下
选择参照对象:找到 1 个	选择三角形为参照对象
选择参照对象:	按<Enter>键结束命令

文字和表格

在中望 CAD 图样中，除了图形对象外，文字和表格也是非常重要的组成部分。在绘图过程中，有时需要给图形标注一些恰当的文字说明，使图形更加明白、清楚，从而完整地表达其设计意图。表格则用于显示数字和其他项目，以便快速引用、统计和分析，并方便查阅。

本项目主要学习如何设置字体与样式、输入特殊字符、标注文本、文本编辑、创建表格样式和空白表格、编辑表格、使用字段等知识，使学生能熟练地在图形中加入文本说明和明细栏。

任务 14.1　设置文字样式

在中望 CAD 中标注的所有文本，都有其文字样式设置。本节主要讲述字体、文字样式以及如何设置文字样式等知识。

14.1.1　字体与文字样式

字体是由具有相同构造规律的字母或汉字组成的字库。例如：英文有 Roman、Romantic、Complex、Italic 等字体；汉字有宋体、黑体、楷体等字体。中望 CAD 提供了多种可供定义样式的字体，包括 Windows 系统 Fonts 目录下的".ttf"字体和中望 CAD 的 Fonts 目录下支持大字体及西文的".shx"字体。

可根据自己需要定义具有字体、字符大小、倾斜角度、文本方向等特性的文字样式。

在中望 CAD 绘图过程中，所有的标注文本都具有其特定的文字样式，字符大小由字符高度和字符宽度决定。

14.1.2　如何设置文字样式

1. 运行方式

命令行：Style（ST）

功能区："工具"→"样式管理器"→"文字样式"

工具栏："文字"→"文字样式"

Style 命令用于设置文字样式，包括字体、字符高度、字符宽度、倾斜角度、文本方向等参数的设置。

2. 操作步骤

执行 Style 命令，系统自动弹出"字体样式"对话框。设置新样式为"宋体"字体，如图 14-1 所示，其操作步骤如下：

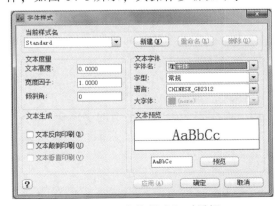

图 14-1　"字体样式"对话框

命令：Style	执行 Style 命令
单击"当前样式名"对话框的"新建"按钮	系统弹出"新文字样式"对话框
在对话框中输入"宋体"，单击"确定"按钮	设定新样式名"宋体"并回到主对话框
在文本字体框中选宋体	设定新字体"宋体"
在文本度量框中填写	设定字体的高度、宽度、角度
单击"应用"按钮	将新样式"宋体"加入图形
单击"确定"按钮	完成新样式设置，关闭对话框

⚙学生可以自行设置其他的文字样式。

图 14-1 所示对话框中各选项的含义和功能介绍如下：

当前样式名：该区域用于设定样式名称，可以从该下拉列表框选择已定义的样式或者单击"新建"按钮创建新样式。

新建：用于定义一个新的文字样式。单击该按钮，在弹出的"新文字样式"对话框的"样式名称"编辑框中输入要创建的新样式的名称，然后单击"确定"按钮。

重命名：用于更改图中已定义的某种样式的名称。在左边的下拉列表框中选取需更名的样式，再单击"确定"按钮，在弹出的"重命名文字样式"对话框的"样式名称"编辑框中输入新样式名，然后单击"确定"按钮即可。

删除：用于删除已定义的某样式。在左边的下拉列表框选取需要删除的样式，然后单击"删除"按钮，系统将会提示是否删除该样式，单击"确定"按钮，表示确定删除，单击"取消"按钮表示取消删除。

文本字体：该区域用于设置当前样式的字体、字体格式、字体高度。

◆字体名：该下拉列表框中列出了 Windows 系统的 TrueType（TTF）字体与中望CAD 本身所带的字体。可在此选一种需要的字体作为当前样式的字体。

◆字型：该下拉列表框中列出了字体的几种样式，如常规、粗体、斜体等字体，可任选一种样式作为当前字型的字体样式。

◆大字体：选用该复选框，可使用大字体定义字型。

文本度量：有以下几个参数。

◆文本高度：该编辑框用于设置当前字型的字符高度。

◆宽度因子：该编辑框用于设置字符的宽度因子，即字符宽度与高度之比。取值为 1 时表示保持正常字符宽度，大于 1 表示加宽字符，小于 1 表示使字符变窄。

◆倾斜角：该编辑框用于设置文本的倾斜角度。大于 0° 时，字符向右倾斜；小于 0° 时，字符向左倾斜。

文本生成：有以下几种方式。

◆文本反向印刷：选择该复选框后，文本将反向显示。

◆文本颠倒印刷：选择该复选框后，文本将颠倒显示。

◆文本垂直印刷：选择该复选框后，字符将以垂直方式显示字符。"True Type"字体不能设置为垂直书写方式。

预览：该区域用于预览当前字型的文本效果。

设置完样式后可以单击"应用"按钮将新样式加入当前图形。完成样式设置后，单击"确定"按钮关闭"字体样式"对话框。

注意：

1）中望 CAD 图形中所有文本都有其对应的文字样式。系统默认为 Standard 样式，需预先设定文本的样式，并将其指定为当前使用样式，系统才能将文字按指定的文字样式写入字形中。

2）"更名"（Rename）和"删除"（Delete）选项对 Standard 样式无效。图形中已使用样式不能被删除。

3）对于每种文字样式而言，其字体及文本格式都是唯一的，即所有采用该样式的文本都具有统一的字体和文本格式。如果想在一幅图形中使用不同的字体设置，则必须定义不同的文字样式。对于同一字体，可将其字符高度、宽度因子、倾斜角度等文本特征设置为不同，从而定义成不同的字型。

4）可用 Change 命令改变选定文本的字型、字体、字高、字宽、文本效果等设置，也可选中要修改的文本后右击，在弹出的快捷菜单中选择属性设置，以改变文本的相关参数。

任务 14.2 标注文本

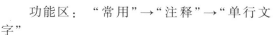

14.2.1 单行文本

1. 运行方式

命令行：Text

功能区："常用"→"注释"→"单行文字"

工具栏："文字"→"单行文本"

使用 Text 命令可为图形标注一行或几行文本，每一行文本作为一个实体。该命令同时设置文本的当前样式、旋转角度（Rotate）、对齐方式（Justify）和字高（Resize）等。

2. 操作步骤

使用 Text 命令在图 14-2 中标注文本，采用设置新字体的方法，中文采用仿宋字型，其操作步骤如下：

图 14-2　标注文本

命令:Text	执行 Text 命令
当前文字样式:"STYLE1"文字高度:2.5000	显示当前的文字样式和高度
指定文字的起点或[对正(J)/样式(S)]:S	输入 S,选择样式选项
输入样式名或[?]<STYLE1>:仿宋	设定当前文字样式为仿宋
当前文字样式:　"仿宋"　文字高度:2.5000	显示当前的文字样式和高度
指定文字的起点或[对正(J)/样式(S)]:J	输入 J,选择调整选项
输入选项[对齐(A)/布满(F)/居中(C)/中间(M)/右对齐(R)/左上(TL)/中上(TC)/右上(TR)/左中(ML)/正中(MC)/右中(MR)/左下(BL)/中下(BC)/右下(BR)]:MC	输入 MC,选择 MC(中心)对齐方式
指定文字的中间点:	拾取文字中心点
指定高度<2.5000>:10	输入 10mm,指定文字的高度
指定文字的旋转角度<180>:0	设置文字旋转角度为0°
文字:机械制图	输入文本,按<Enter>键结束文本输入

以上各项的含义和功能说明如下：

样式（S）：此选项用于指定文字样式，即文字字符的外观。执行选项后，系统出现提示信息"输入样式名或［?］<Standard>:"，输入已定义的文字样式名称或按<Enter>键默认当前的文字样式；也可输入"?"，系统提示"输入要列出的文字样式<＊>:"，按<Enter>键后，屏幕转为文本窗口列表显示图形定义的所有文字样式名、字体文件、高度、宽度比例、倾斜角度、生成方式等参数。

对齐（A）：标注文本在指定的文本基线的起点和终点之间保持字符宽度因子不变，通过调整字符的高度来匹配对齐。

布满（F）：标注文本在指定的文本基线的起点和终点之间保持字符高度不变，通过调整字符的宽度因子来匹配对齐。

居中（C）：标注文本中点与指定点对齐。

中间（M）：标注文本的文本中心和高度中心与指定点对齐。

右对齐（R）：在图形中指定的点与文本基线的右端对齐。

左上（TL）：在图形中指定的点与标注文本顶部左端点对齐。

中上（TC）：在图形中指定的点与标注文本顶部中点对齐。

右上（TR）：在图形中指定的点与标注文本顶部右端点对齐。

左中（ML）：在图形中指定的点与标注

文本左端中间点对齐。

正中（MC）：在图形中指定的点与标注文本中部中心点对齐。

右中（MR）：在图形中指定的点与标注文本右端中间点对齐。

左下（BL）：在图形中指定的点与标注文本底部左端点对齐。

中下（BC）：在图形中指定的点与字符串底部中点对齐。

右下（BR）：在图形中指定的点与字符串底部右端点对齐。

ML、MC、MR 三种对齐方式中所指的中点均是文本大写字母高度的中点，即文本基线到文本顶端距离的中点；Middle 所指的文本中点是文本的总高度（包括如 j、y 等字符的下沉部分）的中点，即文本底端到文本顶端距离的中点，如图 14-3 所示。如果文本串中不含 j、y 等下沉字母，则文本底端线与文本基线重合，MC 与 Middle 相同。

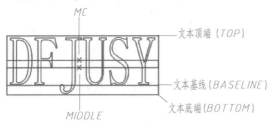

图 14-3　文本底端到文本顶端距离的中点

注意：

1）在"输入样式名或［？］<Standard>:"提示后输入"？"，需列出清单的直接按<Enter>键，系统将在文本窗口中列出当前图形中已定义的所有字型名及其相关设置。

2）在输入一段文本并退出 Text 命令后，若再次进入该命令（无论中间是否进行了其他命令操作）将继续前面的文字标注工作，上一个 Text 命令中最后输入的文本将呈高亮显示，且字高、角度等文本特性将延用上次的设定。

14.2.2　多行文本

1. 运行方式

命令行：Mtext（MT、T）

功能区："常用"→"注释"→"多行文本"

工具栏："绘图"→"多行文本"

使用 MTEXT 命令可在绘图区域指定的文本边界框内输入文字内容，并将其视为一个实体。此文本边界框定义了段落的宽度和段落在图形中的位置。

2. 操作步骤

在绘图区标注一段文本，结果如图 14-4 所示。操作步骤如下：

图 14-4　"多行文本编辑"对话框及右键菜单

```
命令：Mtext                                           执行 Mtext 命令
当前文字样式："Standard"  文字高度：2.5           显示当前文字样式及高度
多行文字：字块第一点：在屏幕上拾取一点             选择段落文本边界框的第一角点
指定对角点或[高度(H)/对正(J)/行距(L)/旋转(R)/样式(S)/宽度(W)]:S
                                                     输入 S,重新设定样式
输入样式名或[?]<Standard>:仿宋                      选择仿宋为当前样式
指定对角点或[高度(H)/对正(J)/行距(L)/旋转(R)/样式(S)/宽度(W)]:
                                                     拾取另一点
```

选择字块对角点，弹出对话框输入汉字"机械制图（此处略）"。单击"OK"按钮结束文本输入。

中望 CAD 实现了多行文字的所见即所得效果。也就是在编辑对话框中看到显示效果与图形中文字的实际效果完全一致，并支持在编辑过程中使用中键进行缩放和平移。

由以往的多行文字编辑器改为在位文字编辑器，对文字编辑器的界面进行了重新部署。新的在位文字编辑器包括三个部分：文字格式工具栏、菜单选项和文字格式选项栏。增强了对多行文字的编辑功能，如上划线、标尺、段落对齐、段落设置等。

对话框中部分按钮和设置的简单说明如图 14-5 所示。其他主要选项及按钮说明见表 14-1。

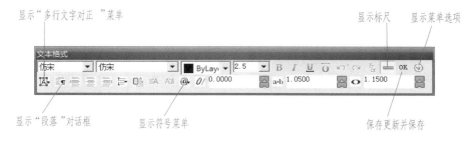

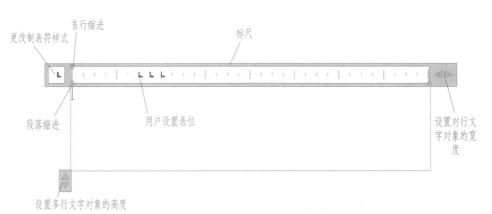

图 14-5 "多行文字编辑"对话框

表 14-1 "文本格式"工具栏选项及按钮说明

图标	名称	功能说明
仿宋 ▼	样式	为多行文字对象选择文字样式
仿宋 ▼	字体	从该下拉列表框中任选一种字体修改选定文字或为新输入的文字指定字体

（续）

图标	名称	功能说明
ByLay▼	颜色	可从颜色列表中为文字任意选择一种颜色，也可指定 Bylayer 或 Byblock 的颜色，使之与所在图层或所在块相关联；或在颜色列表中选择"其他颜色"打开"选择颜色"对话框，选择颜色列表中没有的颜色
2.5 ▼	文字高度	设置当前字体高度。可在下拉列表框中选取，也可直接输入
B I U O	粗体/斜体/上划线/下划线	设置当前标注文本是否加黑、倾斜、加下划线、加上划线
↰	撤消	撤消上一步操作
↱	重做	重做上一步操作
ᵇₐ	堆叠	设置文本的重叠方式。只有在文本中含有"/""^""#"这三种分隔符号，且含这三种符号的文本被选定时，该按钮才被执行

在文字输入窗口中右击，将弹出一个快捷菜单，通过此快捷菜单可以对多行文本进行更多设置，如图 14-4 所示。

⚙该快捷菜单中的各命令含义如下：

全部选择：选择"在位文字编辑器"文本区域中包含的所有文字对象。

选择性粘贴：粘贴时可能会清除某些格式，可以根据需要，将粘贴的内容做出相应的格式清除，以达到所期望的结果。

◆无字符格式粘贴：清除粘贴文本的字符格式，仅粘贴字符内容和段落格式，无字体颜色、字体大小、粗体、斜体、上下划线等格式。

◆无段落格式粘贴：清除粘贴文本的段落格式，仅粘贴字符内容和字符格式，无制表位、对齐方式、段落行距、段落间距、左右缩进、悬挂等段落格式。

◆无任何格式粘贴：粘贴进来的内容只包含可见文本，既无字符格式也无段落格式。

插入字段：开启"字段"对话框，通过该对话框创建带字段的多行文字对象。

符号：选择该命令中的子命令，可以在标注文字时输入一些特殊的字符，例如"φ""°"等。

输入文字：选择该命令，可以打开"选择文件"对话框，利用该对话框可以导入在其他文本编辑中创建的文字。

段落对齐：设置多行文字对象的对齐方式。

段落：设置段落的格式。

查找和替换：在当前多行文字编辑器中的文字中搜索指定的文字字段并用新文字替换。但要注意的是，替换的只是文字内容，字符格式和文字特性不变。

改变大小写：改变选定文字的大小写。可以选择"大写"和"小写"。

自动大写：设置即将输入的文字全部为大写。该设置对已存在的文字没有影响。

字符集：字符集中列出了平台所支持的各种语言版本。学生可根据实际需要，为选取的文字指定语言版本。

合并段落：选择该命令，可以合并多个段落。

删除格式：选择该命令，可以删除文字中应用的格式，例如：加粗、倾斜等。

背景遮罩：打开"背景遮罩"对话框。为多行文字对象设置不透明背景。

堆叠/非堆叠：为选定的文字创建堆叠，或取消包含堆叠字符文字的堆叠。此菜单项只在选定可堆叠或已堆叠的文字时才显示。

堆叠特性：打开"堆叠特性"对话框，编辑堆叠文字、堆叠类型、对齐方式和大小。此菜单项只在选定已堆叠的文字时才显示。

编辑器设置：显示"文字格式"工具栏的选项列表。

◆始终显示为 WYSIWYG（所见即所得）：控制在位文字编辑器及其中文字的显示。

◆显示工具栏：控制"文字格式"工具栏的显示。要恢复工具栏的显示，在"在位文字编辑器"的文本区域中右击，并选择"编辑器设置"→"显示工具栏"菜单项。

◆显示选项：控制"文字格式"工具栏下的"文字格式"选项栏的显示。选项栏的显示是基于"文字格式"工具栏的。

◆显示标尺：控制标尺的显示。

◆不透明背景：设置编辑框背景为不透明，背景色与界面视图中背景色相近，用来遮挡住编辑器背后的实体。默认情况下，编辑器是透明的。

注意：

选中"始终显示为 WYSIWYG"项时，此菜单项才会显示。

◆弹出切换文字样式提示：当更改文字样式时，控制是否显示应用提示对话框。

◆弹出退出文字编辑提示：当退出"在位文字编辑器"时，控制是否显示保存提示的对话框。

了解多行文字：显示"在位文字编辑器"的帮助菜单，包含多行文字功能概述。

取消：关闭"在位文字编辑器"，取消多行文字的创建或修改。

注意：

1）Mtext 命令与 Text 命令有所不同，Mtext 输入的多行段落文本是作为一个实体，只能对其进行整体选择、编辑；Text 命令也可以输入多行文本，但每一行文本单独作为一个实体，可以分别对每一行进行选择、编辑。Mtext 命令标注的文本可以忽略字型的设置，只要在文本标签页中选择了某种字体，那么不管当前的字型设置采用何种字体，标注文本都将采用选择的字体。

2）若要修改已标注的 Mtext 文本，可选取该文本后，右击，在弹出的快捷菜单中选择"参数"选项，即弹出"对象属性"对话框进行文本修改。

3）输入文本的过程中，可对单个或多个字符进行不同的字体、高度、加粗、倾斜、下划线、上划线等设置，这点与字处理软件相同。其操作方法是按住并拖动鼠标左键，选中要编辑的文本，然后再设置相应选项。

14.2.3　输入特殊字符

在标注文本时，常常需要输入一些特殊字符，如上划线、下划线、直径、度数、公差符号和百分比符号等。多行文字可以用上（下）划线按钮及右键菜单中的"符号"菜单来实现。针对单行文字（Text），中望CAD 提供了一些带两个百分号（%%）的控制代码来生成这些特殊符号。

1. 特殊字符说明

表 14-2 列出了一些特殊字符的控制代码及说明。

表 14-2　特殊字符的输入及说明

特殊字符	代码输入	说明
±	%%P	公差符号
—	%%O	上划线
—	%%U	下划线
%	%%%	百分比符号
φ	%%C	直径符号
°	%%D	角度
	%%nnn	nnn 为 ASCII 码

2. 操作步骤

使用 Text 命令输入几行包含特殊字符的文本，如图 14-6 所示，其操作步骤如下：

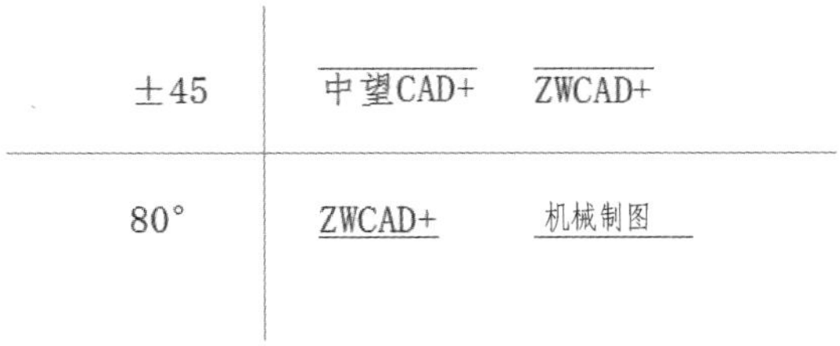

图 14-6　使用 Text 命令输入特殊字符的文本

命令：Text　　　　　　　　　　　　　　　　执行 Text 命令
当前文字样式："Standard" 文字高度：2.5000　　显示当前的文字样式和高度
指定文字的起点或［对正（J）/样式（S）］：S　　选择更改文字样式
输入样式名或［?］<Standard>:仿宋　　　　选用仿宋字体
当前文字样式："仿宋" 文字高度：2.5000　　显示当前的文字样式和高度
指定文字的起点或［对正（J）/样式（S）］：　　在屏幕上拾取一点来确定文字起点
指定高度<2.5000>:10　　　　　　　　　设置文字大小
文字旋转角度<0>:　　　　　　　　　　　按<Enter>键接受默认不旋转
文字：%%p45　　　　　　　　　　　　　输入文本

命令：Text　　　　　　　　　　　　　　　执行 Text 命令
当前文字样式："仿宋" 文字高度：10.0000　　显示当前的文字样式和高度
指定文字的起点或/对正（J）/样式（S）/:　　确定文字起点
字高<10>:　　　　　　　　　　　　　　按<Enter>键接受默认字高
文字旋转角度<0>:　　　　　　　　　　　按<Enter>键接受默认不旋转
文字：80%%d　　　　　　　　　　　　　输入文本
同样方法，在提示"文字："后，分别输入：
%%o 中望 CAD+%%o
%%oZWCAD+%%o
%%uZWCAD+%%u
%%u 机械制图%%u
即可显示如图 14-6 所示的特殊字符的文本。

注意：

1）如果输入的"%%%"后如无控制字符（如 c、p、d）或数字，系统将视其为无定义，并删除"%%%"及后面的所有字符；如果只输入一个"%"，则此"%"将作为一个字符标注于图形中。

2）上下划线是开关控制，输入一个%%O（%%u）开始上（下）划线，再次输入此代码则结束，如果一行文本中只有一个划线代码，则自动将行尾作为划线结束处。

2. 其余特殊字符代码输入

其余特殊字符的输入代码及说明见表 14-3。

表 14-3　其余特殊符号输入代码及说明

特殊字符	代码输入	说明	特殊字符	代码输入	说明
$	%%36	—	=	%%61	等号
%	%%37	—	>	%%62	大于号
&	%%38	—	?	%%63	问号
'	%%39	单引号	@	%%64	—
(	%%40	左括号	A~Z	%%65~90	大写英文 26 个字母
)	%%41	右括号	[	%%91	左方括号
*	%%42	乘号	\	%%92	反斜杠
+	%%43	加号	]	%%93	右方括号
,	%%44	逗号	^	%%94	—
−	%%45	减号	_	%%95	—
°	%%46	句号	`	%%96	单引号
/	%%47	除号	a~z	%%97~122	小写英文 26 个字母
0~9	%%48~57	数字 0~9	¦	%%123	左大括号
:	%%58	冒号			%%124	—
;	%%59	分号	¦	%%125	右大括号
<	%%60	小于号	~	%%126	—

任务 14.3 编辑文本

1. 运行方式

命令行：Ddedit

工具栏："文字"→"编辑文字"

使用 Ddedit 命令可以编辑、修改或标注文本的内容，如增减或替换 Text 文本中的字符、编辑 Mtext 文本或属性定义。

使用 Ddedit 命令将图 14-7 所示所标注的字加上"与中望 CAD"，其操作步骤如下：

命令：Ddedit	执行 Ddedit 命令
选择注释对象或[撤消(U)]：	选取要编辑的文本

选取文本后，该单行文字自动进入编辑状态，如图 14-7 所示。

用鼠标选在字符串"机械制图"的后面，然后输入"与中望 CAD"，然后按 <Enter> 键或单击其他地方，即可完成修改，如图 14-8 所示。

机械制图

图 14-7 编辑文字

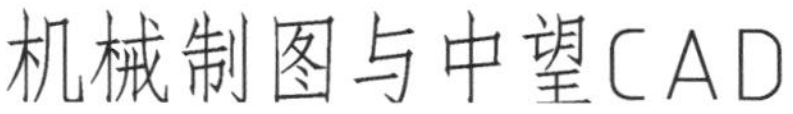

机械制图与中望CAD

图 14-8 输入文字

注意：

1）可以双击一个要修改的文本实体，然后直接对标注文本进行修改。也可以在选择后右击，在弹出的快捷菜单中选择"编辑"选项。

2）中望 CAD 支持多行文字中多国语言的输入。对于跨语种协同设计的图样，图中的文字对象可以分别以多种语言同时显示，极大方便了图样在不同国家之间顺畅交互。

任务 14.4 创建表格

表格一种是由行和列组成的单元格集合，以简洁清晰地的形式提供信息，常用于一些组件的图形中。在中望 CAD 中，可以通过表格和表格样式工具来创建和制作各种样式的明细栏表格。

14.4.1 创建表格样式

1. 运行方式

命令行：Tablestyle

功能区："工具"→"样式管理器"→"表格样式"

工具栏："样式"→"表格样式管理器"

Tablestyle 命令用于创建、修改或删除表格样式，表格样式可以控制表格的外观。可以使用默认表格样式 Standard，也可以根据需要自定义表格样式。

2. 操作步骤

执行 Tablestyle 命令，打开"表格样式"对话框，如图 14-9 所示。

图 14-9 "表格样式"对话框

"表格样式"对话框用于管理当前表格样式，通过该对话框，可新建、修改或删除表格样式。该对话框中各项说明如下：

233

当前表格样式：显示当前使用的表格样式的名称。默认表格样式为 Standard。

样式：显示所有表格样式。当前被选定的表格样式将被亮选。

"列出列表"：在列表框下拉菜单中选择显示样式，包括"所有样式"和"正在使用的样式"。如果选择"所有样式"，样式列表框中将显示当前图形中所有可用的表格样式，被选定的样式将被突出显示。如果选择"正在使用的样式"，样式列表框中将只显示当前使用的表格样式。

预览：显示"样式"列表中选定表格样式的预览效果。

置为当前：将"样式"列表中被选定的表格式设定为当前样式。如果不做新的修改，后续创建的表格都将默认使用当前设定的表格样式。

新建：打开"创建新的表格样式"对话框，如图 14-10 所示。通过该对话框创建新的表格样式。

修改：打开修改表格样式对话框，如图 14-11 所示。通过该对话框对当前表格样式的相关参数和特性进行修改。

删除：删除"样式"列表中选定的多重引线样式。标准样式（Standard）和当前正在使用的样式不能被删除。

在"表格样式"对话框中，单击"新建"按钮，打开"创建新的表格样式"对话框，如图 14-10 所示在"新样式名"中输入新的表格样式名称，在"基础样式"下拉列表框中选择用于创建新样式的基础样式，中望 CAD 将基于所选样式来创建新的表格样式。

图 14-10　"创建新的表格样式"对话框

单击"继续"按钮，打开"修改表格样式"对话框，如图 14-11 所示。该对话框中

设置内容包括表格方向、表格样式预览、单元样式及选项卡和单元样式预览五部分。该对话框中各项说明如下：

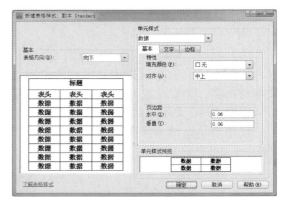

图 14-11　"修改表格样式"对话框

表格方向：更改表格方向。表格方向包括"向上"和"向下"两种选项。

表格样式预览：显示当前表格样式设置效果。

单元样式：在下拉列表框中选择要设置的对象，包括标题、表头、数据三种选项。也可选择"创建新的单元样式"来添加单元样式，或选择"管理单元样式"来新建、重命名、删除单元格样式。

单元样式选项卡：包括"基本""文字"和"边框"三个选项卡，用于分别设置标题、表头和数据单元样式中的基本内容、文字和边框。

单元样式预览：显示当前单元样式设置的预览效果。

完成表格样式的设置后，单击"确定"按钮，系统返回到"表格样式"对话框，并将新定义的样式添加到"样式"列表框中。单击该对话框中的"确定"按钮关闭对话框，完成新表格样式的定义。

14.4.2　创建表格步骤

1. 运行方式

命令行：Table

功能区："注释"→"表格"→"表格"

工具栏："绘图"→"表格"

Table 命令用于创建新的表格对象。表格由一行或多行单元格组成，用于显示数字和其他项以便快速引用和分析。

2. 操作步骤

使用 Table 命令创建一个图 14-12 所示的空白表格对象。并对表格内容进行编辑后，最终效果如图 14-13 所示。

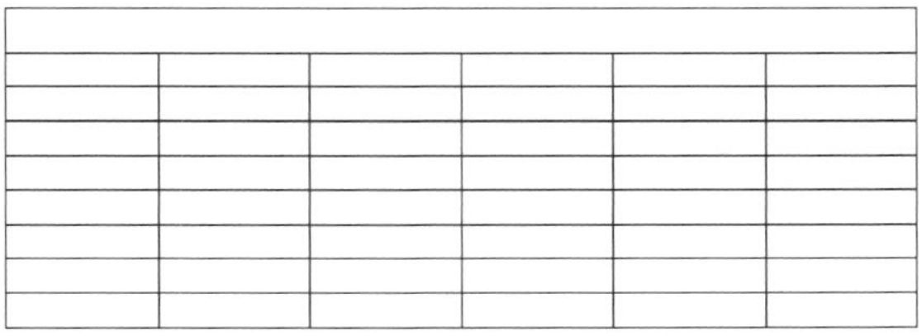

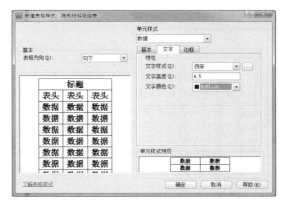

图 14-15　设置表格单元样式

图 14-12　使用 Table 命令创建空白表格

通风隔热屋面选用表				
编号	保温隔热材料	导热系数 [W/ (m·k)]	修正系数	保温隔热材料厚度 D (mm)	平均传热系数 [W/ (m²·k)]
H1-20101103	蒸压加气混凝土砌砖	0.18	1.25	200	0.89
				250	0.78
				300	0.68
H2-20101104	复合硅酸盐板	0.07	1.2	100	0.76
				110	0.72
				120	0.66
备注：					

图 14-13　表格最终效果

执行 Tablestyle 命令，打开 "表格样式" 对话框，如图 14-9 所示。在该对话框中单击 "新建" 按钮，在 "创建新的表格样式" 对话框中输入新表格样式的名称，如图 14-14 所示。

图 14-16　修改字体样式

"创建新表格样式：隔热材料明细表" 对话框，在 "文字高度" 栏中输入文字高度，如图 14-17 所示。

图 14-14　为新表格样式命名

单击对话框中的 "继续" 按钮，打开 "创建新表格样式：隔热材料明细表" 对话框，在 "单元样式" 下拉列表中选择 "数据" 样式，单击 "文字" 选项卡，如图 14-15 所示。

在 "特性" 选项组中，单击 "文字样式" 下拉列表框右侧的 ... 按钮，打开 "字体样式" 对话框，修改字体样式，如图 14-16 所示。

设置完成后，单击 "确定" 按钮，返回

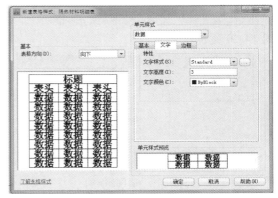

图 14-17　设置文字高度

单击 "基本" 选项卡，在该选项卡中设置对齐方式，如图 14-18 所示。

在 "单元样式" 下拉列表中选择 "表

235

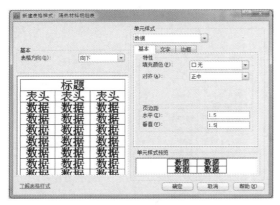

图 14-18　设置对齐方式

头"样式，在"文字"选项卡中设置该样式的文字高度，如图 14-19 所示。

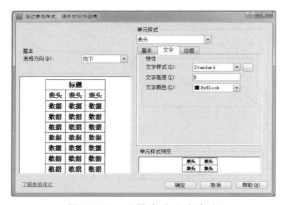

图 14-19　设置表头文字高度

在该对话框中单击"确定"按钮，返回到"表格样式"对话框，所设置的"隔热材料明细表"样式出现在预览框内，如图 14-20 所示。

图 14-20　新样式设置预览

在"样式"列表框中选择"隔热材料明细表"样式，单击"置为当前"按钮，将此

样式设置为当前样式，然后单击"关闭"按钮退出"表格样式"对话框，完成表格样式的设置。

执行 Table 命令，打开"插入表格"对话框，在"列和行设置"选项组中，输入"列""数据行""列宽"和"行高"四个选项数值，如图 14-21 所示。

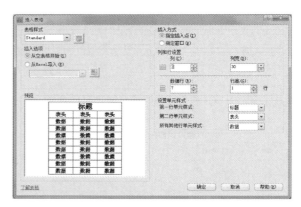

图 14-21　设置表格行和列

完成设置后，在该对话框中单击"确定"按钮，在命令行"指定插入点："提示下，在绘图区域中拾取一点，插入表格，完成图 14-12 所示空白表格对象的创建。

任务 14.5　编辑表格

14.5.1　编辑表格文字

1. 运行方式

命令行：Tabledit

Tabledit 命令用于编辑表格单元中的文字。

2. 操作步骤

执行 Tabledit 命令，在命令行"拾取表格单元："提示下，拾取一个表格单元，系统同时打开"文字格式"工具栏和文本输入框，如图 14-22 所示。

在当前光标所在单元格内输入文字内容"通风隔热屋面选用表"，如图 14-23 所示。

按<Tab>键，切换到下一个单元格，然后在当前单元格内输入文字内容"编号"，如图 14-24 所示。

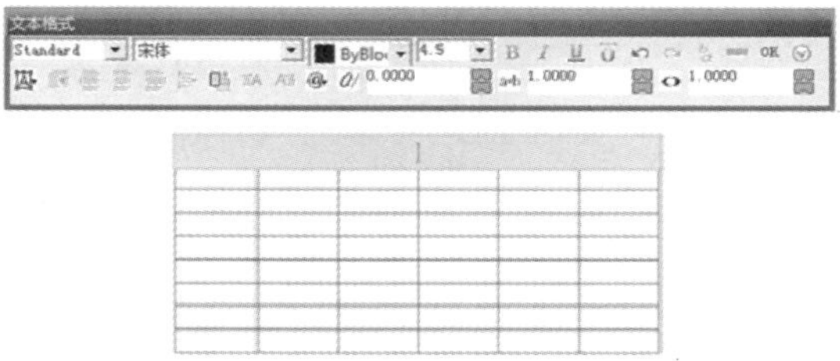

图 14-22　"文字格式"工具栏

图 14-24　输入标题单元文字

号。最后单击"文字格式"工具栏中的"确定"按钮，结束表格文字的创建，效果如图 14-25 所示。

注意：

学生还可以通过以下两种方式来选择表格单元，编辑单元格文字内容。

1）双击指定的表格单元。

2）选择指定的表格单元，右击，在弹出的快捷菜单中选择"编辑文字"选项。

图 14-23　输入表头单元文字

通过按<Tab>键依次激活其他单元格，输入相应的文本内容，并插入相关的特殊符

通风隔热屋面选用表					
编号	保温隔热材料	导热系数 [W/(m·k)]	修正系数	保温隔热材料 厚度 D(mm)	平均传热系数 [W/(m²·k)]
H1-20101103	蒸压加气 混凝土砌砖	0.18	1.25	200	0.89
				250	0.78
				300	0.68
H2-20101104	复合硅酸盐板	0.07	1.2	100	0.76
				110	0.72
				120	0.66
备注：					

图 14-25　输入表格文字

14.5.2　表格工具

在所创建的表格对象中，拾取一个或多个表格单元格如图 14-26 所示，Ribbon 界面的功能区会出现"表格单元"选项卡，如图 14-27 所示，显示编辑表格的一些常用的命令。

表格工具栏上各项按钮功能说明见表 14-4。

8月记录登记		
序号	日期	部门
1	8/1	研发
2	8/1	研发
3	8/16	技术
4		

图 14-26　选择表格单元格

图 14-27　"表格单元"选项卡

表 14-4　表格工具栏按钮功能说明

按钮图标	按钮名称	功能说明
	从上方插入行	在指定的行或单元格的上方插入行
	从下方插入行	在指定的行或单元格的下方插入行
	删除行	删除当前选定的行
	从左侧插入列	在指定的列或单元格的左侧插入列
	从右侧插入列	在指定的列或单元格的右侧插入列
	删除列	删除当前选定的列
	合并全部	将指定的多个单元格合并成大的单元中。合并方式有以下三种 全部：将指定的多个单元格全部合并成一个单元格 按行：按行合并指定的多个单元格 按列：按列合并指定的多个单元格
	取消合并	取消之前进行的单元格合并
	匹配单元	匹配图中单元格内容的样式
	正中	指定单元格中内容的对齐方式
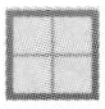	编辑边框	将选定的边框特性应用到相应的边框

如图 14-28 所示，选中一个单元格后，按住<Shift>键选中其他单元格，在"表格单元"功能区单击 按钮，并在下拉菜单中选择合并方式。

图 14-28　合并单元格

依次合并所有空白单元格，合并完成后最终效果如图 14-29 所示。

8月记录登记		
序号	日期	部门
1	8/1	研发
2	8/1	
3	8/16	技术
4		

图 14-29　表格最终效果

任务 14.6　使用字段

字段是在图形生命周期中一种可更新的特殊文字。这种文字的内容会自动根据图形的环境（如系统变量、自定义属性）而动态地发生改变。通过使用字段的动态更新和全局控制性，可以更好地为设计服务，来表达一些需要动态改变的文本信息，例如图样编号、日期和标题。中望CAD支持字段的创建和更新，可以通过"字段"对话框来创建包含各种字段类型的文本内容。

14.6.1 插入字段

1. 运行方式

命令行：Field

功能区："注释"→"字段"→"字段"

Field命令用来创建带字段的多行文字对象。

2. 操作步骤

执行Field命令，打开"字段"对话框，如图14-30所示。在图形中插入字段或者文字实体处于编辑状态时，在文字实体中"插入字段"或"编辑字段"都会进入此对话框。编辑字段时，字段对话框会显示所编辑字段的属性，并可以对其进行修改。

图 14-30 "字段"对话框

⚙ "字段"对话框中的可用选项随字段类别和字段名称的变化而变化。该对话框中各项说明如下：

字段类别：根据字段使用范围进行分类，包括：命名对象（标注样式、表格样式、块、视图、图层、文字样式、线型）、打印、日期和时间、文档、链接以及其他（Diesel表达式和系统变量）等类型。选择任意一种字段类型，字段名称列表将会列出属于该字段类型的所有字段。

字段名称：列出所选字段类别的所有可用字段。选择一个字段名称，将会在右侧显示该字段对应的字段值、格式或其他设置选项。

字段表达式：显示当前状态下的字段对应的表达式，字段表达式是包含字段名和格式的标识字符串。在对话框中字段表达式不可编辑，但学习者可以通过阅读此区域来了解字段的构造方法。

字段值：显示字段的当前值；如果字段值无效，则显示一个空字符串（----）。此选项的标签名称会随字段名称的变化而变化，当选择的是日期字段时，则显示格式列表中日期的格式。

格式：根据字段值的数据类型不同列出当前字段对应的数据格式列表，如：字符串的格式有大写、小写、首字母大写等，小数的格式有不同的单位类型。选择不同的格式字段值会发生相应变化。

使用Field命令，在如图14-31a所示的文字对象中插入日期和时间字段，效果如图14-31b所示。

当前时间：　　　　　　当前时间：11:37:57 上午

a)　　　　　　　　　　b)

图 14-31 "日期"字段

双击文字对象，显示相应的文字编辑对话框和"文本格式"工具栏，如图14-32所示。

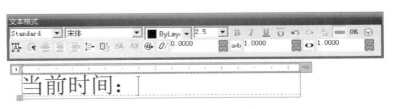

图 14-32 激活文字编辑

将光标移动到要显示字段文字的位置，右击，在弹出的快捷菜单中选择"插入字段"选项，如图 14-33 所示；或单击"文本格式"工具栏中的"插入字段"按钮，打开"字段"对话框，如图 14-33 所示。

在"字段"对话框的"字段类别"下拉框中选择"日期和时间"，在"字段名称"列表框中选择"日期"，在"样例"列表框中选择图 14-34 所示的日期格式，然后单击"确定"按钮退出该对话框，文本框中显示插入的字段，如图 14-35 所示。

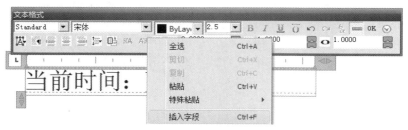

图 14-33　选择插入字段

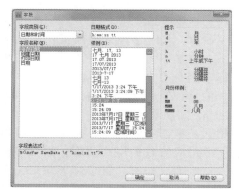

图 14-34　选择"日期"字段

10:15:28 上午

图 14-35　插入日期字段

字段文字所使用的文字样式与其插入的文字对象所使用的文字样式是相同的。默认情况下，字段文字带有浅灰色背景，打印时该背景将不会被打印出来。

插入独立存在的字段时，在"字段"对话框中设置完成后，在命令行栏将会出现以下命令提示：

指定起点或[高度(H)/对正(J)]：H	输入 H，设置字段高度
指定高度 <2.5000>：	输入字段高度
指定起点或［高度(H)/对正(J)]：J	输入 J，指定字段对正方式
输入对正［左上(TL)/中上(TC)/右上(TR)/左中(ML)/正中(MC)/右中(MR)/左下(BL)/中下(BC)/右下(BR)]＜左上＞：TL	输入 TL，字段左上对正
指定起点或［高度(H)/对正(J)：	在屏幕中指定一点作为字段插入点插入日期字段，如图 14-35 所示

14.6.2　更新字段

1. 运行方式

命令行：Updatefield

功能区："注释"→"字段"→"更新字段"

Updatefield 命令用来手动更新图形中所选对象所包含的字段。

2. 操作步骤

使用 Updatefield 命令，更新图 14-36a 所示的日期字段，结果如图 14-36b 所示。

当前时间：11:37:57 上午　　当前时间：3:53:34 下午

a)　　　　　　　　　　b)

图 14-36　更新日期字段

240

命令：Updatefield　　　　　　　　　执行 Updatefield 命令
选择对象：找到 1 个　　　　　　　　选择字段对象，显示选中对象个数
选择对象：　　　　　　　　　　　　按<Enter>键，系统自动更新文字对象中的字段
找到了 1 个字段。
更新了 1 个字段。

14.6.3　编辑字段

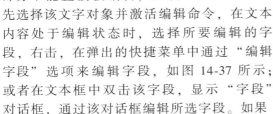

字段作为文字对象的一部分不能直接被编辑，必须先选择该文字对象并激活编辑命令，在文本内容处于编辑状态时，选择所要编辑的字段，右击，在弹出的快捷菜单中通过"编辑字段"选项来编辑字段，如图 14-37 所示；或者在文本框中双击该字段，显示"字段"对话框，通过该对话框编辑所选字段。如果

希望不再更新和编辑字段，可通过选择"将字段转化为文字"选项将字段转化为文字来保留当前值。

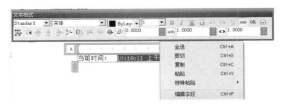

图 14-37　选择"编辑字段"选项

项目15

尺寸标注

尺寸是工程图中不可缺少的部分，在工程图中用尺寸来确定零部件中各部分形状的大小。本项目介绍标注样式的创建和标注尺寸的方法。

任务15.1 尺寸标注的组成

一个完整的尺寸标注由尺寸界线、尺寸线、尺寸文字、尺寸箭头、中心标记等部分组成，如图15-1所示。

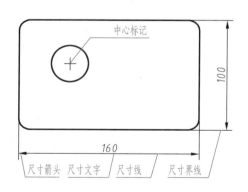

图 15-1 完整的尺寸标注

尺寸界线：从图形的轮廓线、轴线或对称中心线引出，有时也可以利用轮廓线代替，用以表示尺寸起始位置。一般情况下，尺寸界线应与尺寸线相互垂直。

尺寸线：用于标注指定方向和范围。对于线性标注，尺寸线显示为一直线段；对于角度标注，尺寸线显示为一段圆弧。

尺寸箭头：尺寸箭头位于尺寸线的两端，用于标注起始、终止位置。"箭头"是一个广义的概念，也可以用短划线、点或其他标记代替尺寸箭头。

尺寸文字：显示测量值的字符串，可包括前缀、后缀和公差等。

中心标记：指示圆或圆弧的中心。

任务15.2 设置尺寸标注样式

1. 运行方式

命令行：Ddim（D/DST）

功能区："工具"→"样式管理器"→"标注样式"

工具栏："标注"→"标注样式"

在进行尺寸标注前，应首先设置尺寸标注的格式，然后再用这种格式进行标注，这样才能获得满意的效果。

如果开始绘制新的图形时选择了公制单位，则系统默认的格式为 ISO-25（国际标准组织），可根据实际情况对尺寸标注的格式进行设置，以满足使用的要求。

2. 操作步骤

命令：Ddim

执行 Ddim 命令后，将出现图 15-2 所示"标注样式管理器"对话框。

在"标注样式管理器"对话框中，可以按照国家标准的规定以及具体使用要求，新建标注格式。同时，也可以对已有的标注格式进行局部修改，以满足当前的使用要求。

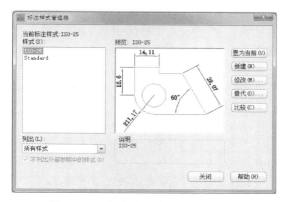

图 15-2 "标注样式管理器"对话框

单击"新建"按钮，系统打开"创建新标注样式"对话框，如图 15-3 所示。在该对话框中可以创建新的尺寸标注样式。

图 15-3 "创建新标注样式"对话框

然后单击"继续"按钮，系统打开"新建标注样式"对话框，如图 15-4 所示。

图 15-4 "新建标注样式"对话框

"新建标注样式"选项卡中的各项设置内容会在下面章节详细介绍。

15.2.1 "直线和箭头"选项卡

此区域用于设置和修改尺寸线和箭头的样式，如图 15-4 所示。

◇ 尺寸线

颜色：下拉列表框用于显示标注线的颜色。

线宽：设置尺寸线的线宽。

超出标记：控制在使用箭头倾斜、建筑标记、积分标记或无箭头标记作为标注的箭头进行标注时，控制尺寸线超过尺寸界线的长度。

基线间距：设置基线标注中的尺寸线之间的间距。

隐藏：控制尺寸线的显示。

◇ 尺寸界线

颜色：设置尺寸界线的颜色。

线宽：设置尺寸界线的线宽。

超出尺寸线：设置尺寸界线超出尺寸线的长度。

起点偏移量：设置尺寸界线与标注的对象之间的距离。

隐藏：控制尺寸界线的显示。

◇ 箭头

第一个：设置第一条尺寸线的箭头。当第一条尺寸线的箭头选定后，第二条尺寸线的箭头会自动跟随变为相同的箭头样式。

第二个：设置第二条尺寸线的箭头。也可在下拉框中选择"学生箭头"，在打开的"选择自定义箭头块"对话框中选择图块为箭头类型。要注意的是，该图块必须存在于当前图形文件中。

引线：设置引线的箭头类型。

箭头大小：定义箭头的大小。

◇ 圆心标记：为直径标注和半径标注设置圆心标记的特性。

类型：设置圆心标记的类型。

大小：控制圆心标记或中心线的大小。

屏幕预显区：从该区域可以直观观看到从上述设置进行标注可得到的效果。

15.2.2 "文字"选项卡

此对话框用于设置尺寸文本的字型、位

243

置和对齐方式等属性，如图 15-5 所示。

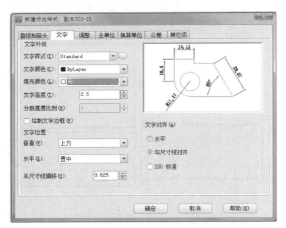

图 15-5 "文字"选项卡对话框

◇ 文字外观

文字样式：在此下拉列表框中选择一种字体样式，供标注时使用。也可以单击右侧的按钮 ┉ ，系统打开"字体样式"对话框，在此对话框中对文字字体进行设置。

文字颜色：选择尺寸文本的颜色。在确定尺寸文本的颜色时，应注意尺寸线、尺寸界线和尺寸文本的颜色最好一致。

填充颜色：设定标注中文字背景的颜色。可通过下拉框选择需要的颜色，或在下拉框中选择"选择颜色"选项，在"选择颜色"对话框中选择适当的颜色。

文字高度：设置尺寸文本的高度。此高度值将优先于在字体类型中所设置的高度值。

分数高度比例：以标注文字为基准，设置相对于标注文字的分数比例。此选项一般情况下为灰色，即不可使用。只有在"主单位"选项卡上选择"分数"作为"单位格式"时，此选项才可用。在此处输入的值乘以文字高度，可确定标注分数相对于标注文字的高度。

绘制文字边框：勾选此选项，将在标注文字的周围绘制一个边框。

◇ 文字位置

垂直：确定标注文字在尺寸线的垂直方向的位置。

水平：设置尺寸文本沿水平方向放置。

文字位置在垂直方向有四种选项：置中、上方、外部、JIS。文字位置在水平方向共有五种选项：置中、第一条尺寸界线、第二条尺寸界线、第一条尺寸界线上方、第二条尺寸界线上方。

从尺寸线偏移：设置标注文字与尺寸线最近端的距离。

◇ 文字对齐：设置文本对齐方式。

水平：设置标注文字沿水平方向放置。

与尺寸线对齐：尺寸文本与尺寸线对齐。

ISO 标准：尺寸文本按 ISO 标准。

15.2.3 "调整"选项卡

该对话框用于设置尺寸文本与尺寸箭头的有关格式，如图 15-6 所示。

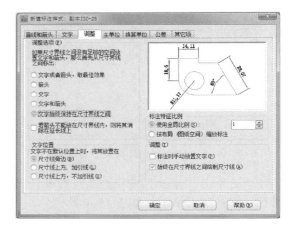

图 15-6 "调整"选项卡对话框

◇ 调整选项：该区域用于调整尺寸界线、尺寸文本与尺寸箭头之间的相互位置关系。在标注尺寸时，如果没有足够的空间将尺寸文本与尺寸箭头全写在两尺寸界线之间时，可选择以下的摆放形式来调整尺寸文本与尺寸箭头的摆放位置。

文字或者箭头，取最佳效果：选择一种最佳方式来安排尺寸文本和尺寸箭头的位置。

箭头：当两条尺寸界线间的距离不够同时容纳文字和箭头时，首先从尺寸界线间移出箭头。

文字：当两条尺寸界线间的距离不够同

时容纳文字和箭头时，首先从尺寸界线间移出文字。

文字和箭头：当两条尺寸界线间的距离不够同时容纳文字和箭头时，将文字和箭头都放置在尺寸界线外。

标注时手动放置文字：在标注尺寸时，如果上述选项都无法满足使用要求，则可以选择此项，用手动方式调节尺寸文本的摆放位置。

◇ 文字位置：当标注文字不在默认位置时，设置文字的位置。

尺寸线旁边：将尺寸文本放在尺寸线旁边。

尺寸线上方，加引线：将尺寸文本放在尺寸线上方，并用引出线将文字与尺寸线相连。

尺寸线上方，不加引线：将尺寸文本放在尺寸线上方，不用引出线与尺寸线相连。

15.2.4　"主单位"选项卡

该对话框用于设置线性标注和角度标注时的尺寸单位和尺寸精度，如图15-7所示。

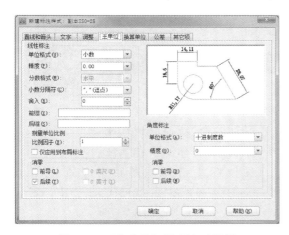

图 15-7　"主单位"选项卡对话框

◇ 线性标注

单位格式：为线性标注设置单位格式。单位格式包括科学、小数、工程、建筑、分数、Windows 桌面。

精度：设置尺寸标注的精度。

舍入：此选项用于设置所有标注类型的标注测量值的四舍五入规则（除角度标

注外）。

测量单位比例：定义测量单位比例。

消零：设置标注主单位值的零压缩方式。

◇ 角度标注

单位格式：设置角度标注的单位格式，包括十进制度数、度/分/秒、百分度、弧度。

15.2.5　"换算单位"选项卡

该对话框用于设置换算单位的格式和精度。通过换算单位，可以在同一尺寸上表现用两种单位测量的结果，如图 15-8 所示，一般情况下很少采用此种标注。

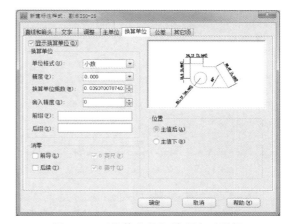

图 15-8　"换算单位"选项卡对话框

显示换算单位：选择是否显示换算单位，选择此项后，将给标注文字添加换算测量单位。

◇ 换算单位：设置换算单位的样式。

单位格式：设置换算单位的格式，包括"科学""小数""工程""建筑堆叠""分数堆叠"等。

精度：设置换算单位的小数位数。

换算单位乘数：设置一个乘数，为主单位和换算单位之间的换算因子。一般情况下，线性距离（用标注和坐标来测量）与当前线性比例值相乘可得到换算单位的值。此值对角度标注没有影响，而且对于舍入或者加减公差值也无影响。

舍入精度：除了角度标注外，为所有标注类型设置换算单位的舍入规则。

前缀/后缀：输入尺寸文本前缀或后缀，可以输入文字或用控制代码显示特殊符号。

◇ 消零：设置换算单位值的零压缩方式。

◇ 位置：选项组控制换算单位的放置位置。

15.2.6 "公差"选项卡

该对话框用于设置测量尺寸的公差样式，如图 15-9 所示。

图 15-9 "公差"选项卡对话框

方式：共有 5 种方式，分别是无、对称、极限偏差、极限尺寸、公称尺寸。

精度：根据具体工作环境要求，设置相应精度。

上偏差：设置最大公差。当选择"对称"方式时，系统会将该值用作公差。

下偏差：设置最小公差。

高度比例：设置公差文字的当前高度值。默认值为 1，可调整。

垂直位置：为对称公差和极限公差设置标注文字的对齐方式，有下、中、上三个位置，可调整。

15.2.7 "其他项"选项卡

该对话框用于设置弧长符号、公差对齐、折弯半径标注等的格式与位置，如图 15-10 所示。

弧长符号：选择是否显示弧长符号，以及弧长符号的显示位置。

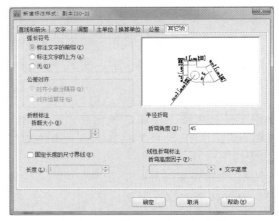

图 15-10 "其他项"选项卡对话框

公差对齐：堆叠公差时，控制上、下偏差的对齐方式。

折断大小：指定折断标注的间隔大小。

固定长度的尺寸界线：控制尺寸界线的长度是否固定不变。

半径折弯：控制半径折弯标注的外观。

折弯高度因子：控制线性折弯标注的折弯符号的比例因子。

任务 15.3　实施尺寸标注命令

15.3.1 线性标注

1. 运行方式

命令行：Dimlinear（DIMLIN）

功能区："注释"→"标注"→"线性"

工具栏："标注"→"线性"

线性标注指标注图形对象在水平方向、垂直方向或指定方向上的尺寸，它又分为水平标注、垂直标注和旋转标注三种类型。

在创建一个线性标注后，可以添加"基线标准"或者"连续标注"选项。基线标注是以同一尺寸界线来测量的多个标注。连续标注是首尾相连的多个标注。

2. 操作步骤

使用 Dimlinear 标注图 15-11 所示 AB、BC 和 CD 段尺寸，以标注 AB 段尺寸为例，具体操作步骤如下：

命令：Dimlinear	执行 Dimlinear 命令
指定第一条延伸线原点或 <选择对象>：	选取 A 点
指定第二条延伸线原点：	选取 B 点
指定尺寸线位置或[多行文字(M)/文字(T)/角度(A)/水平(H)/垂直(V)/旋转(R)]：	确定标注线的位置
指定一点	
标注注释文字 = 90	提示标注文字是 90

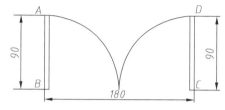

图 15-11　使用 Dimlinear 命令标注

执行 Dimlinear 命令后，中望 CAD 命令行提示"指定第一条延伸线原点或<选择对象>："，按<Enter>键以后出现"指定第二条延伸线原点："，完成命令后命令行出现"[多行文字(M)/文字(T)/角度(A)/水平(H)/垂直(V)/旋转(R)]："。

以上各项提示的含义和功能说明如下：

多行文字（M）：选择该项后，系统打开"文本格式"对话框，可在对话框中输入指定的标注文字。

文字（T）：选择该项后，可直接输入标注文字。

角度（A）：选择该项后，系统提示输入"指定标注文字的角度"，可输入标注文字的新角度。

水平（H）：创建水平方向的线性标注。

垂直（V）：创建垂直方向的线性标注。

旋转（R）：该项可创建旋转尺寸标注，在命令行输入所需的旋转角度。

注意：

使用选择对象的方式标注时，必须采用单击的方法，如果同时打开目标捕捉方式，可以更准确、快速地标注尺寸。

在标注尺寸时，总结出鼠标三点法：单击起点、单击终点、然后单击尺寸位置，标注完成。

15.3.2　对齐标注

1. 运行方式

命令行：Dimaligned（DAL）

功能区："注释"→"标注"→"对齐"

工具栏："标注"→"对齐标注"

对齐标注用于创建平行于所选对象，或平行于两尺寸界线源点连线的直线型的标注。

2. 操作步骤

使用 Dimaligned 命令标注图 15-12 所示 BC 段的尺寸，具体操作步骤如下：

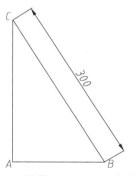

图 15-12　使用 Dimaligned 命令标注

命令：Dimaligned	执行 Dimaligned 命令
指定第一条延伸线原点或 <选择对象>：	选择 B 点
指定第二条延伸线原点：	选择 C 点
指定尺寸线位置或[多行文字(M)/文字(T)/角度(A)]：	确定标注线的位置
指定一点	
标注注释文字 = 300	提示标注文字是 300

以上各项提示的含义和功能说明如下：

多行文字（M）：选择该项后，系统打开"文本格式"对话框，可在对话框中输入指定的标注文字。

文字（T）：在命令行中直接输入标注文字内容。

角度（A）：选择该项后，系统提示输入"指定标注文字的角度："，可输入标注文字角度的新值来修改尺寸的角度。

注意：

对齐标注命令一般用于倾斜对象的尺寸标注。标注时系统能自动将尺寸线调整为与被标注线段平行，而无需自己设置。

15.3.3 基线标注

1. 运行方式

命令行：Dimbaseline（DIMBASE）

功能区："注释"→"标注"→"基线"

工具栏："标注"→"基线标注"

基线标注是以一个统一的基准线为标注起点，所有尺寸线都以该基准线为标注的起始位置，继续建立线性、角度或坐标的标注。

2. 操作步骤

使用 Dimbaseline 命令标注图 15-13 所示图形中 B 点、C 点、D 点距 A 点的长度尺寸。操作步骤如下：

命令：Dimlinear	执行 Dimlinear 命令
指定第一条延伸线原点或 <选择对象>：	选取 A 点
指定第二条延伸线原点：	选取 B 点
指定尺寸线位置或［多行文字(M)/文字(T)/角度(A)/水平(H)/垂直(V)/旋转(R)］：	确定标注线的位置
在线段 AB 上方单击一点	
标注注释文字 = 16	提示标注文字是 16
命令：Dimbaseline	执行 Dimbaseline 命令
指定第二条尺寸界线原点或［放弃(U)/选择(S)］<选择>：	选取 C 点，选择尺寸界线定位点
标注注释文字 = 30	提示标注文字是 30
指定第二条尺寸界线原点或［放弃(U)/选择(S)］<选择>：	选取 D 点，选择尺寸界线定位点
标注注释文字 = 39	提示标注文字是 39
指定第二条尺寸界线原点或［放弃(U)/选择(S)］<选择>：	按<Enter>键，完成基线标注
选取基准标注：	再按<Enter>键结束命令

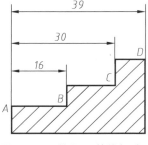

图 15-13　使用"基线标注"
命令标注

注意：

1）在进行基线标注前，必须先创建或

选择一个线性、角度或坐标标注作为基准标注。

2）在使用基线标注命令进行标注时，尺寸线之间的距离由所选择的标注格式确定，标注时不能更改。

15.3.4 连续标注

1. 运行方式

命令行：Dimcontinue（DCO）

功能区："注释"→"标注"→"连续"

工具栏："标注"→"连续"

连接上一个标注，以继续建立线性、弧

长、坐标或角度的标注。程序将基准标注的
第二条尺寸界线作为下个标注的第一条尺寸
界线。

2. 操作步骤

使用"连续标注"命令标注的操作方法
与"基线标注"命令类似，如图 15-14 所示
图形中 A 点、B 点、C 点、D 点之间的长度
尺寸。操作步骤如下：

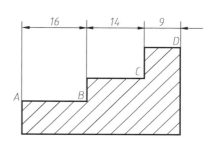

图 15-14 使用"连续标注"命令标注

命令：Dimlinear	执行 Dimlinear 命令
指定第一条延伸线原点或 <选择对象>：	选取 A 点
指定第二条延伸线原点：	选取 B 点
指定尺寸线位置或［多行文字（M）/文字（T）/角度（A）/水平（H）/垂直（V）/旋转（R）］：	
在线段 AB 上方单击一点	确定标注线的位置
标注注释文字 = 16	提示标注文字是 16
命令：Dimcontinue	执行 Dimcontinue 命令
指定第二条尺寸界线原点或［放弃（U）/选择（S）］<选择>：	
	选取 C 点，选择尺寸界线定位点
标注注释文字 = 14	提示标注文字是 14
指定第二条尺寸界线原点或［放弃（U）/选择（S）］<选择>：	
	选取 D 点，选择尺寸界线定位点
标注注释文字 = 9	提示标注文字是 9
指定第二条尺寸界线原点或［放弃（U）/选择（S）］<选择>：	
	按<Enter>键，完成连续标注
选择连续标注：	再按<Enter>键，结束命令

注意：

在进行连续标注前，必须先创建或选择
一个线性、角度或坐标标注作为基准标注。

15.3.5 直径标注

1. 运行方式

命令行：Dimdiameter（DIMDIA）

功能区："注释"→"标注"→"直径"

工具栏："标注"→"直径"

直径标注用于为圆或圆弧创建直径标注。

2. 操作步骤

使用 Dimdiameter 命令标注图 15-15 所示
圆的直径，具体操作步骤如下：

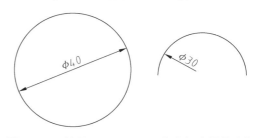

图 15-15 使用 Dimdiameter 命令标注圆的直径

命令：Dimdiameter	执行 Dimdiameter 命令
选取弧或圆：	选择标注对象
标注注释文字 = 40	提示标注文字是 40
指定尺寸线位置或［多行文字（M）/文字（T）/角度（A）］：	
在圆内单击一点	确认尺寸线位置

若有需要，可根据提示输入字母，进行选项设置。各选项含义与对齐标注的同类选项相同。

注意：

在任意拾取一点选项，可直接拖动鼠标确定尺寸线位置，屏幕将显示其变化。

15.3.6 半径标注

1. 运行方式

命令行：Dimradius（DIMRAD）

功能区："注释"→"标注"→"半径"

工具栏："标注"→"半径"

命令：Dimradius	执行 Dimradius 命令
选取弧或圆：	选择标注对象
标注注释文字 = 20	提示标注文字是 20
指定尺寸线位置或［多行文字（M）/文字（T）/角度（A）］：	确认尺寸线位置
在圆内单击一点	

若有需要，可根据提示输入字母，进行选项设置。各选项含义与对齐标注的同类选项相同。

注意：

执行命令后，系统会在测量数值前自动添加上半径符号"R"。

15.3.7 圆心标记

1. 运行方式

命令行：Dimcenter（DCE）

功能区："注释"→"标注"→"圆心标记"

工具栏："标注"→"圆心标记"

圆心标记是绘制在圆心位置的特殊标记。

命令：Dimcenter	执行 Dimcenter 命令
选取弧或圆：	
选择要标注的圆	系统将自动标注该圆的圆心位置

注意：

也可以在"标注样式"对话框中，选择"直线和箭头"选项卡→"圆心标记"，来改变圆心标注的大小

半径标注用于标注所选定的圆或圆弧的半径尺寸。

2. 操作步骤

使用 Dimradius 命令标注图 15-16 所示圆弧的半径，具体操作步骤如下：

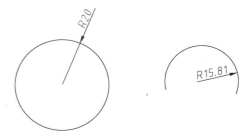

图 15-16 使用 Dimradius 命令标注圆弧的半径

2. 操作步骤

执行 Dimcenter 命令后，使用对象选择方式选取所需标注的圆或圆弧，系统将自动标注该圆或圆弧的圆心位置。使用 Dimcenter 命令标注图 15-17 所示圆的圆心，具体操作步骤如下：

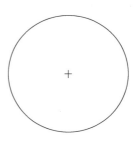

图 15-17 使用 Dimcenter 命令标注圆的圆心

15.3.8 角度标注

1. 运行方式

命令行：Dimangular（DAN）

功能区："注释"→"标注"→"角度"

工具栏："标注"→"角度标注" ⊿

角度标注命令用于圆、弧、任意两条不平行两直线的夹角或两个对象之间创建角度标注。

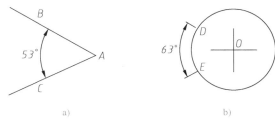

图 15-18　使用 Dimangular 命令标注角度

2. 操作步骤

使用 Dimangular 命令标注图 15-18 所示图形中的角度。操作步骤如下：

命令：Dimangular	执行 Dimangular 命令
选择圆弧、圆、直线或 <指定顶点>：	拾取 AB 边
选择第二条直线：	拾取 AC 边,确认角度另一边
指定标注弧线位置或[多行文字(M)/文字(T)/角度(A)]：	
拾取夹角内一点	确定尺寸线的位置
标注注释角度 = 53	提示标注角度是 53
命令：Dimangular	执行 Dimangular 命令
选择圆弧、圆、直线或 <指定顶点>：	拾取图 15-18b 所示 D 点
指定角的第二个端点：	拾取圆上的点 E
指定标注弧线位置或 [多行文字(M)/文字(T)/角度(A)]：	
拾取圆外一点	确定尺寸线的位置
标注注释角度 = 63	提示标注角度是 63

⚙ 在创建角度标注时，命令栏提示"选择圆弧、圆、直线或 <指定顶点>："，根据不同需要选择进行不同的操作，不同操作的含义和功能说明如下：

选择圆弧：选取圆弧后，系统会标注这个弧，并以弧的圆心作为顶点。弧的两个端点成为尺寸界限的起点，中望 CAD 将在尺寸界线之间绘制一段与所选圆弧平行的圆弧作为尺寸线。

选择圆：选择该圆后，系统把该拾取点当作角度标注的第一个端点，圆的圆心作为角度的顶点，此时系统提示"指定角的第二个端点："，在圆上拾取一点即可。

选择直线：如果选取直线，此时命令栏提示"选择第二条直线："，选择第二条直线后，系统会自动测量两条直线的夹角。若两条直线不相交，系统会将其隐含的交点作为顶点。

完成选择对象操作后在命令行中会出现"指定标注弧线位置或 [多行文字(M)/文字(T)/角度(A)]："，若有需要，可根据提示输入字母，进行选项设置。各选项含义与对齐标注的同类选项相同。

注意：

如果选择圆弧，则系统直接标注其角度；如果选择圆、直线顶点，则系统会继续提示选择角度标注的末点。

15.3.9　引线标注

1. 运行方式

命令行：Leader（LEAD）

工具栏："标注"→"引线"

Leader 命令用于创建注释和引线，表示文字和相关的对象。

2. 操作步骤

使用 Leader 命令标注图 15-19 所示关于圆孔的说明文字。操作步骤如下：

注意四孔去除所有的锋利的边

图 15-19　使用"引线"命令标注

命令：Leader	执行 Leader 命令
指定引线起点：	确定引线起始端点
指定下一点：	确定下一点
指定下一点或［注释（A）/格式（F）/放弃（U）］<注释>：	按<Enter>键确认终点
指定下一点或［注释（A）/格式（F）/放弃（U）］<注释>：	按<Enter>键进入下一步
输入注释文字的第一行或者 <选项>：	按<Enter>键弹出文本格式对话框
输入注释选项［公差（T）/副本（C）/块（B）/无（N）/多行文字（M）］<多行文字>：	
	输入文字，单击 OK 完成命令

以上各项提示的含义和功能说明如下：

公差（T）：选此选项后，系统打开"几何公差"对话框，在此对话框中，可以设置各种几何公差。

副本（C）：选此选项后，可选取的文字、多行文字对象、带几何公差的特征控制框或块对象复制，并将副本插入到引线的末端。

块（B）：选此选项后，系统提示"输入块名或［?]<当前值>："，输入块名后出现"指定块的插入点或［比例因子（S）/X/Y/Z/旋转角度（R）]："，提示中的选项含义与插入块时的提示相同。

无（N）：选此选项表示不输入注释文字。

多行文字（M）：选此选项后，系统打开"文本格式"对话框，在此对话框中可以输入多行文字作为注释文字。

注意：

在创建引线标注时，常遇到文本与引线的位置不合适的情况，通过夹点编辑的方式来调整引线与文本的位置。当移动引线上的夹点时，文本不会移动，而移动文本时，引线也会随着移动。

15.3.10 快速引线

1. 运行方式

命令行：Qleader

工具栏："标注"→"快速引线"

"快速引线"命令提供一系列更简便的创建引线标注的方法，注释的样式也更加丰富。

2. 操作步骤

快速引线的创建方法和引线标注基本相同，执行命令后系统提示"［设置（S）]<设置>："，输入 S 进入快速引线设置对话框，可以对引线及箭头的外观特征进行设置，如图 15-20 所示。

图 15-20　引线设置对话框中"注释"选项卡

3. "注释"选项卡

"注释类型"栏中各项选项含义如下：

多行文字：默认用多行文本作为快速引线的注释。

复制对象：将某个对象复制到引线的末端。可选取文字、多行文字对象、带几何公差的特征控制框或块对象复制。

公差：弹出"几何公差"对话框，以创建一个公差作为注释。

块参照：选此选项后，可以把一些每次创建较困难的符号或特殊文字创建成块，方便直接引用，以提高效率。

无：创建一个没有注释的引线。

如果选择注释为"多行文字"，则可以通过右边的相关选项来指定多行文本的样式。"多行文字选项"各项含义如下：

- 提示输入宽度：指定多行文本的宽度。
- 始终左对齐：总是保持文本左对齐。
- 文字边框：选择此项后，可以在文本

四周加上边框。

"重复使用注释"栏中各项选项含义如下：

● 无：不重复使用注释内容。

● 重复使用下一个：将创建的文字注释复制到下一个引线标注中。

● 重复使用当前：将上一个创建的文字注释复制到当前引线标注中。

4．"引线和箭头"选项卡

"快速引线"命令允许自定义引线和箭头的类型，如图15-21所示。

图 15-21　引线设置中"引线和箭头"
选项卡及部分箭头样式

在"引线"区域，允许用直线或样条曲线作为引线类型。而"点数"则决定了快速引线命令提示拾取下一个引线点的次数。最大值不能小于2，也可以设置为无限制，这时可以根据需要来拾取引线段数，通过按<Enter>键来结束引线。

在"箭头"区域，提供多种箭头类型，如图15-21所示，选用"学生箭头"后，可

以使用学生已定义的块作为箭头类型。

在"角度约束"区域，可以控制第一段和第二段引线的角度，使其符合标准或用户意愿。

5．"附着"选项卡

"附着"选项卡指定了快速引线的多行文本注释的放置位置。"文字在左边"和"文字在右边"可以区分指定位置，默认情况下分别是"最后一行中间"和"第一行中间"选项，如图15-22所示。

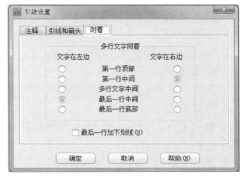

图 15-22　引线设置对话框中"附着"选项卡

15.3.11　快速标注

1．运行方式

命令行：Qdim

功能区："注释"→"标注"→"快速标注"

工具栏："标注"→"快速标注"

"快速标注"命令用于一次标注多个对象，可以对直线、多段线、正多边形、圆环、点、圆和圆弧（圆和圆弧只有圆心有效）同时进行标注，可以标注成基准型、连续型、坐标型的标注等。

2．操作步骤

命令:Qdim	执行 Qdim 命令
关联标注优先级 = 端点	
选择要标注的几何图形：	拾取要标注的几何对象
找到 1 个	提示选择对象的数量
选择要标注的几何图形：	按<Enter>键确定
指定尺寸线位置或[连续(C)/并列(S)/基线(B)/坐标(O)/半径(R)/直径(D)/基准点(P)/编辑(E)/设置(T)]:<当前值>	
	指定一点,确定标注位置

以上各项提示的含义和功能说明如下：

连续（C）：选此选项后，可进行一系列连续尺寸的标注。

并列（S）：选此选项后，可标注一系列并列的尺寸。

基线（B）：选此选项后，可进行一系列基线尺寸的标注。

坐标（O）：选此选项后，可进行一系列坐标尺寸的标注。

半径（R）：选此选项后，可进行一系列半径尺寸的标注。

直径（D）：选此选项后，可进行一系列直径尺寸的标注。

基准点（P）：为基线类型的标注定义了一个新的基准点。

编辑（E）：选项可用来对系列标注的尺寸进行编辑。

设置（T）：为指定尺寸界线原点设置默认对象捕捉。

执行"快速标注"命令并选择几何对象后，命令行提示"［连续（C）/并列（S）/基线（B）/坐标（O）/半径（R）/直径（D）/基准点（P）/编辑（E）/设置（T）]＜连续＞："，如果输入 E 选择"编辑"项，命令栏会提示"指定要删除的标注点，或［添加（A）/退出（X）]＜退出＞："，可以删除不需要的有效点或通过"添加（A）"选项添加有效点。

图 15-23 所示为系统显示快速标注的有效点，图 15-24 所示为删除中间有效点后的标注。

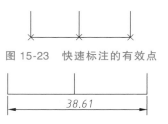

图 15-23　快速标注的有效点

图 15-24　删除中间有效点后的标注

15.3.12　坐标标注

1. 运行方式

命令行：Dimordinate（DIMORD）

功能区："注释"→"标注"→"坐标"

工具栏："标注"→"坐标"

Dimordinate 命令用于自动测量并沿一条简单的引线显示指定点的 X 或 Y 坐标（采用绝对坐标值）。

2. 操作步骤

使用 Dimordinate 命令标注图 15-25 所示圆内 A 点的坐标。

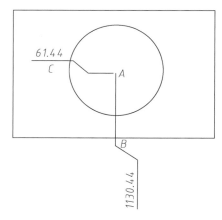

图 15-25　使用 Dimordinate 命令标注圆和点的坐标

命令：Dimordinate	执行 Dimordinate 命令
指定点坐标：	捕捉 A 点
指定引线端点或［X 基准(X)/Y 基准(Y)/多行文字(M)/文字(T)/角度(A)]：	
	拾取 B 点确定引线端点，并完成标注
标注注释文字 ＝ 1130.44	
命令：Dimordinate	执行 Dimordinate 命令
指定点坐标：	捕捉 A 点
指定引线端点或［X 基准(X)/Y 基准(Y)/多行文字(M)/文字(T)/角度(A)]：	
	拾取 C 点确定引线端点，并完成标注
标注注释文字 ＝ 61.44	

以上各项提示的含义和功能说明如下：

指定引线端点：指定点后，系统用指定点位置和该点的坐标差来确定是进行 X 坐标标注还是 Y 坐标标注。当 Y 坐标的坐标差大时，使用 X 坐标标注；否则就是用 Y 坐标标注。

X 基准（X）：选择该选项后，则使用 X 坐标标注。

Y 基准（Y）：选择该选项后，则使用 Y 坐标标注。

多行文字（M）：选择该项后，系统打开 "文本格式" 对话框，可在对话框中输入指定的标注文字。

文字（T）：选择该项后，系统提示 "标注文字<当前值>:"，可在此输入新的文字。

角度（A）：用于修改标注文字的倾斜角度。

注意：

1）Dimordinate 命令可根据引出线的方向，自动标注选定点的水平或垂直坐标。

2）坐标标注用于测量从起点到基点（当前坐标系统的原点）的坐标系距离。坐标尺寸标注包括一个 X-Y 坐标系统和引出线。X 坐标尺寸标注显示了沿 X 轴方向的距离；Y 坐标尺寸标注显示了沿 Y 轴方向的距离。

15.3.13 公差标注

1. 运行方式

命令行：Tolerance（TOL）

功能区："注释"→"标注"→"公差"

工具栏："标注"→"公差" +1

Tolerance 命令用于创建几何公差。几何公差表示在几何中用图形定义的最大允许变量值。中望 CAD 用一个被分成多个部分的矩形特征控制框来绘制几何公差。每个特征控制图框包括至少两个部分：第一个部分是显示几何特征的几何公差符号，如位置、方向和形式。几何公差符号见表 15-1。第二部分包括公差值。当合适时，一个直径符号在公差值之前跟着的是一个材料条件符号。材料条件应用于在尺寸上的变化特征。附加符号见表 15-2。

表 15-1　几何公差符号

符号	特征	类型
⊕	位置度	位置公差
◎	同轴度	位置公差
═	对称度	位置公差
//	平行度	方向公差
⊥	垂直度	方向公差
∠	倾斜度	方向公差
⌭	圆柱度	形状公差
▱	平面度	形状公差

（续）

符号	特征	类型
○	圆度	形状公差
—	直线度	形状公差
⌒	面轮廓度	形状公差
⌒	线轮廓度	形状公差
∮	圆跳动	跳动公差
∮∮	全跳动	跳动公差

表 15-2　附加符号

符　　号	定　　义
Ⓜ	在最大材料条件（MMC）中，一个特性包含在规定限度里最大的材料值
Ⓛ	在最小材料条件（LMC）中，一个特性包含在规定限度里最小的材料值
Ⓢ	特性大小无关（RFS），表明在规定限度里特性可以变为任何大小

2. 操作步骤

使用 Tolerance 命令生成几何公差 $\boxed{\oplus}\ \boxed{\phi 1.5 \text{Ⓜ}}\ \boxed{A}$。操作步骤如下：

1）执行 Tolerance 命令后，系统弹出图 15-26 所示的"几何公差"对话框，单击"符号"框，显示"符号"对话框，如图 15-27 所示，然后选择"位置度"公差符号。

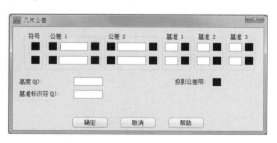

图 15-26　"几何公差"对话框

2）在"几何公差"对话框的"公差 1"

下，选择"直径"插入一个直径符号，如图 15-28 所示。

图 15-27　"符号"对话框

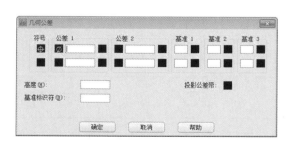

图 15-28　插入一个直径符号

3）在"直径"下，输入第一个公差值1.5，如图 15-29 所示。选择右边方框"材料"，出现图 15-30 所示对话框，选择最大包容条件符号。

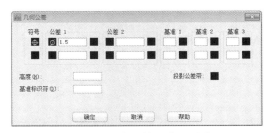

图 15-29　输入第一个公差值

图 15-30　选择最大包容条件符号

4）在"基准"框中输入"A"，如图 15-31 所示，单击"确定"按钮，指定特征控制框位置，结果如图 15-32 所示。

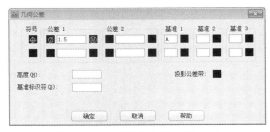

图 15-31　"基准"框中输入 A

图 15-32　标注的几何公差

注意：

公差框格分为两格和多格，第一格为几何公差项目的符号，第二格为几何公差数值和有关符号，第三和以后各格为基准代号和包容条件符号。

任务 15.4　编辑尺寸标注

要对已存在的尺寸标注进行修改，这时不必将需要修改的对象删除，再进行重新标注，可以用一系列尺寸标注编辑命令进行修改。

15.4.1　编辑标注

1. 运行方式

命令行：Dimedit（DED）

功能区："注释"→"标注"→"编辑标注"

Dimedit 命令用于对尺寸标注的尺寸文字的位置、角度等进行编辑。

2. 操作步骤

使用 Dimedit 命令将图 15-33a 所示尺寸标注改为图 15-33b 所示的效果。

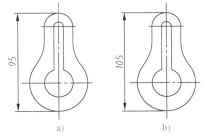

图 15-33　用 Dimedit 命令修改尺寸后的效果

命令:Dimedit	执行 Dimedit 命令
输入标注编辑类型[默认(H)/新建(N)/旋转(R)/倾斜(O)]<默认>:	输入 N,选择新建选项
弹出文本格式对话框	输入新标注文字
选择对象	单击图 15-33a 所示的尺寸标注
找到 1 个	提示已选中对象的数量
	按<Enter>键,确定修改

以上各项提示的含义和功能说明如下：

默认（H）：执行此项后，尺寸标注恢复成默认设置。

新建（N）：用来修改指定标注的标注文字，选择该项后系统弹出"文本格式"对话框，可在此输入新的文字。

旋转（R）：执行该选项后，系统提示"指定标注文字的角度"，可在此输入所需的旋转角度；然后系统提示"选择对象"，选取对象后，系统将选中的标注文字按输入的角度放置。

倾斜（O）：设置线性标注尺寸界线的倾斜角度。执行该选项后，系统提示"选择对象"，在选取目标对象后，系统提示"输入倾斜角度"，在此输入倾斜角度或按<Enter>键（不倾斜时），系统按指定的角度调整线性标注尺寸界线的倾斜角度。

用"倾斜"选项将图 15-34a 所示的尺寸标注修改为图 15-34b 所示的效果。

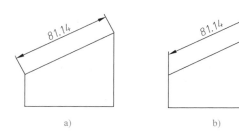

图 15-34　用"倾斜"选项修改尺寸后的效果

命令：Dimedit	执行 Dimedit 命令
输入标注编辑类型　［默认（H）/新建（N）/旋转（R）/倾斜（O）］＜默认＞：	输入 O 选择"倾斜"选项
选择对象	单击图 15-34a 所示的尺寸标注
找到 1 个	提示已选中对象的数量
选择对象	按<Enter>键结束对象选择
输入倾斜角度（按 ENTER 表示无）90	输入倾斜角度，按<Enter>键完成命令

注意：

1）标注菜单中的"倾斜"选项，执行的就是选择了"倾斜"选项的 Dimedit 命令。

2）Dimedit 命令可以同时对多个标注对象进行操作。

3）Dimedit 命令不能修改尺寸文本放置位置。

15.4.2　编辑标注文字

1. 运行方式

命令行：Dimtedit

功能区："注释"→"标注"→"编辑文字"

Dimtedit 命令可以重新定位标注文字位置。

2. 操作步骤

使用 Dimtedit 命令将图 15-35a 所示的尺寸标注改为图 15-35b 所示的效果。

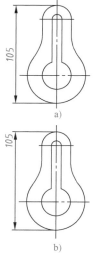

图 15-35　使用 Dimtedit 命令修改尺寸后的效果

命令：Dimtedit	执行 Dimtedit 命令
选择标注：	单击尺寸标注
为标注文字指定新位置或［左对齐（L）/右对齐（R）/居中（C）/默认（H）/角度（A）］：R	
	输入 R，按<Enter>键完成命令

以上各项提示的含义和功能说明如下：

左对齐（L）：选择此项后，可以决定标注文字沿尺寸线左对齐。

右对齐（R）：选择此项后，可以决定标注文字沿尺寸线右对齐。

居中（C）：选择此项后，可将标注文字移到尺寸线的中间。

默认（H）：执行此项后尺寸标注恢复成默认设置。

角度（A）：将所选标注文本旋转一定的角度。

注意：

1）学生还可以用 Ddedit 命令来修改标注文字，但 Ddedit 无法对尺寸文本重新定位，要使用 Dimtedit 命令才可对尺寸文本重新定位。Ddedit 命令的使用方法可以看前一节的介绍。

2）在对尺寸标注进行修改时，如果对象的修改内容相同，则可选择多个对象一次性完成修改。

3）如果对尺寸标注进行了多次修改，要想恢复原来真实的标注，可在命令行输入 Dimreassoc，然后系统提示"选择对象"，选择尺寸标注，按<Enter>键后就恢复了原来真实的标注。

4）Dimtedit 命令中的"左对齐（L）／右对齐（R）"这两个选项仅对长度型、半径型、直径型标注起作用。

图块、属性及外部参照

本项目主要学习在中望 CAD 中如何建立、插入与重新定义图块；定义、编辑块属性；属性块的制作与插入；使用外部引用等，以提高绘图效率。

任务 16.1　图块的制作与使用

图块的运用是中望 CAD 的一项重要功能。图块就是将多个实体组合成一个整体，并给这个整体命名保存，在以后的图形编辑中这个整体就被视为一个实体。一个图块包括可见的实体，如线、圆弧、圆，以及可见或不可见的属性数据。图块作为图形的一部分储存。例如一张桌子，它由桌面、桌腿、抽屉等组成，如果每次画相同或相似的桌子时都要画桌面、桌腿、抽屉等部分，那么，这工作不仅烦琐，而且重复。如果将桌面、桌腿、抽屉等部件组合起来，定义成名为"桌子"的一个图块，那么在以后的绘图中，只需将这个图块以不同的比例插入到图形中即可。图块能帮我们更好地组织工作，快速创建与修改图形，减少图形文件的大小。使用图块，可以创建一个自己经常要使用的符号库，然后以图块的形式插入一个符号，而不是重新开始画该符号。

创建图块并保存，根据制图需要在不同地方插入一个或多个图块，而系统插入的仅仅是一个图块定义的多个引用，这样会大大减小绘图文件大小。同时只要修改图块的定义，图形中所有的图块引用体都会自动更新。

如果图块中的实体是画在 0 层，且"颜色与线型"两个属性是定义为"随层"，插入后它会被赋予插入层的颜色与线型属性。相反，如果图块中的实体，定义前它是画在非 0 层，且"颜色与线型"两个属性不是"随层"的，则插入后它保留原先的颜色与线型属性。

当新定义的图块中包括别的图块，这种情况称为嵌套，当想把小的元素链接到更大的集合，且在图形中要插入该集合时，嵌套是很有用的。

16.1.1　内部定义

中望 CAD 中图块分为内部块和外部块两类，本节将讲解运用 Block 和 Wblock 命令定义内部块和外部块的操作。

1. 运行方式

命令行：Block（B）

功能区："插入"→"块"→"创建"

工具栏："绘图"→"创建块" 🔲

创建块一般是在中望 CAD 绘图工具栏中，选取"创建块 🔲"选项，系统弹出图 16-1 所示的对话框。

使用 Block 命令定义的图块只能在定义

图 16-1　"块定义"对话框

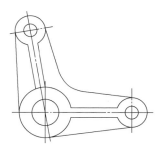

图 16-2　零件的图形

图块的图形中调用，而不能在其他图形中调用，因此用 Block 命令定义的图块称为内部块。

2. 操作步骤

使用 Block 命令将图 16-2 所示零件定义为内部块，其操作步骤如下：

图 16-3　定义零件为内部块

命令:Block	执行 Block 命令
在块定义对话框中输入块的名称:零件	输入新块名称,如图 16-3 所示
指定基点:单击零件的左下角	先单击"拾取点"按钮,再指定
选取写块对象:单击零件的右下角	指定窗口右下角点
另一角点:单击零件的左上角	指定窗口左上角点
选择集中的对象:16	提示已选中对象数
选取写块对象:	按<Enter>键完成定义内部块操作

⚙ 执行 Block 命令后，打开"块定义"对话框用于图块的定义，如图 16-1 所示。该对话框各选项功能如下：

名称：此框用于输入图块名称，下拉列表框中还列出了图形中已经定义过的图块名。

预览：在选取组成块的对象后，将在"名称"框后显示所选择组成块的对象的预览图形。

基点：该区域用于指定图块的插入基点。可以通过"拾取点"按钮或输入坐标值确定图块插入基点。

拾取点：单击该按钮，"块定义"对话框暂时消失，此时需使用鼠标在图形屏幕上拾取所需点作为图块插入基点。拾取基点结束后，返回到"块定义"对话框，X、Y、Z 文本框中将显示该基点的 X、Y、Z 坐标值。

X、Y、Z：在该区域的 X、Y、Z 编辑框中分别输入所需基点的相应坐标值，以确定出图块插入基点的位置。

对象：该区域用于确定图块的组成实体。其中各选项功能如下：

选择对象：单击该按钮，"块定义"对话框暂时消失，此时需在图形屏幕上用任意目标选取方式选取块的组成实体，实体选取结束后，系统自动返回对话框。

快速选择对象：开启"快速选择"对话框，通过过滤条件构造对象。将最终的结果作为所选择的对象。

保留：单击此单选项后，所选取的实体生成块后仍保持原状，即在图形中以原来的独立实体形式保留。

转换为块：单击此单选项后，所选取的实体生成块后在原图形中也转变成块，即在原图形中所选实体将具有整体性，不能用普通命令对其组成目标进行编辑。

删除：单击此单选项后，所选取的实体生成块后将在图形中消失。

注意：

1）为了使图块在插入当前图形中时能够准确定位，需给图块指定一个插入基点，以其作为参考点将图块插入到图形中的指定位置。同时，如果图块在插入时需旋转角度，该基点将作为旋转轴心。

2）当用 Erase 命令删除了图形中插入的图块后，其块定义依然存在，因为它储存在图形文件内部，即使图形中没有调用它，它依然占用磁盘空间，并且随时可以在图形中调用。可用 Purge 命令中的"块"选项清除图形文件中无用、多余的块定义，以减小文件的字节数。

3）中望 CAD 允许图块的多级嵌套。嵌套块不能与其内部嵌套的图块同名。

16.1.2　写块

1. 运行方式

命令行：Wblock

功能区："插入"→"块"→"写块"

Wblock 命令可以看成是 "Write + Block"，也就是写块。Wblock 命令可将图形文件中的整个图形、内部块或某些实体写入一个新的图形文件，其他图形文件均可以将它作为块调用。Wblock 命令定义的图块是一个独立存在的图形文件，相对于 Block、Bmake 命令定义的内部块，它被称作外部块。

2. 操作步骤

使用 Wblock 命令将图 16-4 所示汽车定义为外部块（写块），其操作步骤如下：

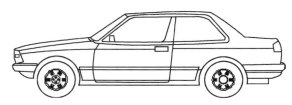

图 16-4　汽车定义为外部块

命令：Wblock	执行 Wblock 命令，弹出"写块"对话框
选取源栏中的整个图形选框	将写入外部块的源指定为整个图形
单击选择对象图标，选取汽车图形	指定对象
在目标对话框中输入"car side"	确定外部块名称
	单击"确定"按钮，完成定义外部块操作

执行 Wblock 命令后，系统弹出图 16-5 所示"写块"对话框。其主要内容如下：

图 16-5　"写块"对话框

源：该区域用于定义写入外部块的源实体。它包括如下内容：

块：该单选项指定将内部块写入外部块文件，可在其后的输入框中输入块名，或在下拉列表框中选择需要写入文件的内部图块的名称。

整个图形：该单选项指定将整个图形写入外部块文件。该方式生成的外部块的插入基点为坐标原点（0，0，0）。

对象：该单选项将选取的实体写入外部块文件。

基点：该区域用于指定图块插入基点，该区域只对源实体为对象时有效。

对象：该区域用于指定组成外部块的实体，以及生成块后源实体是保留、消除或是转换成图块。该区域只对源实体为对象时有效。

目标：该区域用于指定外部块文件的文件名、存储位置以及采用的单位制式。它包括如下的内容：

文件名和路径：用于输入新建外部块的文件名及外部块文件在磁盘上的储存位置和路径。单击输入框后的 ▼ 按钮，弹出下拉列表框，框中列出几个路径供选择。还可单击右边的 ⬚ 按钮，弹出"浏览文件夹"对话框，以提供更多的路径供学生选择。

注意：

1）使用 Wblock 命令定义的外部块其实就是一个 DWG 图形文件。当 Wblock 命令将图形文件中的整个图形定义成外部块写入一个新文件时，它自动删除文件中未用的层定义、块定义、线型定义等，相当于用 Purge 命令的 All 选项清理文件后，再将其复制为一个新生文件，与源文件相比，大大减少了文件的字节数。

2）所有的 DWG 图形文件均可视为外部块插入到其他的图形文件中，不同的是，用 Wblock 命令定义的外部块文件其插入基点是由自己设定好的，而用 New 命令创建的图形文件，在插入其他图形中时将以坐标原点（0，0，0）作为其插入基点。

16.1.3　插入块

本节主要介绍如何在图形中调用已定义好的图块，以提高绘图效率。调用图块的命令包括 Insert（单图块插入）、Divide（等分插入图块）、Measure（等距插入图块）。本节主要讲解 Insert（单图块插入）命令的使用方法。

1. 运行方式

命令行：Insert

功能区："插入"→"块"→"插入"

工具栏："绘图"→"插入块" 🔧

该命令用于在当前图形中插入图块或别的图形。插入的图块是作为一个单个实体而存在的。而插入一个图形则被作为一个图块插入到当前图形中，改变原始图形对当前图形无影响。

当插入图块或图形时，必须定义插入点、比例、旋转角度。插入点是定义图块时的引用点。当把图形当作图块插入时，程序把定义的插入点作为图块的插入点。

2. 操作步骤

使用 Insert 命令在图 16-6 所示图形中插入一个零件，其操作步骤如下：

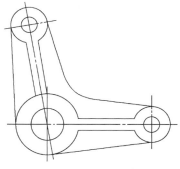

图 16-6　插入零件

命令：Insert	执行 Insert 命令,弹出"插入"对话框
在插入栏中选择选"Double Bed Plan"块	插入"Double Bed Plan"块
在三栏中均选择在屏幕上指定	确定定位图块方式
单击对话框的"确定"按钮	对话框消失,提示指定插入点
指定块的插入点或[比例因子(S)/X/Y/Z/旋转角度(R)]:	在房间中间拾取一点
	指定图块插入点
选择比例的另一角或输入 X 比例因子或[角点(C)/X/Y/Z] <1>:	
	按<Enter>键选默认值,确定插入比例
Y 比例因子<等于 X 比例>:	按<Enter>键选默认值,确定插入比例
块的旋转角度<0>:90	设置插入图块的旋转角度
	结果如图 16-6 所示

⚙ 执行 Insert 命令后，系统弹出图 16-7 所示对话框，其主要内容如下：

图 16-7 "插入"对话框

名称：该下拉列表框中选择欲插入的内部块名。如果没有内部块，则是空白。

浏览：此项用来选取要插入的外部块。单击"浏览"按钮，系统显示图 16-8 所示"插入图形文件"对话框，选择要插入的外部图块文件路径及名称，单击"打开"按钮，回到图 16-7 所示对话框，单击"确定"按钮，此时命令行提示指定插入点，输入插入比例、块的旋转角度。完成命令后，图形就插入到指定插入点。

图 16-8 选择插入图形

插入点（X、Y、Z）：此三项输入框用于输入坐标值确定在图形中的插入点。当选"在屏幕上指定"后，此三项呈灰色，为不可用。

比例（X、Y、Z）：此三项输入框用于预先输入图块在 X 轴、Y 轴、Z 轴方向上缩放的比例因子。这三个比例因子可相同，也可不同。当选用"在屏幕上指定"后，此三项呈灰色，为不可用。默认值为 1。

在屏幕上指定：勾选此复选框，将在插入时对图块定位，即在命令行中定位图块的插入点，X、Y、Z 的比例因子和旋转角度；不勾选此复选框，则需输入插入点的坐标比例因子和旋转角度。

角度（R）：图块在插入图形中时可任意改变其角度，在此输入框指定图块的旋转角度。当勾选"在屏幕上指定"后，此项呈灰色，为不可用。

分解：该复选框用于指定是否在插入图块时将其炸开，使它恢复到元素的原始状态。当炸开图块时，仅仅是被炸开的图块引用体受影响。图块的原始定义仍保存在图形中，仍能在图形中插入图块的其他副本。如果炸开的图块包括属性，属性会丢失。但原始定义的图块的属性仍保留。炸开图块使图块元素返回到它们的下一级状态。图块中的图块或多段线又变为图块或多段线。

统一比例：该复选框用于统一三个轴向上的缩放比例。选用此项，Y、Z 框呈灰色，在 X 框输入的比例因子，在 Y、Z 框中同时显示。

注意：

1）外部块插入当前图形后，其块定义也同时储存在图形内部，生成同名的内部块，以后可在该图形中随时调用，而无须重新指定外部块文件的路径。

2）外部块文件插入当前图形后，其内包含的所有块定义（外部嵌套块）也同时带入当前图形中，并生成同名的内部块，以后可在该图形中随时调用。

3）图块在插入时如果选择了插入时炸开图块，插入后图块自动分解成单个的实体，其特性如层、颜色、线型等也将恢复为生成块之前实体具有的特性。

4）如果插入的是内部块则直接输入块名即可；如果插入的是外部块则需要给出块文件的路径。

16.1.4 复制嵌套图元

运行方式

命令行：Ncopy

功能区："扩展工具"→"图块工具"→

"复制嵌套图元"

工具栏："ET：图块"→"复制嵌套图元"

Ncopy命令可以将图块或Xref引用中嵌套的实体进行有选择的复制。可以一次性选取图块的一个或多个组成实体进行复制，复制生成的多个实体不再具有整体性。

注意：

1）Ncopy命令同Copy命令一样可以复制非图块实体，如点、线、圆等基体的实体。

2）Ncopy命令与Copy操作方式一致，不同的是Copy命令对块进行整体性复制，复制生成的图形仍是一个块；而Ncopy命令可以选择图块的某些部分进行分解复制，原有的块保持整体性，复制生成的实体是被分

解的单一实体。

3）Ncopy命令在选择实体时不能使用w、c、wp、cp、f等多实体选择方式。

16.1.5　替换图元

1. 运行方式

命令行：Blockreplace

功能区："扩展工具"→"图块工具"→"块替换"

"替换图元"命令用来以一个图块取代另一个图块。

2. 操作步骤

使用Blockreplace命令将图中的吊钩替换，如图16-9所示。

图16-9　平面图

打开一张DWG图样，执行Blockreplace命令后，系统弹出"块替换"对话框，如图16-10所示，选中"选择要被替换的块"栏中的块。在"选择一个块用作替换"栏中选择块来替换。单击"确定"按钮，即完成图块替换命令。

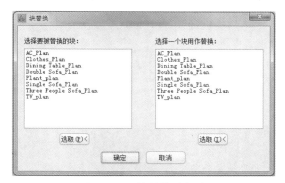

图16-10　块替换选择窗

任务16.2　属性的使用

一个零件、符号除自身的几何形状外，还包含很多参数和文字说明信息（如规格、型号、技术说明等），中望CAD系统将图块所含的附加信息称为属性，如规格属性、型号属性。而具体的信息内容则称为属性值。可以使用属性来追踪零件号码与价格。属性可为固定值或变量值。插入包含属性的图块

时，程序会新增固定值与图块到图面中，并提示要提供变量值。插入包含属性的图块时，可提取属性信息到独立文件，并使用该信息用于空白表格程序或数据库，以产生零件清单或材料价目表。还可使用属性信息来追踪特定图块插入图面的次数。属性可为可见或隐藏，隐藏属性既不显示，也不出图，但该信息存储于图面中，并在被提取时写入文件。属性是图块的附属物，它必须依赖于图块而存在，没有图块就没有属性。

16.2.1　制作属性块

1. 运行方式

命令行：Block（B）

功能区："插入"→"块"→"创建"

工具栏："绘图"→"创建块"

制作图块就是将图形中的一个或几个实体组合成一个整体，并命名保存，以后将其作为一个实体在图形中随时调用和编辑。同样，制作属性块就是将定义好的属性连同相关图形一起，用 Block/Bmake 命令定义成块（生成带属性的块），在以后的绘图过程中可随时调用它，其调用方式跟一般的图块相同。

2. 操作步骤

用 Block 命令将图 16-11 所示已定义好品牌和型号两个属性（其中型号为不可见属性）的汽车制作成一个属性块，块名为 QC，其操作步骤如下：

命令：Block	执行 Block 定义带属性汽车图块
在块定义对话框中输入块的名称：QC	为属性块取名
新块插入点：在绘图区内拾取新块插入点	将块插入基点指定为汽车左下角
选取写块对象：指定包含两个属性在内的左上角 A	
另一角点：指定汽车实体的另一角点 B	选取组成属性块的实体
选择集中的对象：93	
选取写块对象：	提示已选中对象数，按<Enter>键结束

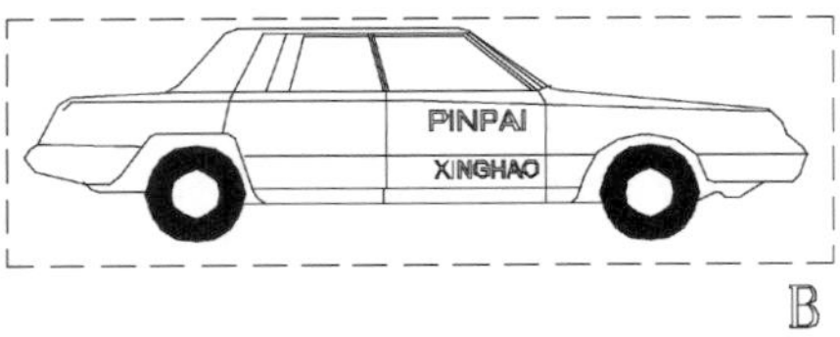

图 16-11　已定义好品牌和型号两个属性

16.2.2　插入属性块

1. 运行方式

命令行：Insert

功能区："插入"→"块"→"插入"

工具栏："插入"→"插入块"

插入属性块和插入图块的操作方法是一样的，插入的属性块是一个单个实体。插入属性图块，必须定义插入点、比例、旋转角度。插入点是定义图块时的引用点。当把图形当作属性块插入时，程序把定义的插入点作为属性块的插入点。属性块的调用命令与普通块的是一样的，只是调用属性块时提示要多一些。

2. 操作步骤

把上节制作的 QC 属性块插入到图 16-12 所示的车库中去，其操作步骤如下：

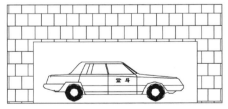

图 16-12　将属性块插入车库中

命令：Insert	执行 Insert 命令
在弹出的"插入图块"对话框中	
选择插入 QC 图块并单击"插入"按钮	输入或选择插入块的块名
指定块的插入点或［比例因子(S)/X/Y/Z/旋转角度(R)］：绘图区拾取插入基点	

选择比例的另一角或输入 X 比例因子或［角点（C）/XYZ］<1>：	按<Enter>键选默认值，确定插入比例
Y 比例因子<等于 X 比例 >：	按<Enter>键选默认值，确定插入比例
块的旋转角度：0	设置插入图块的旋转角度
请输入汽车品牌 <值>：宝马	输入品牌属性值
请输入汽车型号 <值>：BM598	输入型号属性值
检查属性值	检查输入的属性值
请输入汽车品牌 <宝马>：	
请输入汽车型号 <BM598>：	输入正确，直接按<Enter>键结束命令

16.2.3　改变属性定义

1. 运行方式

命令行：Ddedit

工具栏："文字"→"编辑文字"

将属性定义好后，有时可能需要更改属性名、提示内容或默认文本，这时可用 Ddedit 命令加以修改。Ddedit 命令只对未定义成块的或已分解的属性块的属性起编辑作用，对已做成属性快的属性只能修改其值。

2. 操作步骤

执行 Ddedit 命令后，系统提示选择修改对象，当拾取某一属性名后，系统将弹出图 16-13 所示对话框。

图 16-13　"编辑属性定义"对话框

标记：在该输入框中输入欲修改的名称。

提示：在该输入框中输入欲修改的提示内容。

默认：在该输入框中输入欲修改的默认文本。

完成一个属性的修改后，单击"确定"按钮退出对话框，系统再次重复提示"选择

修改对象"，选择下一个属性进行编辑，直至按<Enter>键结束命令。

16.2.4　编辑图块属性

1. 运行方式

命令行：Ddatte（ATE）

Ddatte 用于修改图形中已插入属性块的属性值。Ddatte 命令不能修改常量属性值。

2. 操作步骤

执行 Ddatte 命令后，系统提示"选取块参照："，选取要修改属性值的图块，按提示选取后，系统将弹出图 16-14 所示"编辑属性"对话框。在"名称"下选取图块属性名称，在数值框中显示相应的属性值，修改数值框中的内容即可更改相应属性的属性值。

图 16-14　"编辑属性"对话框

使用 Ddatte 命令将汽车品牌属性的属性值由"宝马"改为"奔驰"，如图 16-15 所示。其操作步骤如下：

a)

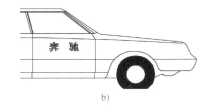

b)

图 16-15　将汽车品牌属性的属性值由"宝马"改为"奔驰"结果

命令：Ddatte 选取块参照：拾取图16-15a所示的属性块	执行 Ddatte 命令 选择修改图16-15a所示属性块的属性值,弹出 图16-14所示"编辑属性"对话框
在"名称"下选"PINPAI",在数值框中将"宝马"改为"奔驰" 单击"确定"按钮	结束命令,结果如图16-15b所示

16.2.5 编辑属性

1. 运行方式

命令行：Attedit

功能区： "插入"→"属性"→"编辑属性"→"多重"

Attedit 命令可对图形中所有的属性块进行全局性的编辑。它可以一次性对多个属性块进行编辑，对每个属性块也可以进行多方面的编辑，它可修改属性值、属性位置、属性文本高度、角度、字体、图层、颜色等。

2. 操作步骤

执行 Attedit 命令后，系统提示"选取块参照"，激活"增强属性编辑器"对话框，如图16-16所示。

该对话框有三个选项卡，分别介绍如下：

（1）"属性"选项卡 该选项卡显示了所选择"块引用"中的各属性的标记、提示和它对应的属性值。单击某一属性，就可在"值"编辑框中直接对它的值进行修改。

图 16-16 "增强属性编辑器"对话框

（2）"文字选项"选项卡 如图16-17所示，可在该选项卡直接修改属性文字的样式、对齐方式、高度、文字行角度等项目。各项的含义与设置文字样式命令 Style 对应项相同。

（3）"特性"选项卡 如图16-18所示，可在该选项卡的编辑框中直接修改属性文字

的所在图层、颜色、线型、线宽和打印样式等特性。

图 16-17 "文字选项"标签页

图 16-18 "特性"标签页

"应用"按钮用于在保持对话框打开的情况下确认已做的修改。对话框中的"选择块"按钮用于继续选择要编辑的块引用。

注意：

属性不同于块中的文字标注能够明显地看出来，块中的文字是块的主体，当块是一个整体的时候，是不能对其中的文字对象进行单独编辑的。而属性虽然是块的组成部分，但在某种程度上又独立于块，可以单独进行编辑。

16.2.6 分解属性为文字

1. 运行方式

命令行：Burst

功能区： "扩展工具"→"图块工具"→

"分解属性为文字"

工具栏："ET：图块"→"分解属性为文字"

Burst 命令用于将属性值分解成文字，而不是分解成属性标签。

2. 操作步骤

将图 16-19a 所示的属性块分解为文字，结果如图 16-19c 所示。其步骤如图 16-19b 所示。

注意：

Burst 和 Explode 命令的功能相似，但是 Explode 会将属性值分解成属性标签，而 Burst 将之分解后却仍是文字属性值。

命令:BURST(enter)
选择对象:(选择左边属性块)
选择对象:(选择右边属性块)
选择对象:(enter)

5kΩ

执行前的属性块

5kΩ
12.5
不可见的属性也会被分解

a)　　　　　　　　　　b)　　　　　　　　　　c)

图 16-19　属性块分解为文字

打印和发布图样

输出图形是计算机绘图中的一个重要的环节。在中望 CAD 中，图形可以从打印机输出为纸制的图样，也可以用软件的自带功能输出为电子档的图样。在这些打印或输出的过程中，参数的设置是十分关键的，本项目将具体介绍如何进行打印和输出图样，重点讲解打印过程中的参数设置。

任务 17.1 设置图形输出

输出功能是将图形转换为其他类型的图形文件，如 BMP、WMF 等，以达到和其他软件兼容的目的。

运行方式：

命令行：Export（EXP）

功能区："输出"→"输出"→"输出"

该命令用于打开"输出数据"对话框，如图 17-1 所示。通过该对话框将当前图形文件输出为所选取的文件类型。

由输出对话框中的"文件类型"可以看出中望 CAD 的输出文件有四种类型，都为图形工作中常用的文件类型，能够保证与其他软件交流的格式。使用输出功能的时候，会提示选择输出的图形对象，在选择所需要的图形对象后就可以输出了。输出后的图形与输出时中望 CAD 中绘图区域里显示的图形效果是相同的。需要注意的是在输出的过程中，有些图形类型发生的改变比较大，中望

CAD 不能够把类型改变较大的图形重新转化为可编辑的 CAD 图形格式，如果将 BMP 文件读入后，仅作为光栅图像使用，不可以进行图形修改操作。

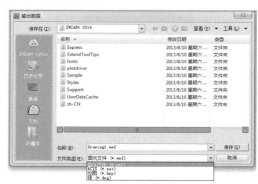

图 17-1 "输出数据"对话框

任务 17.2 打印和打印 参数设置

17.2.1 打印界面

在完成某个图形绘制后，为了便于观察和实际施工制作，可将其打印输出到图纸上。在打印的时候，首先要设置打印的一些参数，如选择打印设备、设定打印样式、指定打印区域等，这些都可以通过打印命令调出的对话框来实现。

运行方式

命令行：Plot

功能区："输出"→"打印"→"打印"

工具栏："标准"→"打印" 🖨

该命令用于设定相关参数，打印当前图形文件，如图17-2所示。

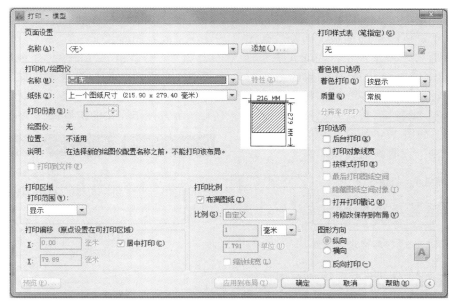

图17-2 "打印"对话框

17.2.2 打印机设置

在"打印机/绘图仪"区域，如图17-3所示，可以进行输出图形所要使用的打印设备、纸张大小、打印份数等的设置。若要修改当前打印机配置，可单击名称后的"特性"按钮，打开"绘图仪配置编辑器"对话框，如图17-4所示。在该对话框中可设定打印机的输出设置，如介质、图形、自定义图纸尺寸等。

图17-3 打印机/绘图仪设置

⚙ 该对话框中包含三个选项卡，其含义分别如下：

一般：在该选项卡中查看或修改打印设

备信息，包含了当前配置的驱动器信息。

端口：在该选项卡中显示适用于当前配置的打印设备的端口。

设备和文档设置：在该选项卡中设定打印介质、图形设置等参数。

图17-4 绘图仪配置编辑器

17.2.3 打印样式表

打印样式用于修改图形打印的外观。图形中每个对象或图层都具有打印样式属性，通过修改打印样式可改变对象输出的颜色、线型、线宽等特性。如图17-5所示，在打印样式表对话框中可以指定图形输出时所采用的打印样式，在下拉列表框中有多个打印样式可供选择，也可单击"编辑"按钮对已有的打印样式进行改动，如图17-6所示，或在下拉样式中通过"新建"设置新的打印样式。

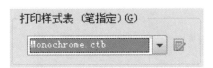

图 17-5　打印样式表设置

图 17-6　打印样式表编辑器

中望CAD中，打印样式分为以下两种：

（1）颜色相关打印样式　该种打印样式表的扩展名为"ctb"，可以将图形中的每个颜色指定打印的样式，从而在打印的图形中实现不同的特性设置。颜色现定于255种索引色，真彩色和配色系统在此处不可使用。使用颜色相关打印样式表不能将打印样式指定给单独的对象或者图层。使用该打印样式的时候，需要先为对象或图层指定具体的颜色，然后在打印样式表中将指定的颜色设置为打印样式的颜色。指定了颜色相关打印样式表之后，可以将样式表中的设置应用到图形中的对象或图层。如果给某个对象指定了打印样式，则这种样式将取代对象所在图层所指定的打印样式。

（2）命名相关打印样式　根据在打印样式定义中指定的特性设置来打印图形，命名打印样式可以指定给对象，与对象的颜色无关。命名打印样式的扩展命为"stb"。

17.2.4 打印区域

如图17-7所示，"打印区域"栏可设定图形输出时的打印区域，该栏中各选项含义如下：

图 17-7　打印区域设置

窗口：临时关闭"打印"对话框，在当前窗口选择矩形区域，然后返回对话框，打印选取的矩形区域内的内容。此方法是选择打印区域最常用的方法，由于选择区域后一般情况下希望布满整张图纸，所以打印比例会选择"布满图纸"选项，以达到最佳效果。但这样打出来的图纸比例很难确定，常用于比例要求不高的情况。

范围：打印当前视口中除了冻结图层中的对象之外的所有对象。在"布局"选项卡上，打印图纸空间中的所有几何图形。打印之前系统会重新生成图形以便重新计算图形范围。

图形界限：在打印"模型"选项卡中的图形文件时，打印图形界限所定义的绘图区域。

显示：打印当前视图中的内容。

17.2.5 设置打印比例

"打印比例"区域中可设定图形输出时的打印比例，如图17-8所示。在"比例"下拉列表框中可选择要打印图样的比例，如1：1，同时可以用"自定义"选项，在下面的框中输入比例换算方式来达到控制比例的目的。"布满图纸"则是根据打印图形范围的大小，自动布满整张图纸。"缩放线宽"选项是在布局中打印的时候使用的，勾选该项后，图纸所设定的线宽会按照打印比例进行放大或缩小，而未勾选该项则不管打印比例是多少，打印出来的线宽就是设置的线宽尺寸。

图 17-8　设置打印比例

17.2.6　打印方向

在"图形方向"栏中可指定图形输出的方向。因为绘制图样会根据实际的绘图情况来选择图纸是纵向还是横向，所以在打印图样的时候一定要注意设置图形方向，否则图样打印出来可能会出现部分超出纸张的图形无法打印出来的情况。

如图 17-9 所示，该栏中各选项的含义如下：

纵向：以图纸的短边作为图形页面的顶部定位并打印该图形文件。

横向：以图纸的长边作为图形页面的顶部定位并打印该图形文件。

反向打印：控制是否上下颠倒地定位图形方向并打印图形。

图 17-9　图形打印方向设置

17.2.7　其他选项

（1）指定偏移位置　指定图形打印在图纸上的位置。可通过分别设置 X（水平）向偏移和 Y（垂直）向偏移来精确控制图形的位置，也可通过设置"居中打印"，使图形打印在图纸中间，如图 17-10 所示。

打印偏移量是通过将标题栏的左下角与图纸的左下角重新对齐来补偿图纸的页边距。可以通过测量图纸边缘与打印信息之间的距离来确定打印偏移。

图 17-10　打印偏移设置

（2）着色视口选项　指定视图的打印方式。如果要为图纸空间中的视口指定此设置，选中该视口，然后在"特性"选项板中设置着色打印的方式，如图 17-11 所示。

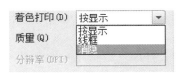

图 17-11　着色视口选项

如图 17-11 所示，该列表栏中各选项的含义如下：

消隐打印：按照消隐打印模式打印对应视口中的对象，该模式下打印对象会消除隐藏线。

线框打印：按照二维线框模式打印对应视口中的对象。

按显示打印：按屏幕上的显示方式打印对象。

质量：指定着色视口的打印分辨率。只有在"着色打印"框中选择了"按显示"后，此选项才可用。

草稿：在线框中打印着色模型空间视图。

预览：将着色模型空间视图的打印分辨率设置为当前设备分辨率的 1/4，最大值为150 DPI。

常规：将着色模型空间视图的打印分辨率设置为当前设备分辨率的 1/2，最大值为300 DPI。

演示：将着色模型空间视图的打印分辨率设置为当前设备的分辨率，最大值为600 DPI。

最大值：将着色模型空间视图的打印分辨率设置为当前设备的分辨率，不存在最大值。

自定义：选择此项，可在"分辨率（DPI）"框中设置着色模型空间视图的打印分辨率，最大可为当前设备的分辨率。

分辨率（DPI）：指定着色视图的分辨率大小，最大可为当前设备的分辨率。只有在"质量"框中选择了"自定义"后，此选项才可用。

（3）设置打印选项　打印过程中还可以设置一些打印选项在需要的情况下使用，如图17-12所示。各个选项含义如下：

后台打印：可以在后台打印图样，是否后台打印由系统变量 BACKGROUNDPLOT 控制。

打印对象线宽：将打印指定给对象和图层的线宽。

按样式打印：以指定的打印样式来打印图形。勾选此选项将自动打印线宽。如果不选择此选项，将按指定给对象的特性打印对象而不是按打印样式打印。

最后打印图纸空间：首先打印模型空间几何图形。一般情况下先打印图纸空间几何图形，然后再打印模型空间几何图形。

隐藏图纸空间对象：选择此项后，打印对象时消除隐藏线，不考虑其在屏幕上的显示方式。此选项仅在布局选项卡中可用。

打开打印戳记：使用打印戳记的功能。

将修改保存到布局：将在"打印"对话框中所做的修改保存到布局中。

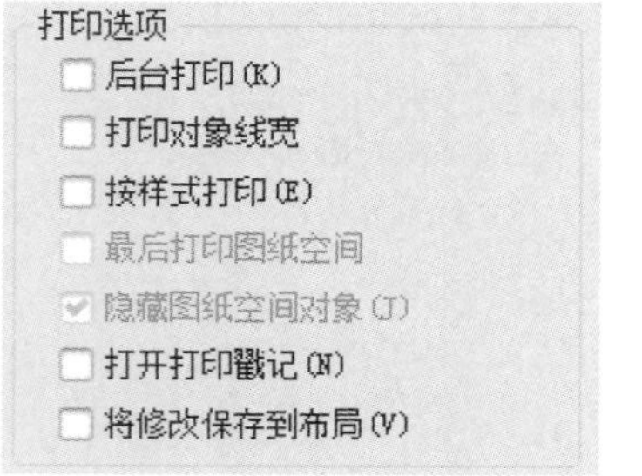

打印选项
- [ ] 后台打印(K)
- [ ] 打印对象线宽
- [ ] 按样式打印(E)
- [ ] 最后打印图纸空间
- [x] 隐藏图纸空间对象(J)
- [ ] 打开打印戳记(N)
- [ ] 将修改保存到布局(V)

图 17-12　设置打印选项

（4）预览打印效果　在图形打印之前使用预览框可以提前看到图形打印后的效果。这将有助于对打印的图形及时修改。如果设置了打印样式表，预览图将显示在指定的打印样式设置下的图形效果。

在预览效果的界面下，右击，在弹出的快捷菜单中单击"打印"选项，可直接在打印机上出图。也可以退出预览界面，在"打印"对话框上单击"确定"按钮打印，如图17-13所示。

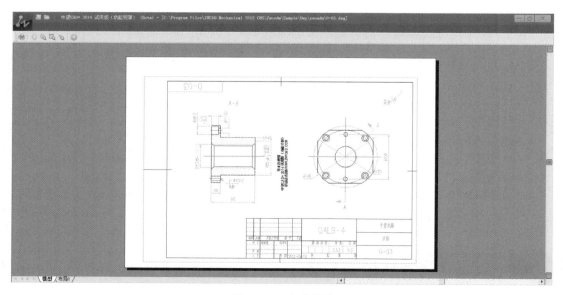

图 17-13　打印预览

要经过上面一系列的设置后，才可以在打印机上正确地输出需要的图样。这些设置是可以保存的，在"打印"对话框最上面有"页面设置"选项，可以新建页面设置的名称来保存所有的打印设置。另外，中望 CAD 还提供从图纸空间出图，图纸空间会记录下设置的打印参数，采用这种方法打印是最方便的选择。

任务 17.3　设置其他格式打印

除了使用传统的绘图仪（或打印机）设备打印方式以外，随着软件的发展，打印的形式也变得更多样化。很多时候不一定要用纸张的方式来打印，接下来介绍使用其他格式的打印。

17.3.1　打印 PDF 文件

在 CAD 图样的交互过程中，有时候需要将 DWG 图样转换为 PDF 文件格式。中望 CAD 版本中已自带 PDF 打印驱动，不必下载安装驱动就能够直接使用中望 CAD 自带的 PDF 驱动程序来实现 DWG 图样与 PDF 格式文件的转换。

打开一张 CAD 图样，选择已配置的 PDF 文件打印驱动程序，将图样打印成 PDF 格式文件，具体操作步骤如下：

1）在功能区单击"输出"→"打印"→"打印"选项，打开"打印"对话框。

2）在"打印机/绘图仪"选项组的"名称"栏下拉菜单中选择"DWG To PDF.pc5"配置选项，如图 17-14 所示。

3）单击"确定"按钮，弹出"浏览打印文件"对话框。在该对话框中指定 PDF 文件的文件名和保存路径，单击"保存"按钮，可将图样打印为 PDF 文件格式。

注意：

1）如果打印的图样包含多个图层，将其输出为 PDF 文件格式的同时，PDF 打印功能支持将图层信息保留到打印的 PDF 文件中。打开生成的 PDF 文件，即可以在 PDF 文件中通过打开或关闭原 DWG 文件的图层来进行浏览，如图 17-15 所示。这样就可以根据看图的需要，隐藏一些不需要的图层，方便图样的查看。

2）通过中望自带的 PDF 打印驱动程序输出 PDF 文件，需要使用 Adobe Reader R7 或更高版本来查看，如果操作系统是 Microsoft Windows 7，则需要安装 Adobe Reader 9.3 或以上版本。

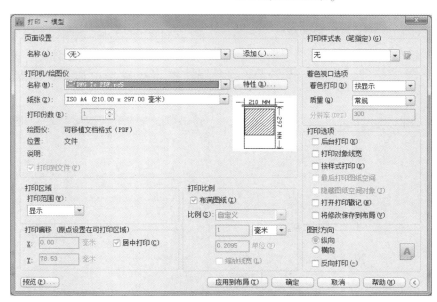

图 17-14　选择 PDF 文件打印驱动程序

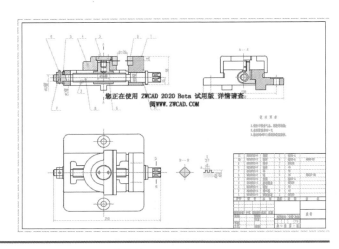

图 17-15　PDF 文件中的图层信息

17.3.2　打印 DWF 文件

DWF 文件是一种不可编辑的安全的文件格式，优点是文件更小，便于传递，可以使用这种格式的文件在互联网上发布图形。在中望 CAD 版本中已自带 DWF 打印驱动，可直接使用中望 CAD 自带驱动程序来打印 DWF 格式的文件。

打印 DWF 文件的操作步骤如下：

1）在功能区选择"输出"→"打印"→"打印"选项，打开"打印"对话框。

2）在"打印机/绘图仪"选项组的"名称"栏下拉菜单中选择"DWF6 ePlot. pc5"配置选项，如图 17-16 所示。

图 17-16　选择 DWF 打印驱动程序

3）单击"确定"按钮，弹出"浏览打印文件"对话框。在该对话框中指定 DWF 文件的文件名和保存路径，单击"保存"按钮，将图样打印为 DWF 文件格式。

17.3.3　以光栅文件格式打印

中望 CAD 还支持打印成若干种光栅文件格式，包括 BMP、JPEG、PNG、TIFF 等。如果要将图形打印为光栅文件格式，首先要在"新建绘图仪"配置中添加打印驱动程序。

1. 配置光栅文件驱动程序

以 JPEG 格式为例，打印驱动程序配置步骤如下：

1）在 Ribbon 界面输出功能区，选择"输出"→"打印"选项，打开"打印"对话框。

2）在"打印机/绘图仪"选项组的"名称"栏下拉菜单中选择"新建绘图仪"选项，如图 17-17 所示。

图 17-17　选择"新建绘图仪"

3）打开"添加绘图仪-简介"对话框，单击"下一步"按钮，进入"添加绘图仪-开始"对话框，如图17-18所示。单击"我的电脑"选项，再单击"下一步"按钮。

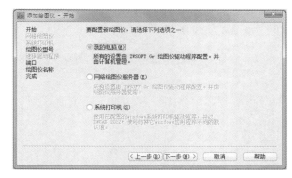

图17-18 "添加绘图仪-开始"对话框

4）打开的"添加绘图仪-绘图仪型号"对话框，在"生产商"列表框中选择"光栅文件格式"，在"型号"中选择"JPEG"项，如图17-19所示，单击"下一步"按钮。

图17-19 "添加绘图仪-绘图仪型号"对话框

5）在"添加绘图仪-端口"和"添加绘图仪-绘图仪名称"对话框中，可按照默认选项进行配置。配置完成后，进入"添加绘图仪-完成"对话框，如图17-20所示，单击"完成"按钮，退出添加绘图仪向导，完成打印JPEG文件驱动程序的配置。

2. 打印光栅文件

以JPEG格式为例，打印光栅文件步骤如下：

1）打开"打印"对话框。

2）在"打印机/绘图仪"选项组的"名称"栏下拉菜单中，选择手动添加"JPEG.pc5"配置选项，如图17-21所示。

图17-20 "添加绘图仪-完成"对话框

图17-21 JPEG格式的打印配置

3）单击"确定"按钮，弹出"浏览打印文件"对话框。在该对话框中指定JPEG文件的文件名和保存路径，单击"保存"按钮，将图样打印为JPEG文件格式。

任务17.4 布局空间设置

中望CAD的绘图空间分为模型空间和布局空间两种，前面介绍的图样打印是在模型空间中的打印设置，而在模型空间中的图样打印只有在打印预览的时候才能看到打印的实际状态，而且模型空间对于打印比例的控制不是很方便。从布局空间打印可以更直观地看到最后的打印状态，图纸布局和比例控制更加方便。

17.4.1 布局空间

模型空间是完成绘图和设计工作的工作空间。使用在模型空间中建立的模型可以完成二维或三维物体的造型，并且可以根据需求用多个二维或三维视图来表示物体，同时配有必要的尺寸标注和注释等来完成所需要的全部绘图工作。在模型空间中，可以创建多个不重叠的（平铺）视口以展示。

图纸空间是切换到布局选项卡的时候使

用的，在布局空间中创建的每个视图或者布局视口都是在模型空间中绘制图形的其中一个窗口，可以创建单个视口，也可创建多个视口。可将布局视图放置在屏幕上的任意位置，视口边框可以是可接触的，也可以是不可接触的，多个视口中的图形可以同时打印。布局空间并不是打印图样必须的设置，但是它为设计图形的打印提供了很多便捷之处。

运行方式

命令栏：Layout

工具栏："布局"→"新建布局"

图 17-22 所示是一个图纸空间的运用效果，与模型空间最大的区别是图纸空间的背景是所要打印的白纸的范围，与最终的实际纸张的大小是一样的，图样安排在这张纸的可打印范围内，这样在打印的时候就不需要再进行打印参数的设置就可以直接出图。

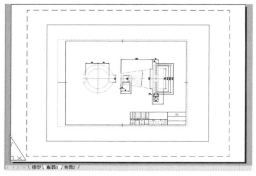

图 17-22　图纸空间示例

17.4.2　从样板中创建布局

在"布局"选项卡的右键菜单中选择"来自样板"选项，将直接从 DWG 或 DWT 文件中输入布局。可利用现有样板中的信息创建新的布局。

系统提供了样例布局样板，以供设计新布局环境时使用。现有样板的图纸空间对象和页面设置将用于新布局中，这样将在图纸空间中显示布局对象（包括视口对象）。可以保留从样板中输入的现有对象，也可以删除对象。在这个过程中不能输入任何模型空间对象。

系统提供的布局样板文件的扩展名为".dwt"。来自任何图形或图形样板的布局样

板或布局都可以输入到当前图形中。

1）单击"布局"工具栏中的"来自样板的布局"按钮 。

2）在"从文件中选择模板"对话框中，选择需要的样板文件，然后单击"打开"按钮，如图 17-23 所示。

图 17-23　选择模板

3）在"插入布局"对话框中，选择要插入的布局，然后单击"确定"按钮，如图 17-24 所示。可以按住 Ctrl 键选择多个布局。

图 17-24　"插入布局"对话框

17.4.3　浮动视口

在构造布局图时，可以将浮动视口视为图纸空间的图形对象，并对其进行移动和调整。浮动视口可以相互重叠或分离。

1. 运行方式

命令行：Mview

2. 操作步骤

在命令行中输入"浮动视口"命令，系统出现以下信息：

指定视口的角点或［开（ON）/关（OFF）/布满（F）/着色打印（S）/锁定（L）/对象（O）/多边形（P）/恢复
（R）/2/3/4］<布满>：
指定一个点,或输入选项,或按 <ENTER>键

⚙ 各选项的含义如下：

开（ON）：将选定的视口激活，使其成为活动视口。活动视口中将显示模型空间中绘制的对象。每次可激活的最大视口数由系统变量 MAXACTVP 控制。若图形中的活动视口超过 MAXACTVP 中指定的数目，系统将自动关闭其他视口，以指定的视口数目显示。

关（OFF）：使选定的视口处于非活动状态，不能显示模型空间中绘制的对象。可选择一个或多个视口关闭。

布满（F）：创建视口，该视口从布局的图纸边缘开始布满整个布局显示区域。

着色打印（S）：设置布局空间中确定视口的打印方式，目前支持"线框"和"消隐"两种模式。选择确定指定视口后，可以通过"特性"栏修改，或通过右键菜单设置。

锁定（L）：锁定选取的视口，禁止修改选定视口中的缩放比例因子。

对象（O）：选择要剪切视口的对象以转换到视口中，这里的对象可以是闭合的多段线、椭圆、样条曲线、面域或圆。闭合的多段线必须至少包含三个顶点。

多边形（P）：通过指定多个点来创建多边形视口。

恢复（R）：通过指定矩形的第一点和对角点来创建新的矩形视口，或将整个绘图区域分割为两个大小相等的视口。

创建多边形视口

在布局中指定起点，通过指定点，创建闭合的多边形，如封闭多段线、圆、椭圆等，即可创建出多边形浮动视口。但必须包含至少三个顶点，绘制出来的多段线将自动闭合成为不规则的多边形视口，如图 17-25 所示。

下面介绍如何在布局中建立视口。在模型空间绘制好需要的图形后，单击状态栏上的 **布局1** 按钮，进入图纸空间界面，如

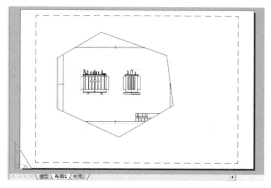

图 17-25　多边形视口

图 17-26 所示。在界面中有一张打印用的白纸示意图，纸张的大小和范围已经确定，纸张边缘有一圈虚线表示的是可打印的范围，图形在虚线内是可以在打印机上打印出来的，超出的部分则不会被打印。

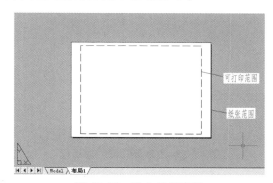

图 17-26　进入图纸空间

单击"输出"选项卡中的"打印"面板里的"页面设置管理器"按钮，进入"页面设置管理器"对话框，如图 17-27 所示，单击"修改"按钮，进入"打印设置"对话框。这个对话框和模型空间里用打印命令调出的对话框非常相近，在这个对话框中设置好打印机名称、纸张、打印样式等内容后，单击"确定"按钮保存设置。注意把比例设置为 1:1，这样打印出图形的比例会很好控制，如图 17-28 所示。

在"视图"选项卡"视口"面板中单击"矩形"按钮，在图纸空间中单击两点确定矩形视口的大小范围，模型空间中的图形就

会在这个视口中反映出来，如图 17-29 所示。

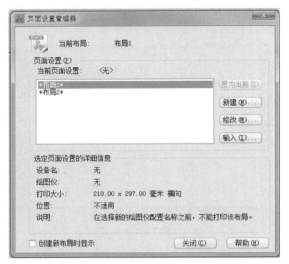

图 17-27 "页面设置管理器" 对话框

图 17-28 "页面设置" 对话框

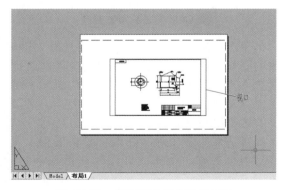

图 17-29 在图纸空间中建立视口

注意：

在图纸空间中无法编辑模型空间中的对象，如果要编辑模型，必须激活浮动视口，

进入浮动模型空间后才能编辑模型。

17.4.4 视口编辑

下面介绍如何对视口进行编辑。

1. 使用夹点编辑非矩形视口

非矩形视口如同其他几何对象一样，在被选中之后，同样会在视口的关键点上显示夹点，如图 17-30 所示；可使用夹点模式改变非矩形视口的形状，如图 17-31 所示，如同编辑其他几何对象一样，对视口进行编辑，如移动、旋转、缩放等操作。

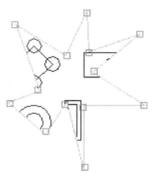

图 17-30 原多边形视口

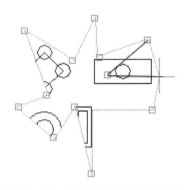

图 17-31 使用夹点编辑后的视口

在创建不规则视口时，可计算选定对象所在的范围，然后在这一范围的边界角点上放置视口对象。由于边界的形状不同，有些几何图形不能在不规则视口内完全显示。

2. 激活浮动视口

激活浮动视口的方法有多种。双击浮动视口区域中的任意位置即可激活选中的视口进行编辑。还可使用 Mspace 命令或单击"模型或图形空间"按钮。

3. 删除浮动视口

选中浮动视口边界，然后按<Delete>键即可删除浮动视口。

4. 调整视口

要调整视口的大小，可以选中浮动视口边界，此时矩形四角出现夹点，选中夹点拖动鼠标即可改变浮动视口的大小。如需改变浮动视口的位置，可以直接将鼠标放在浮动视口边界上，单击拖动即可改变视口位置。

在非矩形视口中缩放或平移时，将按视口的边界实时剪裁模型空间中的几何图形。若是在矩形视口中进行缩放或平移，视口边界之外的几何图形将不显示。如果在不规则视口中的剪裁对象上使用 Zoom 命令的"范围"选项，系统将根据剪裁边界的范围进行缩放，并非视口中所有的几何图形都可见。

5. 裁剪视口对象

在"布局"选项卡中修剪指定的视口，调整视口边界形状，使它与绘制的边界一致。以指定的剪裁对象为视口的边界来修剪视口的外观，可以选择的剪裁对象有闭合多段线、圆、椭圆、闭合样条曲线和面域。将选定的视口以绘制的多边形（包括直线和圆弧段）外观进行剪裁。

6. 调整打印比例

在出图时要调整出图的打印比例，可以选中视口框，在"特性"对话框中的"标注比例"栏调整打印比例，如图 17-32 所示。

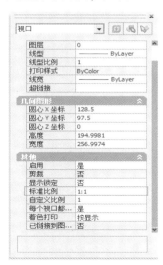

图 17-32　视口特性框

7. 冻结视口

可以利用"图层特性管理器"对话框在一个视口中冻结某层，使处于该层的图形不显示，而且这样不会影响其他的窗口。图 17-33 所示为未冻结布局视口。如将第 7 层的标注层选为"冻结"，"7 标注层"行的当前视口图标 变为 。这时右边的窗口中的标注消失，但这并不影响其他窗口的显示。图 17-34 所示为冻结标注层后布局视口。

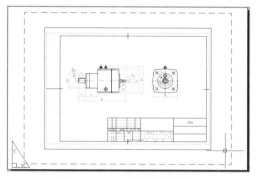

图 17-33　未冻结布局视口

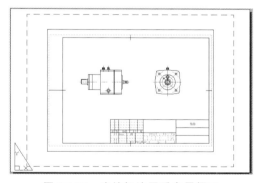

图 17-34　冻结标注层后布局视口

注意：

如果不需要打印视口的边界，可以将视口边界单独放在一层中，然后冻结此层。

参 考 文 献

[1] 金大鹰. 机械制图 [M]. 北京：机械工业出版社，2004.
[2] 杨慧英. 机械制图 [M]. 北京：清华大学出版社，2002.
[3] 王幼龙. 机械制图 [M]. 北京：高等教育出版社，2002.
[4] 刘小年. 机械制图 [M]. 北京：机械工业出版社，2005.
[5] 胡胜. 工程图识读与绘制 [M]. 北京：机械工业出版社，2018.
[6] 胡胜. 机械制图 [M]. 2 版. 北京：机械工业出版社，2017.
[7] 孙琪. 中望 CAD 实用教程（机械、建筑通用版）[M]. 北京：机械工业出版社，2017.
[8] 孙焕利. 机械制图 [M]. 北京：机械工业出版社，2006.
[9] 胡胜. 汽车机械制图 [M]. 北京：机械工业出版社，2019.
[10] 孙兰凤. 工程制图 [M]. 北京：高等教育出版社，2004.
[11] 焦永和. 机械制图 [M]. 北京：北京理工大学出版社，2003.